普通高等教育新工科人才培养安全科学与工程专业"十四五"规划教材

安全信息技术

主　编　胡建华

副主编　徐　晓　罗周全

中南大学出版社
www.csupress.com.cn

·长沙·

内容简介

  安全科学与工程在实际应用中已经非常多地利用现代信息技术，形成了安全与信息技术充分融合的现代化安全管理体系。安全信息技术就是安全工程与现代信息技术及数字化理论深度融合的一种技术手段，是一种实现安全工程信息化、数字化和智能化发展的新兴技术。本书以矿山安全为例，提出了安全信息技术的概念，构建了安全信息技术体系与理论框架，详细介绍了通过现代信息技术手段获取安全信息，进而实现安全管理、分析、评价和控制的方法、原理、流程和应用实例。本书主要内容包括：安全信息技术绪论、安全监测与评估3S技术、工程结构三维激光探测技术、射频识别与安全定位技术、安全事故调查与安全培训虚拟现实技术、安全双控管理信息系统和安全信息技术发展方向。

  本书可以作为高等院校安全科学与工程和采矿工程等专业的本科生教材，也可作为安全领域、信息技术工程领域科学研究和工程应用的参考教材。

前　言

"无危则安，无缺则全"，危险是绝对的，而安全是相对的。本质上，安全是一种状态，是未超过允许限度的危险。

从石器时代，甚至更早自有人类生产活动痕迹存在的时候开始，规避危险、追求安全就是人类社会永恒不变的话题。如何与生活环境资源和谐相处，尽可能地通过持续的危险识别和风险管理过程降低人员伤害和财产损失，是安全科学研究的重点。随着科学技术的发展，安全技术和安全管理手段也快速地更新换代。信息技术作为新时代最核心的支撑技术之一，极大地延伸了人类获取信息的器官功能。实际的安全工程项目中已经形成了安全与信息技术充分融合的现代化安全管理体系，但是安全信息技术的定义和内涵相对模糊，暂没有针对安全信息技术这一概念的系统介绍。

"科学强安，智慧应急"。实际上，信息技术在安全工程中的应用从来都不是单一的，获取安全信息的技术手段是非常复杂的。安全双控体系与物联网是我们当前关注的重点，其中涉及遥感技术、全球卫星定位技术、地理信息系统、射频识别技术和激光探测技术及其相互配合与信息互通。另外还有与安全事故演练和安全培训教育相关的虚拟现实技术等。每一种技术本身的发展、自动化和智能化，不同技术之间的合作、融合和智慧联动，都在安全信息技术需要探讨的范围内。

本书关注国家安全科学与应急管理的重大需求，从智慧安全和应急角度出发，考虑安全信息化、平台化和一体化，探讨安全信息技术的内涵、方法、原理、系统构成及融合应用，主要以矿山安全为例，充分论述了安全信息技术的应用基础和应用模式。同时，本书在参考现代信息技术基础与应用、安全信息学、安全系统工程学和安全管理系统学等多学科交叉理论的基础上，结合智慧矿山和智能矿山等新技术，说明了矿山安全工程与现代信息技术领域融合的边界和可能性。此外，安全信息技术本质上是可以应用在食品安全、工程建筑安全、交通安全和生态环境安全等方方面面的。

本书的编写人员为中南大学资源与安全工程学院安全信息技术课程建设的全体成员，主编为胡建华教授，副主编为徐晓博士和 罗周全 教授。主要编写人员及其分工如下：胡建华负责第1章、第4章、第5章和第7章，徐晓负责第2章和第3章， 罗周全 负责第6章。

本书在编写的过程中，获得了中南大学资源与安全工程学院学科建设的资助和支持，在此奉上真诚的感谢。教材文字编辑和材料收集工作得到了杨东杰博士、秦亚光博士、周坦博士、曾平平硕士和杨庆芳硕士的倾力帮助，本书副主编徐晓博士为本书的统稿和校稿等做了大量工作，在此深表谢意。并特别鸣谢本书副主编 罗周全 教授在本书大纲和课程课件等编写工作中所作出的贡献。此外，本书借鉴了其他学者的研究成果，可能未一一列出，在此一并表示诚挚的感谢。

由于编者的水平有限，书中难免存在不足和疏漏之处，希望读者不吝赐教。

胡建华

2022 年

目 录

第 1 章　绪　论

学习目标：

　　掌握现代安全、安全信息和安全信息技术等基本概念，理解相关概念的本质和内涵，了解我国安全现状和安全信息技术发展趋势。

PPT

学习方法：

　　基于对现代信息技术的了解和学习，通过掌握我国安全应急规划等基础理论，把握安全信息技术的主要内涵和应用路径，从技术的本质出发分析信息技术和安全信息技术的基本内涵。

　　"十四五"时期，我国发展仍然处于重要战略机遇期。全面提高公共安全保障能力、提高安全生产水平、完善国家应急管理体系等已经成为"十四五"发展的重中之重。"十四五"对解决长期存在的安全生产突出问题、推进应急管理体系和能力的现代化提出了新的要求。我国是世界上自然灾害最为严重的国家之一，灾害种类多、分布地域广、发生频率高、造成损失大，但我国的安全生产仍处于爬坡过坎期，各类安全风险隐患交织叠加，生产安全事故仍然易发、多发。安全科学与工程专业的学生和管理人员必须了解现代安全管理与信息化技术的基本理论和知识，提高安全管理现代化水平，扎实做好安全生产管理工作，及时消除各类安全隐患，规范安全生产行为，才能成为新时代合格的"安全"人。安全信息技术既是生产经营单位安全发展的本质需要，也是实现经济社会现代化发展的必然要求。

1.1　安全与安全信息技术基本概念

1.1.1　安全的基本内涵

1. 安全与安全工程

　　安全，是与危险相对的概念，指在生产生活等人类活动过程中，能够将人员伤亡和财产损失的概率和严重程度控制在可接受范围之内的状态。危险性是对安全性的隶属度，当危险性低于某种程度就可以认定为安全。

　　生产活动中的本质安全为通过设计等手段使生产设备或生产系统本身具有安全性，保证在人员误操作或者其发生故障的情况下也不会造成事故，即失误–安全功能（误操作不会导致事故发生或能自动阻止误操作）和故障–安全功能（设备发生故障时还能暂时正常工作或自动转变安全状态）。

　　安全的基本内涵主要包括：

　　第一，安全是指客观事物的危险程度能够为人们普遍接受的状态。

第二，安全是指没有引起死亡，伤害，职业病，财产、设备的损坏及损失或环境危害的条件。

第三，安全是指不因"人"、"机"、"媒介"的相互作用而导致系统损失、人员伤亡、任务受影响，或造成时间损失。

可以看出，第三种说法把安全的概念扩展到了"任务受影响"或"造成时间损失"，这意味着系统即使没有遭受直接损失，也可能是安全科学关注的范畴。

在人类生产经营活动中，为避免造成人员伤亡和财产损失等事故而采取相应事故预防和控制措施，保证从业人员的人身安全，确保生产经营活动能够顺利进行的相关活动，就称之为安全生产。根据现有的安全系统工程理念，生产经营活动应该通过"人""机""物""法"和"环"（4M1E）的协调运行，使生产过程中潜在的各种事故风险和伤害因素始终处于有效控制状态，使劳动者的生产安全和身体健康得到切实保护。

安全工程，是以人类生产生活中发生的各种事故为主要研究对象，综合安全管理、安全系统、安全设备、安全技术和其他相关学科交叉理论，辨识和预测生产生活过程中存在的危险和危害因素，并采取有效控制措施防止事故发生，减少事故损失的学科技术知识体系。本质上，安全信息技术隶属于安全技术学科领域。

2. 风险与事故

危险，是安全的对立状态，指在生产生活中一种潜在的致使人员伤亡或财产损失等不幸事件（即事故）发生的概率及严重程度超出人的承受范围的状态。危险的主要特征在于其可能性的大小与安全条件和概率有关，一般可以用风险度表示危险的程度。

风险，是指某种特定的危险事件（事故或意外事件）发生的可能性与其所产生后果的组合。风险由两个因素共同作用，一是该危险发生的可能性，通过频率或单位时间危险发生的次数表征，即危险概率；二是该危险事件发生后所产生的后果，即每次危险发生导致的伤害程度或损伤大小。

事故，是组织根据适用要求规定的、造成确定量损害的，如死亡、疾病、伤害、损害或者其他损失的，一个或者一系列意外情况或事件。根据《生产安全事故报告和调查处理条例》（国务院第 493 号令），生产安全事故可以理解为生产经营活动中发生的造成人身伤亡或者直接经济损失的事件。

危险源，指可能造成人员伤害和疾病、财产损失、作业环境破坏或其他损失的根源或状态。按照危险源在事故发生和发展中的作用，可以将其分第一类危险源和第二类危险源。第一类危险源是指生产过程中存在的、可能发生意外释放的能量，包括生产过程中的各种能量源和能量载体；第二类危险源是指导致能量或危险物质的约束或限制措施破坏或失效的各种因素，包括物的故障、人的失误、环境不良以及管理缺陷等。

一起事故的发生是两类危险源共同作用的结果，第一类危险源的存在是发生事故的前提，决定了事故后果的严重程度；第二类危险源的出现是第一类危险源导致事故的必要条件，决定了事故的可能性大小。两类危险源共同决定了危险源的危险程度。对于两类危险源，一般采取不同的处理措施：第一类危险源是客观存在的，可以在设计和建设时通过必要的控制措施进行处理；第二类危险源则需要通过安全管理进行控制。对第二类危险源的处理和控制是企业安全管理的重点工作。

1.1.2 技术的本质与信息技术

1. 信息与信息技术的本质

技术的本质是通过加强及延长人的各种器官的功能来辅助人类的生产生活。一种技术，特别是功能性技术总是在某种程度上直接或间接地延长或扩展了人的某种器官的某种功能。从这个意义上讲，信息技术就是能够扩展人的信息器官功能的一种技术。

而技术在世界知识产权（《供发展中国家使用的许可证贸易手册》1977）中的定义为："技术是制造一种产品的系统知识、所采用的一种工艺或提供的一项服务，不论这种知识是否反映在一项发明、一项外形设计、一项实用新型或者一种植物新品种，或者反映在技术情报或技能中，或者反映在设计、安装、开办或维修一个工厂，或者反映在为管理一个工商业企业或其活动而提供的服务或协助等方面"。

信息原指音讯、消息、通信系统传输和处理的对象，现泛指人类社会传播的一切内容，是用文字、数字、符号、语言或图像等介质来表示事件、事物或现象的内容、数量和特征，进而向系统（或人）提供关于现实世界的事实和知识，以作为生产、建设、经营、管理、分析和决策的依据。

人类通过各种信息器官（感觉器官、传导神经网络、思维器官和效应器官）的相互合作，完成认识世界和改造世界的过程。在这一过程中，信息作为一种客观存在，是事物运动状态及存在方式的自我呈现或自我表述。世界上任何存在的事物都是信息源，所有事物的运动状态都会产生相应的信息，并被人的感觉器官获取，从而转化为相应的数据。这种数据，受主体感觉器官功能限制，是一种存在一定失真的对客观存在的信息的主观表述。人体信息器官与认知改造世界的信息模型如图1-1所示，其中，人体的信息器官组成与功能如下：

感觉器官：视觉器官、听觉器官、嗅觉器官、味觉器官、触觉器官和平衡器官等。

传导神经网络：导入神经网络和导出神经网络等。

思维器官：记忆系统、联想系统、分析推理和决策系统等。

效应器官：操作器官（手）、行走器官和语言器官（口）等。

因此，信息技术作为扩展人的信息器官功能的一种技术，它的作用就是突破人感觉器官的功能限制，尽可能获取真实客观的信息，并通过传导神经网络、思维器官和效应器官的延伸信息技术完成该信息的传递、加工、再生和施效的功能。

在不同层次，信息技术的含义是有所区别的。

广义而言，信息技术是指能利用和扩展人类信息功能的各种方法、工具与技能的总和。

中义而言，信息技术是指对信息进行采集、传输、存储、加工、表达的各种技术之和。

狭义而言，信息技术是指利用电子计算机、网络、广播电视等各种硬件设备、软件工具和科学方法，对图文、声像等各种信息进行获取、加工、存储、传输和使用的技术之和。该定义强调的是信息技术的现代化。

在现代商业应用背景下，信息技术是主要用于管理和处理信息所采用的各种技术的总称，主要是应用计算机科学和通信技术来研究、设计、开发、支持、管理、安装和实施信息系统及应用软件。

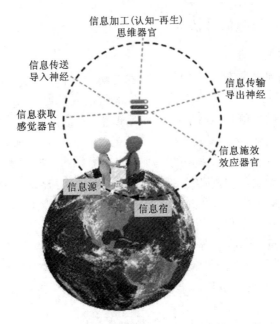

注：信息宿，指接收并利用所传递信息的人或组织。信息宿是相对的，收集、贮存和利用信息也是相对的。相对于某一信息而言，某个组织是信息宿，而对另一些信息而言，它可能又是信息源。

图 1-1　人体信息器官与认知改造世界的信息模型

2. 信息技术四基元

凡是能够扩展人的信息器官功能的技术即为信息技术。基于人体信息器官的组成与功能分类，传感技术、计算机与智能技术、通信技术和控制技术即为信息技术四基元，它们和谐有机地合作，共同完成扩展人的信息器官功能的任务，如图 1-2 所示。

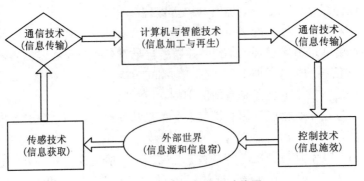

图 1-2　信息技术四基元功能图

传感技术：扩展人获取信息的感觉器官功能，包括信息识别、信息提取、信息检测等，也称为感测和识别技术，它几乎可以扩展人类所有感觉器官的传感功能。特别是由传感技术、测量技术与通信技术相结合而产生的遥感技术，使人感知信息的能力得到进一步加强。

计算机与智能技术：实现思维器官功能的加强，通过计算机技术（包括硬件技术和软件技术)和人工智能技术,使人对信息数据进行更好地进行加工和促使信息再生。如信息的编码、压缩和加密等信息处理技术,专家系统和深度学习等智能技术,均是在对既有信息进行处理的基础上,形成一些新的更深层次的决策信息,实现信息的再生和增长。

通信技术:扩展人的传导神经网络的信息输送功能。各种通信技术都属于这个范畴,其主要功能是实现信息快速、可靠和安全地转移,如广播技术是一种传递信息的技术。存储和记录则是信息跨越时间进行传递的另一种通信技术,实现了"现在"向"未来"或者"过去"向"现在"的信息传递。

控制技术:实现效应器官功能的加强。控制技术的作用是根据输入的指令(决策信息)来对外部事物的运动状态实施干预,即信息施效。信息施效技术是信息过程的最后环节,包括控制技术和显示技术等。

综上所述,传感技术、通信技术、计算机与智能技术和控制技术是信息技术的四大基本技术,其中,通信技术和计算机与智能技术处于整个信息技术的核心位置,传感技术和控制技术则是与外部世界之间的接口。没有通信技术和计算机与智能技术,信息技术就失去了基本意义;没有传感技术和控制技术,信息技术就失去了基本作用。信息技术四基元是一个完整的整体,共同协作实现了信息技术的功能作用。

1.1.3　安全信息与安全信息技术

1.安全信息的内涵

安全信息是反映事物安全属性发展变化、运动状态及其外在表现形式的信息。基于安全对象是"人-机-环"系统,可以认为安全信息可以反映"人-机-环"系统的安全状态及其变化方式,是主体所感知并表述的"人-机-环"系统的安全状态及其变化方式的信息。其中,"人-机-环"处于稳定、可控的状态,系统能发挥正常的功能,不会对人造成伤害、对机器造成损坏、对环境造成污染。安全信息是在最广泛、最基本、最经常的原始信息的基础上,经过系统的集合、分类、归纳和提炼等处理,揭示"人-机-环"系统安全的内在联系和活动规律,并上升到安全科技水准的信息集合。

在生产生活中,安全问题无处不在,并会产生大量的状态和运动数据,这些数据就是安全信息。通过对系统状态和运动数据进行收集、处理和应用,并以安全管理、安全技术和安全文化为载体进行表征,这一完整的过程就是安全信息管理。通过安全信息管理来保证"人-机-环"系统的安全,保障生产生活过程的顺利进行,预防和控制事故的发生,保障人的安全和健康、机器的功能正常以及环境的安全和清洁。安全信息管理本身就是一种技术,是安全措施和工艺的集成;安全文化主要就是通过安全信息的传播形成社会氛围和安全意识。

安全信息对于不同的层级具有不同的内涵,以企业生产为例,安全信息主要包括安全生产信息、安全工作信息和安全指令信息,如图1-3所示。

(1)安全生产信息主要包括生产状态信息、生产异常信息和生产事故信息三类:

①生产状态信息包括物质的危险特性及危险状态、设备的工作状态、工艺流程信息、库存信息、生产过程的薄弱环节和隐患整改信息等。

②生产异常信息是指生产过程中出现的与指标或正常状态不同的相关信息,包括设备的失效、生产的异常情况等信息。

③生产事故信息是指生产事故的所有相关信息,包括事故的统计分析、事故的调查及处

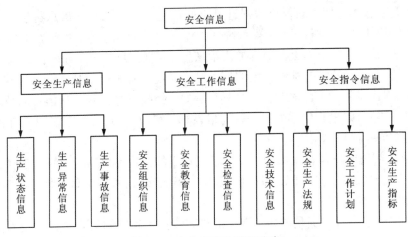

图1-3　企业级安全信息分类

理、事故的应急、事故的模拟、事故致因原理的研究等。

（2）安全工作信息分为以下四类：

①安全组织信息，包括安全管理人员的组织架构、安全生产责任制的建立、重点人员（如特种作业人员）的管理等。

②安全教育信息，包括安全教育、安全培训和安全文化建设等信息。

③安全检查信息，包括组织进行的安全检查工作，以及安全评价（安全预评价、安全验收评价、安全现状评价和专项评价）工作的相关信息等。

④安全技术信息，是指针对事故预防与控制所采取的安全技术对策的相关信息。

（3）安全指令信息是指在安全生产和安全管理过程中具有指导性作用的信息，来源于安全工作的既有规律和强制性的安全法规文件等，用于加强生产的安全管理，分为以下三类：

①安全生产法规：与安全生产相关的生产指标、标准、法规和方针政策及其贯彻落实情况。

②安全工作计划：政府、企业或部门的安全工作计划及其完成情况。

③安全生产指标：针对特定行业的安全生产指标，包括政府部门下达的和内部自行设定的安全生产指标，以及指标的完成情况和结果等。

2.安全信息的特征

安全信息具有信息的共性特征，也具有安全工程独有的特征，主要表现如下：

第一特征：安全信息相对对立的物质性。安全信息来源于物质运动状态信息，但可以脱离源物质（不是物质本身）而相对独立地存在（物质的运动状态）。安全信息是反映"人-机-环"系统的安全状态，其中"机"和"环"都是物质实体，安全信息是从这些实体的运动中产生出来的，如机械装备在运行过程中安全状态的各种工艺参数和环境状态参数（速度、压力、温度和湿度等），通过测量和记录的参数可以脱离源系统而独立存在。

第二特征：安全信息的精神属性，但又不限于精神领域。"人-机-环"系统中"人"的安全状态，如人的安全素质、安全意识以及安全操作技能，是安全信息中来源于"人"的精神世界的要素，但这些信息反作用于人的操作（动作，非精神），如果操作员没有良好的安全素质和安全意识，没有熟练的安全操作技能，可能会直接导致事故的发生。

第三特征：安全信息的能量演化属性。安全信息的获取是指一种能量形式转换为另一种能量形式的过程，安全信息的传递就是把承载安全信息的能量从一个地点传递到另一个地点。安全信息中的能量只是一种载体，可以反映"人-机-环"系统的安全状态及变化方式。

第四特征：安全信息的知识属性。在系统中大量安全信息的基础上，经过提炼可以得到相关的安全知识，但安全信息并不是都能提炼成知识，有的安全信息仅用于对系统安全状况及其变化方式的了解。因此，安全信息比安全知识有更广泛的内涵。

第五特征：安全信息的个体性和再生性。安全信息是具体的，具有个体的特点，并通过人（生物和机器等）被感知、提取和识别，进而被传递、储存、变换、处理、显示、检索和利用。在"人-机-环"系统每一个环节、每一个地方，安全信息都是具体的，反映着系统每时每刻的安全状态及变化方式。而对安全信息进行传递、处理和应用等，都可以实现安全信息的再生以及为生产过程的安全决策提供依据。

第六特征：安全信息的可复制性。安全信息被感知、提取、识别后即可脱离源系统而独立存在，也可以被复制、传递和共享。如通过安全信息提炼得到的知识可以被共享，用于培训员工和培养安全人才；通过安全信息提炼得到的安全经验可以被推广应用。

第七特征：安全信息的区域性。安全信息具有空间定位的特征，如企业、生产装置、危险或事故发生的地点等，对于这些安全信息，有的应先确定其地理位置，然后确定其属性，如污染物浓度的区域分布特征。

第八特征：安全信息的动态性。安全信息属于大数据级，是在表达一个系统中较长的发展阶段，其数据具备动态的发展特点。

第九特征：安全信息的载体多样性。"人-机-环"系统的安全信息可以用文字、数字、地图和影像等形式表现，也可以使用纸张、光盘、磁带等物理介质载体存储，还可以通过电信号、光信号等形式传输。

3. 安全信息技术的含义

安全信息技术是伴随着现代传感技术、通信技术、计算机与智能技术和控制技术的不断发展和进步而产生的，其以现代信息技术为主体并运用于安全生产事故的预防、处理、救援以及安全生产日常管理中，实现企业安全生产管理、政府安全生产监管全过程的数字化、网络化、智能化和可视化，从而改变传统安全信息的处理过程和结构，提高安全生产管理效率，降低安全生产事故发生的概率。

安全信息技术的目标是实现安全生产过程中的安全信息管理，进行安全生产在线监测与监控，实现安全生产应急管理信息化、科学化和智能化。

安全信息管理是通过信息技术手段，对生产系统中人的不安全行为、物的不安全状态、环境的不安全条件进行有效监测和预警，实现安全信息的采集、处理和分析，对安全生产的各项活动、日常管理、监控、应急管理、绩效考核等工作实行统一管理，实现安全生产工作的信息交流和规范管理。

安全生产在线监测与监控是通过对生产过程的在线监测与监控，实现企业内部重大危险源和重点岗位和重要部位的在线、实时监控，实现监测与监控信息和生产的有机结合。

安全生产应急管理应该实现应急管理和协调指挥的信息化、科学化和智能化，实现应急管理由静态管理到动态管理的转变，实现对重大危险源的有效监管，实现对应急预案的编制和对演练的科学管理，实现对重大安全生产事故发生的预测预警。

1.2　安全生产形式与主要问题

安全是关系人民群众生命财产安全和国家发展稳定的关键，在人类生产生活中，必须确保生产安全，提高人的安全获得感。随着社会和科技的发展，我国安全生产连续稳固好转，但形势依旧严峻复杂，仍然面临着严峻的发展问题。

1. 安全生产连续稳固好转，安全生产水平稳步提高

在国家政策和法规制度层面，开展了党政同责、一岗双责、齐抓共管和失职追责的安全生产责任制，严格省级人民政府安全生产和消防工作考核，开展国务院安全生产委员会成员单位年度安全生产工作考核，完善激励约束机制；持续开展以危险化学品、矿山、消防、交通运输、城市建设、工业园区和危险废物等为重点的安全生产专项整治；逐步建立安全风险分级管控和隐患排查治理双重预防工作机制，"科技强安"专项行动初见成效。按可比口径计算，2020年全国各类事故、较大事故和重特大事故发生数比2015年分别下降43.3%、36.1%和57.9%，死亡人数分别下降38.8%、37.3%和65.9%。

2. 应急管理体系不断健全，安全管理协同一体化

改革完善应急管理体制，组建应急管理部，强化了应急工作的综合管理、全过程管理和力量资源的优化管理，增强了应急管理工作的系统性、整体性和协同性，初步形成了统一指挥、专常兼备、反应灵敏、上下联动的中国特色应急管理体制；深化了应急管理综合行政执法改革，组建国家矿山安全监察局，加强危险化学品安全监管力量；建立并完善了风险联合会商研判机制、防范救援救灾一体化机制、救援队伍预置机制和扁平化指挥机制等，推动制定、修订了一批应急管理法律法规和应急预案，全灾种、大应急工作格局基本形成。

3. 安全生产风险隐患仍然突出，自然灾害和极端天气频发

我国安全生产基础薄弱的现状短期内难以根本改变，危险化学品、矿山、交通运输、建筑施工等传统高危行业和消防领域的安全风险隐患仍然突出。各种公共服务设施、超大规模城市综合体、人员密集场所、高层建筑、地下空间和地下管网等的大量建设，导致城市内涝、火灾、燃气泄漏爆炸和拥挤踩踏等安全风险隐患日益凸显。重特大事故在地区和行业间呈现波动反弹态势。随着全球气候变暖，我国自然灾害风险进一步加剧，极端天气趋强、趋重、趋频，台风登陆更加频繁、强度更大，降水分布不均衡、气温异常变化等因素导致发生洪涝、干旱、高温热浪、低温雨雪冰冻和森林草原火灾的可能性增大，重特大地震灾害风险形势严峻复杂，灾害的突发性和异常性愈发明显。

4. 新常态下产业新发展，安全防控难度不断加大

随着工业化、城镇化的持续推进，我国中心城市和城市群迅猛发展，人口和生产要素更加集聚，产业链、供应链和价值链日趋复杂，人类生产生活空间高度关联，各类承灾体的暴露度、集中度和脆弱性大幅度增加。新能源、新工艺和新材料广泛应用，新产业、新业态和新模式大量涌现，引发新问题，形成新隐患，一些"想不到、管得少"的领域风险逐渐凸显。同时，灾害事故发生的隐蔽性、复杂性和耦合性进一步增加，重特大灾害事故往往引发一系列次生和衍生灾害事故并对生态环境造成破坏，形成复杂多样的灾害链和事故链，进一步增加风险防控和应急处置的复杂性及难度。全球化、信息化和网络化的快速发展，也使灾害事故影响的广度和深度持续增加。

5. 应急管理基础薄弱，应急能力现代化水平亟须加强

应急管理体制改革还处于深化过程中，一些地方改革还处于磨合期，亟待构建优化协同高效的应急管理体系。防汛抗旱、抗震救灾、森林草原防灭火和综合减灾等工作机制还需进一步完善，安全生产综合监管和行业监管职责也需要进一步完善。应急救援力量不足，特别是国家综合性消防救援队伍力量不足问题突出，应急管理专业人才培养滞后，专业队伍和社会力量建设有待加强。风险隐患早期感知、早期识别、早期预警和早期发布能力欠缺，应急物资、应急通信、指挥平台、装备配备、紧急运输和远程投送等保障尚不完善。基层应急能力薄弱，公众的风险防范意识不够和自救互救能力不足等问题比较突出，应急管理的体系和能力与国家治理体系和治理能力现代化的要求还存在很大差距。

1.3 安全信息技术的发展与展望

1.3.1 信息技术的发展与趋势

信息技术的发展经历了一个漫长的过程，根据技术的革新可以将其分为计算机通信技术、微电子技术和网络技术。

1. 从通信技术到计算机通信技术的突破

通信技术和计算机技术起步较早，萌芽于19世纪上半叶，美国的莫尔斯发明了电报，成为通信技术的开山鼻祖。至20世纪下半叶初期，美国才成功研制出世界上第一部程控交换机。随着数字程控交换机的应用和推广，通信技术开始向数字化方向发展。再后来，人类成功开拓了卫星通信技术领域。到了1946年，美国宾夕法尼亚大学成功研制出世界上第一台计算机设备，计算机通信技术问世。第一台"埃尼阿克"计算机有着庞大而笨重的外形和居高不下的功率能耗，但是随着计算机集成电路的发展和软件技术的进步，计算机设备的存储容量、运算速度以及数据处理能力都不断提高，计算机的功能也从最初的单一计算功能演变为数字处理、语言文字和图像视频等多种信息处理功能，计算机通信技术的应用范围也涉及社会的方方面面。

2. 从晶体管到以集成电路为基础的微电子技术的发展

微电子技术始于晶体管的问世，人类于1947年发明了第一个晶体管，1958年又研制出第一块集成电路，短短十年时间，便引发了一场波及全球的微电子技术革命。微电子技术能够将日益复杂的电子信息系统集成在一个小小的硅片上，促使电子设备向着微型化发展，使计算机系统的能耗越来越低。微电子技术促进集成电路的发展，中、小规模集成电路逐步发展为大规模集成电路和超大规模集成电路，同时让每一个集成电路芯片上所能集成的电子器件越来越多，而集成电路的整体价格保持不变或者下降，从而带动以集成电路为基础的微电子信息技术迅速发展。

3. 网络技术的发展的迅猛发展

美国于1969年成功建成了ARPANET网络，它是世界上首个采用分组交换技术组建的计算机网络，也是今天计算机因特网的前身。到了1986年，美国又成功建成了国家科学基金网NSFNET，并于1991年促成因特网进入商业应用领域，从而使互联网得到飞跃性的崛起和发展。网络技术的迅猛发展是现代信息技术突飞猛进的基础。

对于信息技术而言，其进一步的发展呈现出以下几种趋势。

第一，通信和计算能力的高速度和大容量化。不管是通信能力还是计算机能力都呈现出速度越来越快、容量越来越大的趋势。随着海量信息充斥，处理、传输和存储要求高速和大容量也成为必然趋势。而电子元器件、集成电路和存储器件高速化、微型化、廉价化的快速发展，又使信息的种类和规模以更快的速度膨胀，其空间分布也表现为"无处不在"；在时间维度上，信息可以追溯到信息系统初建的 20 世纪 80 年代。

第二，业务综合集成与平台化，包括业务综合以及网络综合。以行业应用为基础，综合领域应用模型（算法）、云计算、大数据分析、海量存储、信息安全和依托移动互联的集成化信息技术，基于业务和网络综合集成构建信息化平台，使得信息消费更注重良好的用户体验，而不必关心信息技术细节，这是信息技术的重要发展趋势。

第三，数字智能化。一是便于大规模智能生产。过去生产一台模拟设备需要花很多时间，模拟电路的每一个单独部分都需要进行单独设计和单独调测，而数字智能设备是单元式的，设计非常简单，便于大规模生产，可大大降低成本。二是有利于综合系统化。每一个模拟电路，其电路物理特性区别都非常大，而数字电路由二进制电路组成，非常便于综合，要达到一个复杂的性能用模拟方式并不可行，但以"智能制造"为标签的各种软硬件应用将为各行各业的产品带来"换代式"的飞跃甚至是革命，成为拉动行业产值的主要方向。现代数字智能化发展非常迅速，如数字地球、智能制造等。

第四，虚拟计算。以虚拟化、网络和云计算等技术的融合为核心的一种计算平台、存储平台和应用系统的共享管理技术，已成为企业 IT 部署不可或缺的组成部分。虚拟计算应用于互联网，是云计算的基础，也是云计算应用的一个主要表现，这已经是当今和未来信息系统架构的主要模式。

第五，通信技术快速发展。随着数字化技术的发展，通信传输逐渐向高速、大容量、长距离发展，光纤传输的激光波长从 1.3 μm 发展到 1.55 μm 并普遍应用。波分复用技术已经进入成熟应用阶段，光放大器代替光电转换中继器已经被广泛应用，相干光通信和光孤子通信已经取得重大进展。5G 无线网络和基于无线数据服务的移动互联网已经深入社会生活的方方面面，极大地影响了人们的工作和生活方式，成为经济活动中最具发展创新活力的引擎。

第六，遥感和传感技术，万物互联。感测与识别技术的作用是仿真人类感觉器官的功能，扩展信息系统（或信息设备）快速、准确获取信息的途径。传感技术同计算机与智能技术和通信技术一起被称为信息技术的三大支柱。随着信息技术的进步和信息产业的发展，传感与交互控制在工业、交通、医疗、农业和环保等方面的应用将更加广泛和深入。传感和识别技术是物联网应用的重要基础，而物联网应用将遍及国民经济和日常生活的方方面面，成为计算机软件服务行业的应用重点，也是工业和信息化深度融合的关键技术之一。

第七，设备的移动智能终端发展。随着四核甚至八核并行移动处理器、Flash-Rom 等核心配件的发展及其在手机上的应用，手机的信息处理能力已与传统个人电脑不相上下；随着移动 5G 技术和 Wi-Fi 等无线数据通信方式的全面普及，手机的数据传输速度越来越快、传输能力越来越强，智能手机已经完全具备了移动智能终端的处理能力。智能手机逐渐成为人们通信、文档管理、社交、学习、出行、娱乐、医疗保健和金融支付等方面的便捷、高效的工具。智能手机的普及、用户体验良好的应用的丰富和网络用户规模的不断扩大，使得移动互联网产业发展迅猛，而安全与隐私保护成为移动互联网面临的重大课题。

第八，以人为本的个性化，即可移动性和全球性。一个人在世界上任何一个地方都可以拥有同样的通信手段，可以利用同样的信息资源和信息加工处理的手段。信息技术不再是专家和工程师才能掌握和操纵的高科技，而开始真正地面向普通公众，为人所用。信息表达形式和信息系统与人的交互超越了传统的文字、图像和声音，机器或设备感知视觉、听觉、触觉、语言、姿态甚至思维等的技术手段已经在各种信息系统中大量出现，人在使用各类信息系统时可以完全模仿人与真实世界的交互方式，获得非常完美的用户体验。

1.3.2 国外安全信息技术的发展现状

在当今经济社会各领域，安全信息已经成为重要的生产要素，渗透到了生产经营活动的全过程，融入了安全生产管理的各环节。安全信息技术是实现安全信息化的技术手段，通过信息技术方法对安全生产领域信息资源的开发利用和交流共享，提高安全生产水平，推动安全生产形势持续稳定好转。

世界各国的安全生产工作都经历了从"乱"到"治"的过程。国际上，早在 20 世纪 70 年代，计算机技术就已经应用在了安全生产技术开发和系统研究中。到 20 世纪 90 年代初，除了利用计算机进行安全系统工程分析，如事故分析和故障分析，国外学者还将计算机的数据库技术广泛应用于安全生产信息管理，使得安全生产信息系统在多个专业得到开发应用，如航空工业系统、化学工业系统和交通安全系统等。同时，各国安全生产管理部门和国际组织，如美国国家职业安全卫生管理部门和国际劳工组织等机构，都建立了自己的安全工程技术数据库，并开发了符合自己要求的综合管理系统。21 世纪初，智能安全信息集成与管理研究逐步展开，集成了安全信息的采集、评价、专家决策、危险源辨识、故障诊断等技术，并已在一些重要部门和企业得到应用。世界上一些主要工业化国家已经建立了较为完善的政府安全生产信息系统。美国、德国和英国等西方发达国家普遍利用现代网络化技术建立了先进的安全生产管理信息系统，实现了信息统一管理、数据规范和资源共享，提高了信息管理效率和信息共享服务水平。这些国家的安全生产信息化建设，在提升企业安全保障能力，促进职业安全健康工作开展，提高预测与预防事故水平等方面发挥了重要作用。

1. 美国安全生产业务信息系统

美国矿山安全信息中心建有安全生产业务信息系统，负责网络管理和数据处理方面的工作，包括采集矿山危险源实时数据、对数据进行分析判断和预测、发现事故隐患、记录整改情况和通知现场安全生产监察员进行监察等。该系统还能在网上接收现场安全生产监察员每日的报告，对执法情况进行分析统计，确定工作重点，进行人员调配，发布每日安全生产信息，以及第一时间通报安全事故，等等。

美国在灾害事故救援方面采用了大量现代通信、信息网络、数据库和视频等技术，推动计算机模拟和虚拟现实等信息化新技术在矿山中的应用，大幅度减少了煤矿挖掘中的意外险情，不仅提高了矿山安全水平，还提高了救援效率。类似系统还出现在德国、英国、南非及印度，这些国家普遍利用现代网络化技术建立先进的管理信息系统，实现统一管理、数据规范和资源共享，为本国安全生产监管工作提供了信息化技术平台。

美国职业安全与健康管理局隶属于美国劳工部，承担着全美 1.5 亿工人的职业安全与健康保障执法监察工作。美国职业安全与健康管理局在全美设有 120 间办公室，拥有 2200 名监察员，主要通过完善的网络与这些下属机构保持紧密的联系。为促进工人职业安全健康工作的开展，美国职业安全与健康管理局建有完善的网络培训体系，针对不同的行业提供相应的职业安全健康培训，同时在其门户网站建有智能专家咨询系统和数据库（如化学事故危害阈值等数据库），提供在线咨询问答，供需要的企业和工人查询。另外，还建有在线安全交流系统，员工和股东可通过在线资源、信息文档和其他方式进行安全培训和信息沟通。

2. 德国矿山安全信息化

德国煤矿企业大量应用先进信息化技术改善自身的矿山安全状况。德国劳西茨褐煤矿业公司"超越现实"安全性通信技术和检查机器故障的"数字眼镜"以及"井下无线局域网"等新技术，全面改变井下矿工的工作方式，提高了矿山的安全管理水平。

矿工通过"数字眼镜"（检测机器故障的装置）查看出现故障的机器。电脑会给出非常详细的、有动画演示的维修步骤。矿工不需要亲自去检查机器，而是完全由电脑来检查并处理数据。电脑能自动识别物体，并提供相关信息。德国煤矿采用该技术，可以实现全自动车辆自动选煤，这种全自动车辆通常在轨道上或是传送带上运行；在运输路线上，每隔一段距离就安装有监视摄像机，若轨道或传送带上发现有可疑物体，运输车就自动停止。德国煤矿协会将这一技术称为"煤矿图像处理"。该技术软件可以区分"好的"和"坏的"物体，或是区别开原煤和杂物，而且在传送带传送速度很快、照明差、低温和灰尘大等不利条件下也能正常分辨，它能部分代替矿工执行危险工序，如在恶劣地下环境中分拣煤等工序。"井下无线局域网"由德国石煤股份公司、德国矿冶技术有限公司及多家科研机构共同研制，这种技术利用安装在矿工头盔上的摄像头传送地下煤矿实时图像，并通过手机、耳麦等移动通信设备，借助微型电脑进行数据传输等。如矿工在进行井下维修时，可在很短的时间内检索到有关维修的具体信息，并用随身携带的袖珍电脑立即查找库存的配件，然后通过耳麦告知地上人员；如果出现意外情况，矿工可马上与电话服务中心的专家取得联系，专家借助矿工头盔上的摄像头传送的实时图片，身临其境般进行观察与诊断，并通过耳麦指导操作。这将大大缩短因故障停工的时间，提高矿工工作效率，降低危险概率。

3. 英国重大危险源控制系统

欧洲是最早针对重大危险源进行研究和立法的地区，其中英国是最早系统研究重大危险源控制技术的国家，为重大危险源监督管理法律法规的建立和监控技术的发展作出了重要贡献。1974 年 6 月，弗利克斯巴勒（Flixborough）大爆炸事故发生后，英国在危险物质咨询委员会（ACDS）下设重大危险源管理处，专门负责研究重大危险源的辨识、评价和控制技术，并促成欧共体在 1982 年 6 月颁布了《工业活动中重大事故危险法令》（ECC Directive 82/501，简称《塞维索法令》）。1993 年，国际劳工组织（ILO）通过了《预防重大工业事故公约》（第 174 号公约）和《预防重大工业事故建议书》（第 181 号建议书）。这些构成了欧洲完善的重大危险源控制的法律框架，从重大危险源的辨识、申报、评价到企业管理（技术措施、组织措施）应急预案、安全报告、事故报告、安全监察、重大危险源的选址与土地使用规划、主管当局的责任以及雇员的权利与义务等都给予了明确的规定，在重大工业事故的预防中发挥了重要的作用。根据《塞维索法令》和第 174 号公约的要求，当时作为欧共体成员国的英国和德国均颁布了相应的规程，要求企业对重大危险设施进行辨识和评价，提出相应的事故预防措施和应急计划，并向主管当局提交安全评价报告。通过设立 ICE 计划实现欧洲化学品公司之间的安全合作，防止化学品事故发生，并保证在事故发生时能有效地做出反应。在欧盟国家内部和欧盟国家之间，建立了运输事故应急救援网络，以保证事故发生时都能得到有效的救助，从而使运输事故的危害降到最低。

发达国家普遍重视信息管理、风险分析、决策支持和协调指挥等应急管理技术的研究，而统一协调、信息共享的应急平台体系的建立，也能在决策支持和风险分析方面提供更加卓有成效的支持。

1.3.3 我国安全信息技术的发展现状

自 20 世纪 70 年代开始，随着现代安全科学管理理论、安全工程技术和计算机软、硬件技术的发展，我国工业安全生产领域逐步应用计算机技术作为安全生产辅助管理和事故信息处理的手段。经过国家"十五"到"十三五"建设规划的实施，信息技术在安全生产和管理中已经获得全面的推广应用，安全信息化已在各级安全生产监督机构得到逐步建设完善，安全生产监管和监察信息化基础性的建设工作也逐步开展，主要包括信息网络基础、安全生产监管、监察应用系统和基础数据库的建设等。

1."机械化换人，自动化减人"的"科技强安"

安全生产科技创新以防范和遏制重特大事故为核心，以重特大事故问题为导向分析原因，找准方向和路径，重点解决影响安全生产的技术瓶颈和关键性技术难题。"互联网+"时代"机械化换人、自动化减人"的"科技强安"实施中，正大力推进技术装备升级改造，强化信息化和自动化技术应用。目前，我国已在安全生产重大共性关键技术方面进行科研攻关，开展重特大事故防治关键技术装备研究，以重特大事故高发的矿山、危险化学品和冶金等工贸行业以及城市安全等领域为重点，将远程监测预警、自动化控制和紧急避险、自救互救等设施设备运用在可能引发重特大事故的重点区域、单位、部位和环节。例如，为遏制交通运输领域的群死群伤事故，"两客一危"车辆(长途客车、旅游包车、危险货物运输车)应安装防碰撞系统以备不测；为防止危险化学品爆炸和有毒气体泄漏，危险化学品领域应使用储存设施自动化控制和紧急停车(切断)系统并安装可燃有毒气体泄漏报警系统等。

2.安全监管信息系统与网络平台建设

我国自主开发了国家安全生产信息系统和管理平台，依托网络技术推进了安全生产政务公开和网上服务。国家安全生产信息系统支撑各级安全监管监察机构开展安全生产基础业务的资源专网及其应用系统开发，建成了覆盖全国各级煤矿安全生产监察机构和全部省级安全监管机构及大部分市(地)、县级安全监管机构的互联互通的广域网络，可进行各级安全监管监察机构间数据、语音和视频信息的传输和处理；建立了面向安全监管监察及行政执法、调度与统计和矿山应急救援等业务的信息系统开发；建立了企业安全生产基本情况、事故和执法统计等基础业务数据库，建成了国家安全监管总局非涉密业务办公、网络舆情分析和电子公文传输等系统，为日常行政办公、安全监管监察和事故应急管理等工作提供了基本的数据支撑，不同程度地提高了信息化对安全监管监察和行政执法的保障能力，为安全生产监管监察、应急管理和社会公共服务提供了有效的信息技术保障。同时，积极引导和推动了煤矿、非煤矿山和危险化学品等重点行业企业实施安全生产监测监控、人员定位管理、应急避险和隐患排查治理等安全生产信息化工程，不同程度地提升了企业防范事故和安全管理的能力和水平。

3. 安全生产应急平台体系的建设和完善

国家安全生产应急平台是生产应急平台信息化建设的重点工程,主要是实现安全生产应急管理和协调指挥的信息化、科学化和智能化,实现对重大安全生产事故发生的预测预警。救援现场可以综合利用地面通信网络和卫星通信与外界进行语音、视频、数据交流,改变了以前只能通过固定电话或手机进行通信的状况;实现了对应急队伍、装备和专家等资源的快速调动;能够通过 GIS 和大屏幕等手段,实现事故现场数据与各类数据库数据的对比,通过对类似事故案例的比照分析,及时制订科学有效的事故处置方案,节省事故处置方案制订时间和应急资源调动时间,争取应急救援的黄金时间,事故救援的能力得到较大提高;提高了对突发安全生产事件可靠预防、全方位监测监控、快速响应、准确预测、快速预警和高效处置的重要系统保障水平。

4. 高危行业(领域)企业安全信息化水平明显提高

煤矿、非煤矿山、危险化学品和烟花爆竹等高危行业(领域)企业利用信息化手段加强安全生产工作。矿山安全避险六大系统,即监测监控系统、井下人员定位系统、井下紧急避险系统、矿井压风自救系统、矿井供水施救系统和矿井通信联络系统,建成后可实现矿山井上和井下的语音通信、人员和设备的跟踪定位、井下关键设备(如风机、水泵等)的远程监控、井下关键位置的图像视频监测监控以及各种环境参数(如 CO、NO_2 的浓度等)的监测监控等;并统一建设集成到指挥调度系统平台统一生产指挥调度,管理和指挥调度人员无须下井,就可以根据井下反馈到主控室的实时数据统一进行生产调度指挥,提高生产效率,及时排除安全隐患。大型危险化学品企业建设了重大危险源监控系统和危险化学品车辆运输监控系统,化工园区建设了安全管理与应急救援信息系统,非煤矿山企业建设了尾矿库安全监测系统等。随着人工智能的发展,对于高危安全作业,在充分分析和理解作业流程及规范基础上,建立"人-物-环"系统中三者的交互关系和逻辑规则,能让机器高效理解高危作业场景中人、物、环三者交互过程中存在的违规行为及状态,及时预测并报警,大大减少异常或事故隐患,有效提升企业的安全效能。

1.3.4 安全信息技术的总体架构与发展趋势

1. 安全信息技术体系进一步完善,构建国家级"五层两体系"总体架构

我国安全生产复杂,信息数据量大,安全信息技术体系是一个用户类型多、业务复杂的大型信息化系统,应进一步完善安全信息体系结构——按照分层设计思想,自下而上分别为基础设施层、数据资源层、应用支撑层、应用服务层和综合展现层,以及两翼的标准规范体系、安全与运维保障体系(简称"五层两体系"),总体技术架构如图1-4所示。

2. 传感技术进一步创新与发展,提高安全信息的感知与传输能力

随着现代信息技术的发展,要充分利用物联网、工业互联网、遥感、视频识别和第五代移动通信(5G)等技术提高灾害事故监测感知能力,优化自然灾害监测站网布局,完善应急卫星观测星座,构建空、天、地、海一体化全域覆盖的灾害事故监测预警网络;广泛部署智能化、网络化、集成化和微型化感知终端,高危行业安全监测监控实行全国联网或省(自治区、直辖市)范围内区域联网。

3. 推动应急管理信息化系统建设,集约建设信息基础设施和系统

推动跨部门、跨层级和跨区域的互联互通、信息共享和业务协同。强化数字技术在灾害

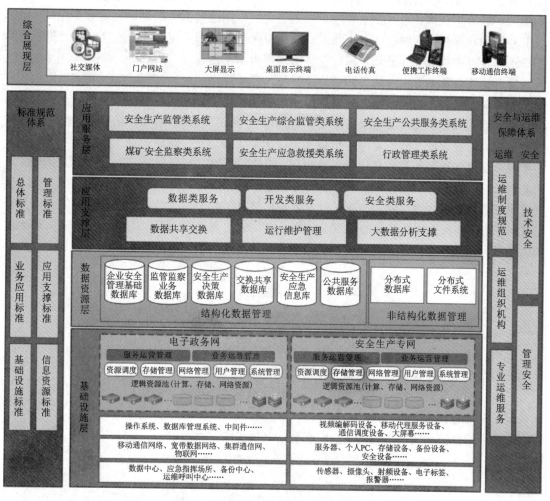

图 1-4 安全信息技术体系总体架构图

事故应对中的运用，全面提升监测预警和应急处置能力。加强空、天、地、海一体化应急通信网络建设，提高极端条件下应急通信保障能力。建设绿色节能型高密度数据中心，推进应急管理云计算平台建设，完善多数据中心统一调度和重要业务应急保障功能。系统推进"智慧应急"建设，建立符合大数据发展规律的应急数据治理体系，完善监督管理、监测预警、指挥救援、灾情管理、统计分析、信息发布、灾后评估和社会动员等功能。升级气象核心业务支撑的高性能计算机资源池，搭建气象数据平台和大数据智能应用处理系统。推进自主可控核心技术在关键软、硬件和技术装备中的规模应用，对信息系统安全防护和数据实施分级分类管理，建设新一代智能运维体系和具备纵深防御能力的信息网络安全体系。

4.推动应急通信和应急管理信息化网络建设，构建天、地一体化的"智慧应急大脑"

构建基于天通、北斗和卫星互联网等技术的卫星通信管理系统，实现应急通信卫星资源的统一调度和综合应用。提高公众通信网的整体可靠性，增强应急短波网的覆盖和组网能力。实施"智慧应急"大数据工程，建设北京主数据中心和贵阳备份数据中心，升级应急管理云计算平台，强化应急管理应用系统的开发和智能化改造，构建"智慧应急大脑"。采用5G和短波广域分集技术，完善应急管理指挥宽带无线专用通信网。推动应急管理专用网、电子政务外网和外部互联网融合试点。建设高通量卫星应急管理专用系统，扩容扩建卫星应急管理专用综合服务系统。开展北斗系统应急管理能力示范创建。

5. 智慧装备与安全应急装备的推广应用与工程示范

通过对智慧装备和安全应急装备的应用示范和高风险行业事故预防装备的推广，引导高危行业重点领域企业提升安全装备水平。在危险化学品、矿山、油气输送管道、烟花爆竹和工贸等重点行业领域开展危险岗位机器人替代示范工程建设，建成一批无人、少人智能化示范矿井。通过先进装备和信息化的融合应用，实施"智慧矿山"风险防控，"智慧化工园区"风险防控，"智慧消防"、地震安全风险监测等示范工程。针对地震、滑坡、泥石流、堰塞湖、溃堤溃坝和森林火灾等重大险情，加强对太阳能长航时和高原型大载荷无人机、机器人以及轻量化、智能化和高机动性装备的研发及使用，加大5G、高通量卫星、船载和机载通信和无人机通信等先进技术和应急通信装备的配备和应用力度。

思考题

1. 什么是安全、安全信息和安全信息技术？
2. 信息技术的本质是什么？信息技术四基元是什么？
3. 安全信息的主要内容有哪些？安全信息的特征有哪些？
4. 我国安全生产的主要形式如何？谈谈你对当前安全形势的看法。
5. 安全信息技术的目标是什么？
6. 结合信息技术的发展趋势，谈谈安全信息技术的发展态势。

第2章　安全监测与评估3S技术

学习目标：

PPT

了解安全监测与评估3S技术的内涵和基本组成；明确3S技术，即遥感技术(remote sensing，RS)、全球导航卫星系统(global navigation satellite system，GNSS)和地理信息系统(geographic information system，GIS)的工作原理、分类特征和应用领域；理解安全监测与评估3S技术的工作流程和日常业务；掌握安全监测与评估系统的原理及框架；熟练运用安全监测与评估3S技术，解决安全科学工程问题。

学习方法：

在熟悉3S技术原理的基础上，熟练掌握RS、GNSS和GIS的技术特征和工作流程，理解安全监测与评估系统的构成和原理，结合工程案例分析安全监测与评估3S技术的应用范围、实施步骤、方法过程和应用效果，以及理论联系实际灵活运用。

安全监测与评估是在三维时空上对特定区域、特定项目的某个或某类特定对象的安全信息要素进行的多层次、多角度、全方位和全天候的立体、动态、系统的监测评价与风险评估。由遥感技术、全球导航卫星系统和地理信息系统集成的3S技术是获取、传输、管理、分析和应用该安全信息要素的核对心支撑技术。其中，遥感技术可以在较大范围内快速、高效地获取目标信息。农业遥感、气象遥感、灾害遥感和生态遥感等都是遥感技术的应用分支科学。全球导航卫星系统可以在短时间内对目标进行准确定位，在公安系统、交通安全、消防安全和工程结构位移监测领域多有应用。地理信息系统可以对所获取的地理信息数据进行综合分析和归类。商用地理信息系统软件多用于生态环境监测领域，也可用于实现其他设备所获取的地理信息数据的定量呈现和快速交互。

2.1　安全监测与评估3S技术基础

2.1.1　遥感技术(RS)

1. 遥感技术的基本原理

遥感就是"遥远的感知"。遥感技术是根据电磁波原理，基于一定的设备和系统，在不直接接触目标的情况下，远距离获取目标物辐射或反射的电磁波信息，然后处理成相应的遥感影像，进而对目标物的光谱特征及其变化进行识别和分析的一种探测技术，具体原理如图2-1所示。

电磁波作用下，地球表面的一切物体，如土壤、植被、水体和建筑物等，由于种类及环境条件的不同，会在某些特定波段形成反映物质成分和结构信息的光谱吸收与反射特征曲线。对不同波段光谱的响应特性即为光谱特征，光谱特征的差异就是遥感技术解释和监测地物的

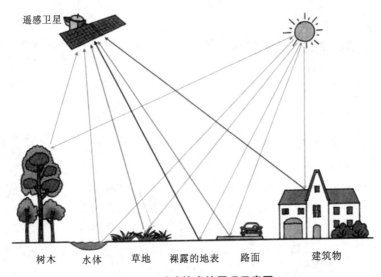

树木　　水体　　　草地　　裸露的地表　　路面　　　　建筑物

图 2-1　遥感技术的原理示意图

理论基础。地物光谱特征曲线如图 2-2 所示。电磁波辐射的波长范围如图 2-3 所示。遥感技术提取地物参量信息的方法包括基于光谱特征曲线的经验统计关系法和基于物理过程的辐射传输模型反演法两种。

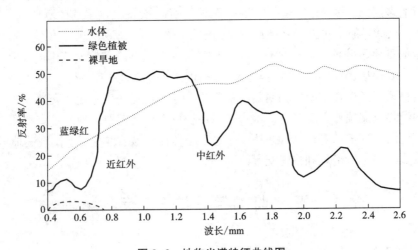

图 2-2　地物光谱特征曲线图

2. 遥感系统的构成

遥感系统是由平台、传感、接收和处理应用等子系统组成的将物质环境的电磁波特性转换成图像或数字形式的综合系统。其中，遥感平台为传感器的载体，二者共同组成遥感系统的空间信息采集子系统。除此之外，遥感子系统还包括地面接收和预处理系统，如遥感辐射校正和几何校正等；地面实况调查系统，如收集环境和气象数据等；以及信息分析应用系统。即遥感系统主要由信息源、信息获取、信息处理和信息应用四大部分组成。

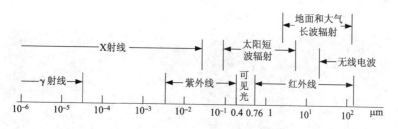

图 2-3　电磁波辐射的波长范围图

遥感系统的工作流程如图 2-4 所示，即地面反射或辐射电磁波；传感器获取电磁波，并以影像胶片或数据磁带等形式记录下来；传感器传输信息；地面站对信息进行处理、判读、校正和分析，并制作专题地图，以供用户应用。

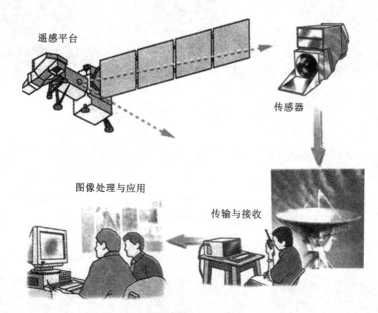

图 2-4　遥感系统工作流程示意图

3. 遥感影像及分辨率

遥感影像是指遥感记录各种地物电磁波信息的胶片或照片，主要分为航空像片和卫星像片，可以通过对地表摄影或扫描获得。摄影影像是摄像机对地面物体摄影，直接在感光材料上记录地物的光像。扫描影像是地面信息通过探测器先变为电信号并记录在磁带上，然后回放磁带，在感光片上曝光而成的像片。根据遥感影像颜色的不同将其分类如下：

$$遥感影像\begin{cases}黑白影像 \\ 彩色影像\begin{cases}真彩色影像 \\ 假彩色影像\end{cases}\end{cases}$$

黑白影像，建筑物为灰白色，草地和森林颜色较深。真彩色影像：与地物的颜色特征一致。假彩色影像，草、树、庄稼为红色，水为灰色或蓝色，城市为灰蓝色。真假彩色遥感影像对比如图 2-5 所示。

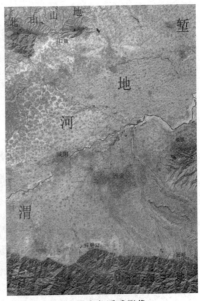

(a)真彩色遥感影像　　　　　　　　　(b)假彩色遥感影像

图 2-5　真假彩色遥感影像对比图

　　遥感影像的像元是遥感影像上能够详细区分的最小单元。一个像元所表示的地面实际尺寸，就是空间分辨率。1 m 分辨率就是 1 个像元表示地面 1 m² 的范围，即在遥感影像上能够分辨出 1 m² 大小的地物。0.1 m 分辨率就是在遥感影像上能够分辨出 0.01 m² 大小的地物。像元(分辨率数值)越小，遥感影像清晰度(分辨率)越高。图 2-6 所示为不同像元的三峡库区遥感影像。

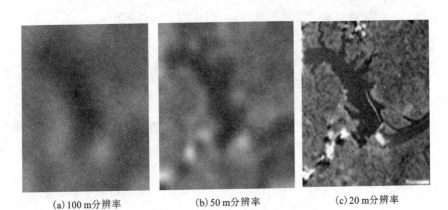

(a)100 m分辨率　　　　　(b)50 m分辨率　　　　　(c)20 m分辨率

图 2-6　不同像元的三峡库区遥感影像

4.遥感技术的分类

遥感技术根据不同的分类标准可以分为不同的种类。

1)按遥感平台的高度不同分为：

地面遥感，主要指以高塔、车、船为平台的遥感技术系统，地物波谱仪或传感器安装在这些地面平台上，可进行各种地物波谱测量。

航空遥感，泛指从飞机、飞艇、气球等空中平台对地面进行观测的遥感系统。

航天遥感，又称太空遥感，泛指以各种太空飞行器为平台的遥感系统，以地球人造卫星为主体，包括载人飞船、航天飞机和太空站，有时也把各种行星探测器包括在内。卫星遥感隶属于航天遥感，其以地球人造卫星为遥感平台，主要对地球和低层大气进行光学和电子观测。

地面遥感、航空遥感和航天遥感的特点对比如表 2-1 所示。

表 2-1　地面遥感、航空遥感和航天遥感的特点对比

	地面遥感	航空遥感	航天遥感
遥感平台及高度	三脚架、遥感塔、遥感车(船)等； 高度为建筑物的顶部	大气层内的各类飞机、飞艇、气球等； 高度小于 20 km	大气层外的卫星、宇宙飞船等； 高度大于 80 km
成像特点	比例尺最大，覆盖率最小，画面最清晰； 多为单一波段成像	比例尺中等，画面清晰，分辨率高，可以对垂直点地物清晰成像； 多为单一波段成像	比例尺最小，覆盖率最大，概括性强，具有宏观的特性； 多为多波段成像
技术要求	范围最小，技术要求最低，几乎不受云层影响	范围中等，技术要求中等，受云层影响较小	范围最大，技术要求高，受云层影响最大
应用特点	应用时间早，灵活机动，费用较低，适合小范围探测	动态性差，适合做长周期(几个月及更长)观测	应用时间最晚，动态性好，适合对某地区连续观测

2)按遥感技术所利用的电磁波不同分为：

可见光/近红外遥感，主要指利用可见光(0.4~0.76 μm)和近红外(0.76~2.5 μm)波段的遥感技术。它们的共同特点是辐射源都是太阳，在这两个波段上只反映地物对太阳辐射的反射，并且都可以用摄影方式和扫描方式成像。

热红外遥感，指通过红外敏感元件探测物体的热辐射能量，进而显示目标辐射温度或热场图像的遥感技术。其遥感波段范围为 8~14 μm，地物在常温(约 300 K)下热辐射的绝大部分能量位于此波段，此时，地物的热辐射能量大于太阳的反射能量。因此，热红外遥感具有昼夜工作的能力。

微波遥感，指利用波长为 1~1000 mm 的电磁波的遥感技术，通过接收地面物体发射的微波辐射能量或接收遥感仪器本身发出的电磁波束的回波信号，对物体进行探测、识别和分析。微波遥感的特点是对云层、地表植被、松散沙层和干燥冰雪具有一定的穿透能力，又能夜以继日地全天候工作。

可见光遥感、近红外遥感、热红外遥感、微波遥感的特点对比如表 2-2 所示。

另外，遥感技术还可以根据研究对象的不同分为资源遥感和环境遥感，根据应用空间尺

度的不同分为全球遥感、区域遥感和城市遥感等。

表2-2 可见光遥感、近红外遥感、热红外遥感、微波遥感的特点对比

	电磁波波段	受天气影响	优点
可见光遥感	0.4~0.76 μm	大	方便,不需特殊仪器
近红外遥感	0.76~2.5 μm	大	可起辅助作用
热红外遥感	8~14 μm	小	可昼夜工作,预测火山爆发,监测火情
微波遥感	1~1000 mm	小	可昼夜工作,有穿透能力

2.1.2 全球导航卫星系统(GNSS)

1. 全球导航卫星系统的基本原理

全球导航卫星系统是利用空间卫星和相关地面设施为全球用户提供全天候、全天时、高精度三维坐标(经度、纬度、海拔)的无线电空间定位导航系统。地球表面及其上方任何地点都可以以无源方式接收信号并用于定位与导航。卫星定位的原理是三角测量定位法,即利用不同卫星测距的交汇点确定观测点的位置,具体如图2-7所示。

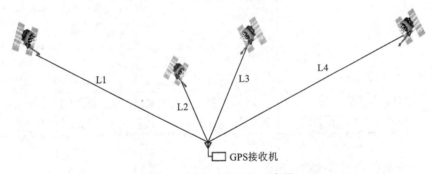

图2-7 卫星定位原理示意图

一颗卫星信号传播到观测点接收机的时间只能决定该卫星到观测点的距离,并不能确定观测点相对于卫星的方向。在三维空间中,一颗卫星定位到的观测点的可能位置能构成一个以卫星为圆心的球面;当采用两颗卫星定位时,观测点的可能位置就被确定于两个球面相交构成的圆平面上;当第三颗卫星到观测点的距离确定后,三个球面相交会得到两个可能的点;而第四颗卫星的加入即可准确获取观测点的唯一位置,具体如图2-8所示。

2. 全球导航卫星系统的构成

全球导航卫星系统由空间段、地面段和用户段三部分构成。以北斗系统为例,如图2-9所示,空间段由若干地球静止轨道卫星、倾斜地球同步轨道卫星和中圆地球轨道卫星等组成,地面段包括主控站、时间同步/注入站和监测站等地面站以及星间链路运行管理设施,用户段包括北斗兼容其他卫星导航系统的芯片、模块、天线等基础产品和终端产品、应用系统与应用服务等。北斗系统卫星运行轨迹如图2-10所示,北斗系统可见卫星数如图2-11所示。

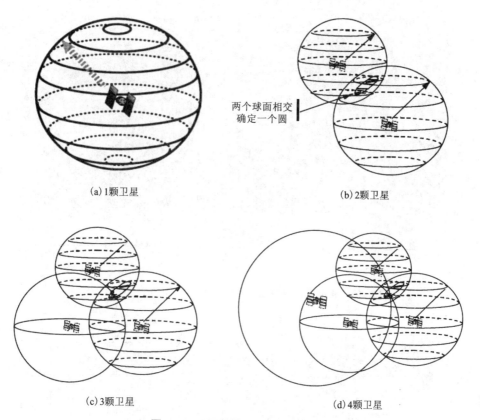

(a) 1 颗卫星

两个球面相交
确定一个圆

(b) 2 颗卫星

(c) 3 颗卫星

(d) 4 颗卫星

图 2-8　不同数量卫星定位示意图

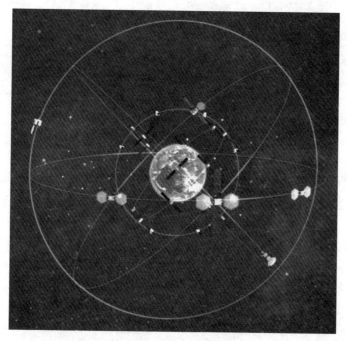

图 2-9　北斗系统

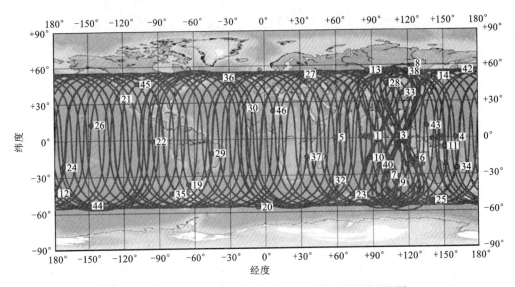

图 2-10　北斗系统卫星运行轨迹（2021/07/16/07：00 BDT）

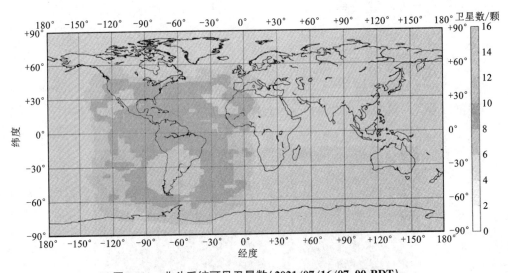

图 2-11　北斗系统可见卫星数（2021/07/16/07：00 BDT）

北斗系统需要解算 3 个位置参数和 1 个时钟偏差参数，所以最少需要同时观测到 4 颗卫星才可解算定位（精度还与其他很多因素有关），从图 2-11 中可以了解北斗系统基本的覆盖区域。

1）北斗系统空间段

北斗三号标称空间星座由 3 颗地球静止轨道（GEO）卫星、3 颗倾斜地球同步轨道（IGSO）卫星和 24 颗中圆地球轨道（MEO）卫星组成。GEO 卫星轨道高度为 35786 km，分别定点于东经 80°、110.5°和 140°；IGSO 卫星轨道高度为 35786 km，轨道倾角 55°；MEO 卫星轨道高度为 21528 km，轨道倾角 55°，分布于 Walker 24/3/1 星座，系统视情况部署在轨备份卫星。

2）北斗系统地面控制段

地面控制段负责系统导航任务的运行控制。其主控站是北斗系统的运行控制中心，主要任务包括收集各时间同步/注入站、监测站的导航信号监测数据，进行数据处理，生成并注入导航电文等；任务规划与调度和系统运行管理与控制；星地时间观测比对；卫星有效载荷监测和异常情况分析等。其时间同步/注入站主要负责完成星地时间同步测量，向卫星注入导航电文参数。其监测站负责对卫星导航信号进行连续监测，为主控站提供实时观测数据。

3）北斗系统用户段

用户段包括各种类型的北斗系统用户端。

3. 北斗系统的特征及发展历程

建设世界一流的卫星导航系统，满足国家安全与经济社会发展需求，为全球用户提供连续、稳定、可靠的服务是北斗系统建设的目标。发展北斗产业，旨在服务经济社会发展和民生改善，深化国际合作，共享卫星导航发展成果，提高全球卫星导航系统的综合应用效益。20世纪后期，中国开始探索适合国情的卫星导航系统发展道路，逐步形成了"三步走"发展战略。

北斗一号系统于 1994 年启动建设，2000 年投入使用，采用有源定位体制，为中国用户提供定位、授时、广域差分和短报文通信服务。北斗二号系统于 2012 年投入使用，在兼容北斗一号系统技术体系的基础上，增加了无源定位体制，为亚太地区用户提供定位、测速、授时和短报文通信服务。北斗三号系统于 2020 年投入使用，在北斗二号系统的基础上，进一步提升性能、扩展功能，其面向全球范围提供定位导航授时（RNSS）、全球短报文通信（GSMC）和国际搜救（SAR）服务；在中国及周边地区提供星基增强（SBAS）、地基增强（GAS）、精密单点定位（PPP）和区域短报文通信（RSMC）服务。

北斗系统秉承"中国的北斗、世界的北斗、一流的北斗"发展理念，愿与世界各国共享北斗系统建设发展成果，促进全球卫星导航事业蓬勃发展，为服务全球、造福人类贡献中国智慧和力量。北斗系统为经济社会发展提供了重要时空信息保障，这是中国实施改革开放 40 余年来取得的重要成就之一，是中华人民共和国成立 70 余年来取得的重大科技成就之一，是中国贡献给世界的全球公共服务产品。北斗系统提供服务以来，已在交通运输、农林渔业、水文监测、气象测报、通信授时、电力调度、救灾减灾和公共安全等领域得到广泛应用，服务国家重要基础设施，产生了显著的社会效益和经济效益。

北斗系统的建设实践，走出了在区域快速形成服务能力、逐步扩展为全球服务的中国特色发展路线，丰富了世界卫星导航事业的发展模式。其特点包括：一是北斗系统空间段采用三种轨道卫星组成的混合星座，与其他卫星导航系统相比高轨卫星更多，抗遮挡能力强，尤其对低纬度地区其性能优势更为明显；二是北斗系统提供了多个频点的导航信号，能够通过多频信号组合使用等方式提高服务精度；三是北斗系统创新融合了导航与通信能力，具备定位导航授时、星基增强、地基增强、精密单点定位、短报文通信和国际搜救等多种服务能力。

2.1.3　地理信息系统（GIS）

1. 地理信息系统的基本原理

地理信息系统又称为地学信息系统，是用以采集、存储、管理、分析和描述整个或部分地球表面（包括大气层）与空间和地理分布相关的数据的空间信息系统；也是以空间数据为处理对象，以空间数据组织和处理为基础，采用地学模型分析方法，及时提供多种空间信息和动态信息，为研究环境过程、分析发展趋势、预估规划决策等提供服务的计算机技术系统，地理信息系统原理示意图如图 2-12 所示。地理空间概念一般包括地理定位框架（即大地测量控制,由平面控制和高程控制网组成)及其所连接的空间对象。一个单纯的经纬度坐标只有置于特定的地理信息中,代表某个地点、标志、方位后,才会被用户认识和理解。用户在通过相关技术获取位置信息之后,还需要了解所处的地理环境,查询和分析环境信息,从而为用户活动提供信息支持与服务。

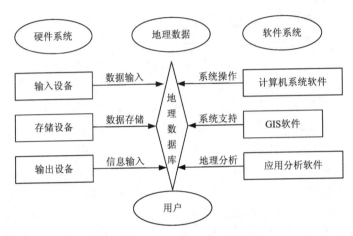

图 2-12 地理信息系统原理示意图

地理信息系统是信息系统的一种,其特征是可以运作和处理地理参照数据,即描述地球表面(包括大气层和较浅的地表下空间)空间要素的位置和属性的数据。地理信息系统的任何空间数据,无论是可见的还是不可见的,都是自然环境的一种表现模式,是数字化的现实世界,这是建立在对自然环境抽象描述的基础上的。地理空间实体和现象的三大基本要素包括空间位置数据、属性数据和时域数据。由于计算机的数字化特征,空间对象必须进行离散化表达,即把空间对象抽象表达为点、线、面、体等具有位置和属性特征的地理实体,这些数据都必须纳入一个统一的空间参照系中,以实现不同来源数据的融合、连接和统一。

2.地理信息系统的构成

地理信息系统包括专题信息系统和综合信息系统。其中,专题信息系统又包括地籍信息系统、城市管网信息系统和人口信息系统等,综合信息系统包括城市规划与管理信息系统、区域资源与环境信息系统和综合省情信息系统等。

地理信息系统包括人员、数据、硬件、软件和应用模型。其中,硬件部分如图 2-13 所示,软件部分如图 2-14 所示,软件层次如图 2-15 所示,地理信息系统数据特征如图 2-16 所示。

人员是地理信息系统中最重要的组成部分。开发人员必须定义地理信息系统中被执行的各种任务,开发处理应用程序,系统组织、管理、维护和更新数据,进行信息提取和规划决策。熟练的操作人员通常可以克服地理信息系统软件功能的弊病,但是软件无法弥补操作人员失误或不熟练带来的过失。地理信息系统要求定义明确、方法一致地生成正确的、可验证的结果。构建地理信息系统应用模型必须明确其求解问题的基本流程,根据模型的研究对象和应用目的确定模型的类别、相关变量、参数和算法,构建模型逻辑结构框图,确定其空间操作项目和空间分析方法,进行模型运算结果的验证、修改和输出。应用模型是地理信息系统与相关专业连接的纽带。

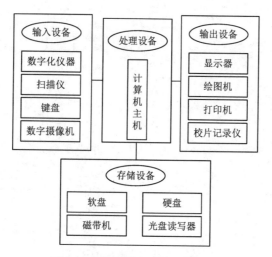

图 2-13 地理信息系统硬件部分

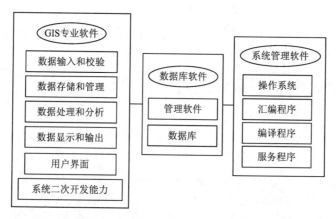

图 2-14 地理信息系统软件部分

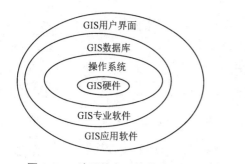

图 2-15 地理信息系统软件层次

图 2-16 地理信息系统数据特征

3. 地理信息系统的基本功能

地理信息系统的基本功能如图 2-17 所示。

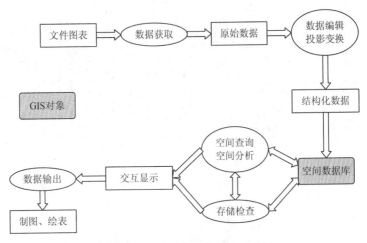

图 2-17　地理信息系统的基本功能

2.2　安全监测与评估 3S 技术方法

2.2.1　安全监测与评估系统

1. 安全监测与评估系统理论构建

安全监测与评估系统以 3S 技术为基本技术手段，围绕安全领域风险与隐患监测及评估实践方法形成了一套理论体系，包括安全信息要素、技术方法、应用服务和标准规范等内容。其中，安全信息是系统安全状态及其变化方式的自身显示。安全信息要素能够反映监测与评估对象的自然或社会地理实体安全状态及其变化特征。一般的安全监测与评估 3S 技术理论框架包括监测系统的构建、安全信息数据层的构建、安全信息的解析与评估和应用服务等，如图 2-18 所示。

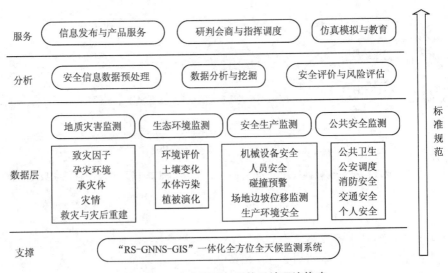

图 2-18　安全监测与评估系统理论构建

2. 安全信息要素

以地质灾害监测为例，致灾因子、孕灾环境、承灾体和灾情共同组成了一种复杂的地球表层异变系统。因此，地灾监测就是对灾害系统的各组成要素进行监测，获取相应的安全信息及其动态变化，为应急、救灾和灾后重建提供依据。

崩塌灾害是指部分斜坡沿软弱结构面与坡体分离并突然崩落或倾倒的现象，崩塌特征包括崩塌壁、崩塌堆积和崩塌边界，如图 2-19 所示。

泥石流灾害是指松散的泥沙、石块、碎屑与水等构成的流体在较陡的斜坡处突然快速流动的现象。泥石流的形成必须有充足的水源，且能形成强劲的径流，因此，泥石流特征除空间位置信息之外，还包括明显的水体流域边界等。典型的沟谷型泥石流灾害特征包括物料区、流通区和堆积区，如图 2-20 所示。

图 2-19　崩塌灾害特征

图 2-20　泥石流灾害特征

洪涝灾害是指因骤发性的强降雨、风暴潮和堤坝溃决等致使低洼地区被淹没、渍水的现象，包括山洪型洪灾、风暴潮或海啸型洪灾、溃决型洪灾、漫溢型洪灾、内涝型洪灾和蓄洪型洪灾等。其安全信息要素识别的关键在于水体的光谱特征和空间位置分析，洪涝特征如图 2-21 所示。

地震灾害是指由地震波引起的强烈地面震动及伴生的地面裂缝和变形的现象。由于地震前常会出现热红外辐射异常，RS 在地震灾害前的预测工作中可以发挥较大作用。GNSS 和 GIS 则在灾情监测和应急救灾中作用更大。如图 2-22 所示为震前热红外异常区。地震灾害的成因和表现非常复杂，地震灾害特征涉及的地物信息也比较多，包括植被、水体、建筑物和交通干线等各种地物的光谱特征、几何特征、坐标位移及其动态变化，以及其他地理信息特征等。利用 3S 技术获取地震灾害监测与评估结果，能够获取地震灾区的估计地震烈度和灾害指数，如图 2-23 所示。

另外，还有很多其他地质灾害，其安全信息要素各不相同，滑坡灾害是指部分斜坡在重力等因素的作用下沿斜坡内某一个或数个剪切面滑移运动的现象。RS 可以识别的滑坡特征包括滑坡体、滑坡后壁和滑坡边界三项地形要素。GNSS 可以获取滑坡特征的动态坐标和位移信息。GIS 则可以综合地理信息对其进行简单的分析和处理。

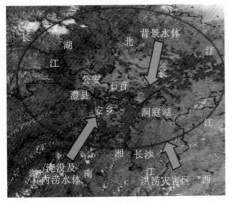

图 2-21 洪涝灾害特征

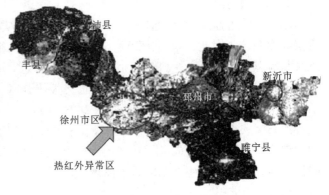

图 2-22 江苏省北部地震带震前热红外异常区

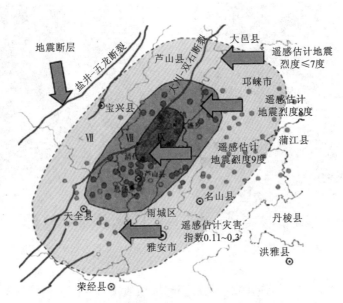

图 2-23 芦山地震遥感评估结果示意图

3. 3S 技术安全监测体系

将 RS、GNSS 和 GIS 三种信息技术进行集成耦合并应用在安全监测领域，主要依赖于各组成技术在空间信息管理方面发挥的不同的功能优势。3S 技术为安全监测与评估提供有效的监测数据资料，该体系包括各监测技术的设备硬件网络的建立，以及监测数据的获取、传输、管理、分析和应用。其中，RS 能够快速、高效地获取被监测区域的大面积信息资料，为安全监测后台技术人员提供地表物理及环境集合地理信息变化过程的数据信息；GNSS 承担着快速、实时监测目标位置的职能，它能够迅速精准地定位监测区域目标的空间数据；GIS 具有非常强的空间查询、分析和综合处理能力，但其获取数据较难，因此可以基于前两者获取的监测数据和定位信息，通过多种时空地理信息数据综合分析，构建 3D 虚拟模型，帮助安全监测技术人员直观地观测现场情况。安全监测与评估 3S 技术方法示意图如图 2-24 所示。

安全监测与评估 3S 技术既保留了单种技术的优势，又能很好地避免技术本身的缺陷。三种技术两两集成，如 RS 和 GNSS 集成可以实现安全监测，自动定时、定位，采集目标数据

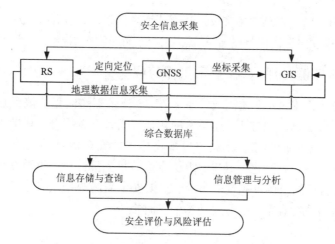

图 2-24 安全监测与评估 3S 技术方法示意图

信息和进行动态预测；RS 和 GIS 集成则能够进行安全信息要素识别和动态监测，以及地理信息变化分析和空间数据自动更新等；GNSS 和 GIS 集成能够实现安全定位和动态监测与管理。三者的集成耦合能够实现在三维时空上对特定区域、特定项目的某个或某类特定对象的安全信息要素的多层次、多角度、全方位和全天候的立体、动态、系统监测评价与风险评估。

4. 安全监测与评估 3S 技术服务体系

安全监测与评估 3S 技术服务体系可以有效满足地灾监测、预警、评估和应急管理的需求，满足生态环境动态监测、分析评价、模拟仿真的需求；满足安全生产位移监测、碰撞预警、空间分析和位置服务等的需求；满足公共安全人员、车辆和产品定位、资源调度、地理信息共享与可视化以及消防监测等的需求。总体来说，安全监测与评估 3S 技术服务体系主要包括数据服务、功能服务和产品服务三个层次。数据服务包括与数据获取、传输、存储和迁移相关的技术服务、硬件资源服务和物联网架构服务等，也包括各种安全监测数据共享服务等。功能服务包括数据管理和接入、数据可视化、运行管理、资源调度、模拟仿真、空间定位、环境评价和风险评估等。产品服务是指在数据服务和功能服务的基础上，按照产品要求和标准接口对相关服务进行定制和集成，包括产品制作、用户管理、虚拟客户端、产品平台和门户网站等。安全监测与评估 3S 技术的服务对象涵盖安全管理人员、技术服务人员、科研工作者、公共安全单位、企业用户和社会公众或个人等多个方面。通过数据服务、功能服务和产品服务，面向不同用户需求，利用无线通信、智能终端、互联网和专线等多种手段提供高质量、多样化的数据信息服务和专题服务产品，从核心业务出发，逐步形成相对完备和成熟的安全监测与评估服务模式。

5. 标准规范体系

安全监测与评估 3S 技术标准规范体系的顶层框架建设需要从八个方面进行，即 3S 技术通用基础标准规范、安全信息要素识别标准、监测数据获取规范、3S 技术定标和校验规范、监测数据预处理规范、数据信息提取和解析规范、数据管理与服务规范以及应用规范。

针对不同的功能需求，安全监测与评估系统需要综合 3S 技术的标准规范，借鉴国内外安全监测与评估领域的相关标准，开展基本术语定义、安全信息要素识别规范、安全评价与风险评估指标规范、监测数据标准规范化和产品分类分级等基础性、全局性的标准制定工作。建立安全监测与评估 3S 技术统一的顶层标准设计和规范体系框架，推动全面、协调、系统、开放的标准体系的建立，是推动安全监测与评估系统国际化进程的前提，需要进一步加强工作。

2.2.2　安全监测与评估 3S 技术工作流程

针对不同的业务需求，安全监测与评估系统 3S 技术工作流程的侧重点并不相同。但是无论是单个技术在安全领域的应用，还是两两集成，或者三者耦合，其操作流程大致都分为三个部分。首先，根据应用要求，获取与目标物相关的安全信息要素的特征及其在时间天候、地理坐标尺度上的动态变化。其次，组织专业技术人员针对监测数据携带的安全信息进行解析和翻译，并验证结果的准确性。最后，根据安全监测数据及其解析结果，采用合适的评价指标和模型进行风险评估，并形成动态的实时报告。

1. RS 一般工作流程

1) 遥感数据预处理

遥感数据预处理可以确保一定特征的遥感影像像元能够直接提取目标物信息，是安全监测与评估数据获取的基本技术，包括多源遥感数据的辐射校正、波段选择、几何精准校正、数据融合和遥感影像的镶嵌与剪裁等。

辐射校正主要是指对大气影响造成的畸变进行处理。首先通过遥感影像处理软件建立光谱响应函数，如图 2-25 所示，重新定位多光谱数据的中心波长，然后进行大气校正反演真实的地表辐射率。

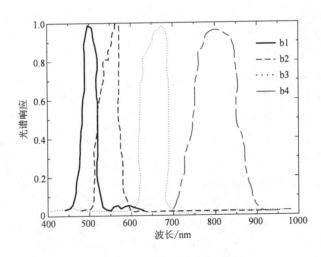

图 2-25　光谱响应函数示例

几何精准校正包括正射校正和几何校正两种。正射校正就是通过严格物理模型或经验模型对地形等引起的几何误差进行处理，在考虑高程、位置和传感器信息的情况下对遥感影像进行拉伸，使其符合地图的空间准确性。同时，正射校正就是正射处理的几何精准校正。几何粗校正一般会在遥感数据地面接收站利用设备参数对其内部误差进行校正。几何精准校正是在系统校正的基础上利用地面控制点对几何校正模型进行计算，以消除遥感影像几何位置上的畸变，包括行列不均匀、像元大小与地面大小不一致、目标地物形状不规则等。

　多光谱波段组合决定着遥感影像能够反映多少信息量。除全色波段不参加彩色合成之外，多光谱最佳波段组合的波段辐射量方差应尽可能大，这样遥感影像信息量才能达到最大。波段选择提高了遥感影像变化检测和地物识别的精度。但是多光谱波段的光谱覆盖范围有限，通过全色锐化将高分辨率全色波段数据和低分辨率多光谱波段数据进行融合，创建具有全色栅格分辨率的真彩色影像，可以增加遥感影像的信息量。全色锐化在实现高空间分辨率的基础上保留了多光谱影像的多光谱分辨率特点。

　　遥感影像的数据融合就是在减少信息冗余的基础上，将不同数据源的遥感影像优势尽可能集合在一起，以达到使遥感信息数据更多、更精准的目的。基于像元级的遥感数据融合方法包括基于色彩空间变化、数理统计和数值变化的数据融合等。遥感原始影像与融合影像对比如图 2-26 所示。

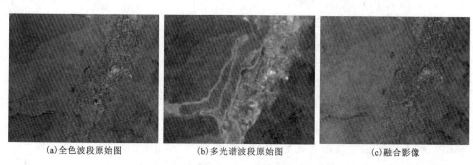

(a)全色波段原始图　　　　　(b)多光谱波段原始图　　　　　(c)融合影像

图 2-26　遥感原始影像与融合影像对比

　　在同一空间参考坐标系下，在精确配准处理之后，基于一定数学原理，将相邻遥感影像拼接成一个较大范围的无缝影像，即为遥感影像镶嵌。拼接前的遥感影像可以是相同或不同的成像条件，也可以是两个或多个相邻场景。而将研究区域之外的遥感影像剪裁去除，即为遥感影像剪裁。遥感影像镶嵌和剪裁时，不同场景影像接缝处常有明显的颜色差异，因此需要进行匀色处理，以实现遥感影像整体的色彩平衡。

　　2) 遥感数据获取传输与解释

　　遥感数据获取与传输是通过模拟或数字化传输方式将机载遥感传感器采集到的影像信息传回地面控制系统的过程。该过程具备数字化、轻型化、快速化和节能化等特点。其关键技术包括安全信息要素的识别与提取、监测视野的调整与控制和变化阈值的设置等。传感器的质量、体积和性能，遥感平台的飞行姿态、位置和运行状态，以及遥感控制系统的稳定性等，都会对遥感监测视野能否快速捕捉目标地物产生影响。在安全监测与评估中，安全信息要素特征的分类精度直接决定了遥感识别的准确性。而遥感变化阈值的设置又关系到遥感系统是否能科学有效地将遥感影像中的变化信息从背景信息中分离出来。

　　对遥感影像进行大气校正、几何校正以及噪声抑制等预处理以后，将参考光谱与影像像元光谱进行处理与分析，可以得到地物的种类、组成和动态变化等特征信息，从而实现精确识别。参考光谱与影像像元光谱的处理方法大致可以分为三种：基于光谱吸收特征参数的识别方法、基于完全波形的光谱匹配识别方法和基于混合像元分解的识别方法。

　　基于光谱吸收特征参数的识别方法包含多种技术手段，如通过波段运算突出目标矿物的光谱吸收深度、光谱特征拟合及其改进算法和基于组合光谱特征参数的地物识别等。由于化学组成和物理结构等性质的不同，不同地物会出现不同的光谱吸收特征。基于光谱吸收特征参数的地物识别首先要提取不同地物的光谱吸收特征参数，如吸收位置、吸收深度、吸收面积、吸收宽度、吸收对称性、光谱斜率、光谱导数和光谱吸收数目等。但是地物化学组分混合造成的光谱漂移和变异对单个光谱吸收特征的影响很大，因此，基于光谱吸收特征参数的地物识别方法很容易产生误判。

基于完全波形的光谱匹配识别方法将参考光谱和像元光谱作为两个高维矢量(维数等于影像波段数目)，然后计算两者的相似程度，大致可以分为三类：①基于距离测度的光谱匹配；②基于角度测度的光谱匹配；③基于人工智能的地物识别。基于完全波形的光谱匹配识别方法可以对完整的参考光谱和像元光谱进行对比分析，在一定程度上弥补了基于光谱吸收特征参数进行地物识别的不足。

基于混合像元分解的识别方法能够同时得到多种目标地物在单个像元中所占的比例，从而得到待研究区目标地物的丰度图。根据光谱混合模型的不同，光谱解混可以分为线性光谱解混和非线性光谱解混。线性光谱解混的主要过程就是对其光谱混合模型求得约束解。事实上，针对自然界地物的混合光谱理论模型多数为非线性的，利用非线性光谱混合模型得到的结果要优于线性光谱混合模型。

在确定安全信息要素分类及其详细特征因素之后，需要根据其特征因素的光谱特征、形状特征和纹理特征等建立相应的属性特征库，以便利用遥感系统对采集到的信息进行判别和处理。常用的灾害遥感信息提取方法包括人工目视解译、监督分类、非监督分类、决策树分类和模糊分类识别等。其中，遥感影像的归一化 RGB 色彩空间处理如图 2-27 所示。

人工目视解译要求解译人员在充分掌握工作区区域地质资料的情况下，结合地物目标在遥感影像上的光谱特征、空间特征、时相特征以及地物目标之间的相互关系，运用地学相关规律，通过推理、对照、分析来识别地质灾害体。但是目视解译的速度慢，精度较差。

监督分类是通过目视解译和野外验证，在对一幅影像里的地物类型有一定的了解和掌握的基础上，选择每一类的若干样本进行统计与训练，同时与其他类别进行判别，把与这些训练样本具有相似性质的像元归为一类。监督分类算法有平行六面体分类、最小距离分类、最邻近法、马氏距离分类以及最大似然分类算法等，其效率和精度均比目视解译高。但因影像空间分辨率相对较高，而光谱变异很小，常导致影像地物错分现象。监督分类提取滑坡信息如图 2-28 所示。

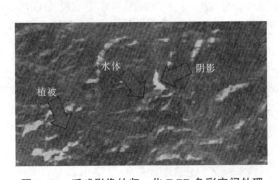

图 2-27　遥感影像的归一化 RGB 色彩空间处理

图 2-28　监督分类提取滑坡信息

非监督分类也称为聚类，通常只需要操作人员进行极少量的初始输入，是仅依靠遥感影像多光谱特征空间中光谱信息的分布规律，通过数字操作搜索像元光谱属性进行随机自然群组的过程。相对于监督分类，其自动化程度更高，但由于混合像元的存在，只是对影像进行了初步的信息提取的过程，分类精度往往要低于监督分类。

决策树分类法是以各像元的特征值为设定的基准值，分层逐次进行比较的分类方法。基于专家知识的决策树分类是利用遥感影像层及其他辅助专题层，通过用户的先验知识、影像的统计分析、方法整理归纳等，在获取分类规则的基础上进行目标地物信息提取的过程。其分类规则更易于理解，具备多源数据特征，精度更高。

模糊分类是一种比较简单的软分类方法，它在分类过程中把类别特征值从任意范围转化为 0 与 1 之间的模糊值，并用"隶属度"概念来刻画影像对象与类别集合之间的关系，它可以取隶属度为 0（不属于）和 1（属于）之间的中间值，包含了所有全面的可靠性、稳定性和类混合的信息。用模糊分类的方法可以把地物特征标准化、透明化、全面化和明确化。

3）遥感数据变化检测与精确评价

遥感数据变化检测是针对同一地区不同时相的影像进行差异分析、定量分析和地表变化特征信息判断的检测方法。利用多时相遥感图像进行目标地物信息的变化检测，能够适应安全隐患突发性和动态性的特点。基于遥感数据变化检测的分析方法易于管控，且更加高效和精确。

遥感数据变化检测按最小处理单元可以分为基于像元和面向对象两种，二者的本质区别是面向对象法是从影像空间经过对象特征空间到分类空间，而基于像元法是从影像空间经过光谱特征空间到分类空间。影像分割技术是遥感影像面向对象分类的前提和基础，同时是影像分析的关键技术。影像分割的目的是对影像进行分析并且识别特征目标，其基本思想是综合考虑多光谱影像的颜色（光谱）特征和形状特征等因素，采用自下而上的迭代合并算法将影像分割为高度同质性的斑块对象。影像多尺度分割的主要参数包括：①波段及其权重，信息载量大的波段可以赋予较高的权重；②分割尺度，决定生成斑块的大小及对象层的破碎程度；③均质性因子，包括光谱与形状因子（光滑度和紧凑度）的权重，通常情况下光谱特征最为重要，其权重值大于 0.6。

精度评价的参照样本由地面实测获取。然而，历史影像的地面调查数据获取是精度评价的难点。常用的精度评价方法是将分类结果与其他参考结果作比较，获取混淆矩阵，对由混淆矩阵得出的精度评价指标进行客观定量评价。对分类结果进行精度评估是面向对象分类必不可少的一个步骤，它有助于用户判断所使用的分类规则是否适用于特定的目标信息提取。评价分类结果分为主观定性评价和客观定量评价。主观定性评价主要是判断分类结果的合理性，客观定量评价主要是判断分类结果的稳定性。

2. GNSS 一般工作流程

1）北斗数据获取

由中国组建的国际 GNSS 监测评估系统跟踪网和少数多模 GNSS 实验跟踪网可接收到 BDS-3 试验卫星观测数据，但绝大多数接收机只能接收其 B1 和 B3 双频观测数据。多模 GNSS 观测站分布如图 2-29 所示。

一般获取北斗系统数据的步骤为：①IC 检测；②系统检测，开始获取卫星信息（检测到至少两颗卫星）；③定位申请，与卫星进行通信获取本机定位信息，返回经纬度信息；④通信

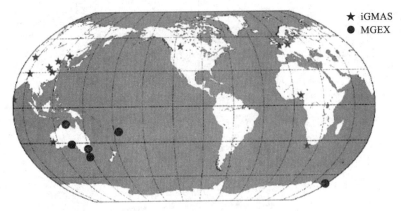

★ iGMAS
● MGEX

图 2-29　多模 GNSS 观测站分布

申请，与主机进行通信，将接收到的经纬度信息解析上传到所属的主机。

其中，北斗卫星导航系统的坐标框架采用的是中国 2000 国家大地坐标系统（CGCS2000）。北斗卫星导航系统的时间基准为北斗时（BDT）。

CGCS2000 大地坐标系的定义为原点位于地球质心，Z 轴指向国际地球自转服务组织（IERS）定义的参考极（RP）方向，X 轴为正 RS 定义的参考子午面（RM）与通过原点且同 Z 轴正交的赤道面的交线，Y 轴与 X、Z 轴构成右手直角坐标系。CGCS2000 原点也用作 CGCS2000 椭球的几何中心，Z 轴用作该旋转椭球的旋转轴。CGCS2000 参考椭球定义的基本常数包括以下几项。

长半轴：$a = 6378137.0$ m。

地球（包含大气层）引力常数：$\mu = 3.986004418 \times 10^{14}$ m³/s²。

扁率：$f = 1/298.257222101$。

地球自转角速度：$\omega = 7.2921150 \times 10^{-5}$ rad/s。

BDT 采用国际单位制（SD），"s"为基本单位连续累计，起始历元为 2006 年 1 月 1 日协调世界时（UTC）00 时 00 分 00 秒，采用周和周内秒计数。BDT 通过 UTC（NTSC）与国际 UTC 建立联系，BDT 与 UTC 的偏差保持在 100 ns 以内。BDT 与 UTC 之间的闰秒信息在导航电文中播报。

通常 GNSS 提供的系统精度为 m 级。如果采取增强或者差分方法，精度可以到 dm、cm，甚至 mm 级。导航卫星的心脏为星载原子钟，简称星钟。星钟是目前的计时设备中精度最高的计时装置，也是现在所有可计量时间的度量衡参量中能够达到的最高精度参量。卫星导航的星钟一般采用铷钟、铯钟和氢钟，其精度（稳定度误差）通常为 $10^{-13} \sim 10^{-15}$ s，也就是每 300 万年~3000 万年累计误差不超过 1 s。

采用星钟技术是卫星导航高精度保障的革命性举措，它有三大贡献：一是将星钟作为卫星上时间频率标准和测量距离的手段；二是将星钟从地面搬上空间，提供广播方式发送，使得星钟这样小众应用的极高端产品实现用户无限量的大众化服务；三是利用星钟广播的时间作为导航用户机的参照量，用户接收机无须装备高精度时钟就可以实现高精度的定位、导航和授时。其中最应该强调的是，从导航卫星发射机至接收机之间的距离测量，均归结为测量时间，也就是从发射机出发时间至接收机到达时间之间的时延（或者称为时间间隔）。高精度的星钟时间确保了收发机之间导航信号传播时延测量的高精度。

除了使用极高精度的星钟，实现卫星导航高精度的方法还包括系统设计、多模增强、误差改正和差分技术等。卫星导航误差包括卫星轨道误差、星钟漂移误差、电离层和对流层误差、多径效应误差等。

在系统设计中，采用双频或者多频体制最为重要的思路是消除电离层效应的影响。由于电离层是色散介质，也就是对于不同的频率，影响有差别，基本上是频率越高，影响越小，而且影响程度与频率的平方成反比。因此，采用双频或者多频体制，利用频率间确定的倍数比率关系，可以将电离层效应通过同频归一化差分相消方法加以剔除。

在包括星基增强、地基增强和辅助 GNSS 等多模增强的系统中，采取的措施就是提供更加精密的卫星星历轨道改正数和星钟的精密时钟改正数，以及电离层误差改正数，从而提高用户的定位精度。这些年来在这些改正数提供方面，逐步从事后（或者延时）提供改进成为实时网络发布提供，使得应用服务水平有本质提升。

差分技术有码相位、载波相位参量层面的单机与多机层面、局域和广域层面、静态事后与实时动态层面，以及网络与系统层面等。

定位策略是考虑卫星在空间的几何分布和观测量精度。精度的几何因子系数往往成为误差放大因子。如何选择空间卫星使其合理分布，在多系统 GNSS 存在的今天来说，可能是个越来越好解决的问题，而怎样充分利用空间的兼容与互操作卫星信号来大幅度提高定位精度，则成为一个非常有价值的新课题。

2）北斗数据质量评估

数据完整性是衡量观测数据的重要指标，是指观测时段中数据的可用性和完好性，既反映观测环境的影响程度，也体现接收机性能的优劣。各测站卫星数据完整性如图 2-30 所示。

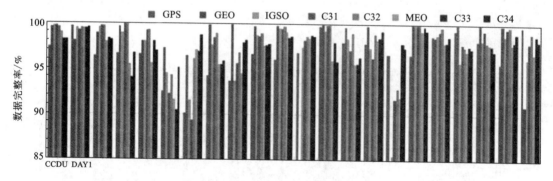

图 2-30　各测站卫星数据完整性例图

信噪比是接收机载波信号强度与噪声强度的比值，单位为 dB/Hz，主要受卫星发射设备增益、接收机中相关器件的状态、卫星与接收机间的几何距离及多路径效应等因素的共同影响，它不仅能反映接收机的性能，也能反映出卫星信号的质量。信噪比值越高，信号质量越好，观测精度越高。从观测文件中可以获取每颗卫星各个历元的信噪比，如图 2-31 所示。

卫星信号在传播过程中受观测环境的影响会产生多路径效应，伪距的多路径误差最大可达 0.5 个码元宽度，并且具有周期性和随机噪声的特性，无法与噪声完全分开，因此考虑伪距多路径和噪声的影响，双频的伪距观测值多路径效应通常可以通过伪距和载波相位观测值的线性组合分别求得。各类卫星多路径误差如图 2-32 所示。

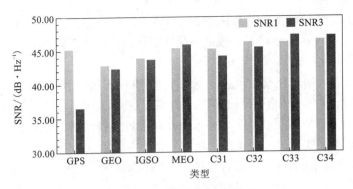

图 2-31　各类卫星信噪比例图

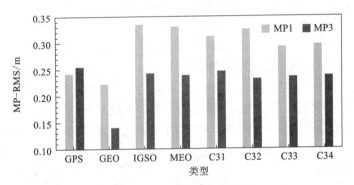

图 2-32　各类卫星多路径误差例图

电磁波在通过电离层时会受离子影响产生延迟，假设两个频率的载波在大气中的传播路径是相同的，则两个频率的电离层延迟和电离层延迟变化率如式（2-1）~式（2-3）所示。各测站卫星的电离层延迟 RMS 如图 2-33 所示。

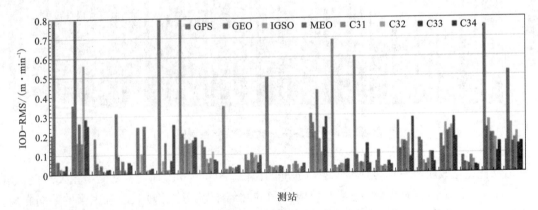

图 2-33　各测站卫星的电离层延迟 RMS 例图

$$I_1 = \frac{1}{\alpha - 1} \left[(B_1 - B_3) - (n_1\lambda_1 - n_3\lambda_3 + mp_1 - mp_3) \right] \quad (2-1)$$

$$I_3 = \frac{\alpha}{\alpha - 1} \left[(B_1 - B_3) - (n_1\lambda_1 - n_3\lambda_3 + mp_1 - mp_3) \right] \quad (2-2)$$

$$\mathrm{IOD}_{(3)} = \frac{\alpha}{\alpha-1} \big[(B_3-B_1)_j - (B_3-B_1)_{j-1} \big] / (t_j - t_{j-1}) \tag{2-3}$$

利用野外记录的采样点 GNSS 坐标得到采样点在遥感影像上的位置，进而在遥感影像上获取各个采样点的遥感地表真实反射率。地形矫正效果如图 2-34 所示。

图 2-34　地形矫正效果

3. GIS 一般工作流程

1）数据输入

地理信息系统的数据来源非常广泛，既有通过传统手段野外实测获得的，也有通过航天航空遥感、航测、全球导航卫星系统等现代信息技术获得的。不同的资料提供了不同形式的信息，不同的信息输入和计算机处理的方法也不相同。大部分非数字信息主要是通过矢量和栅格两种编码方式变成计算机可以接受的数字形式，送入计算机的数据库中存储的。一些常规的统计数据、文字或表格等也可根据需要送入相应的数据库中。数据采集和输入是一项十分重要的基础工作，是建立地理信息系统不可缺少的一部分，必须根据 GIS 建立的内容、目的和用途来决定收集的范围和种类。准确实时的数据是建立地理信息系统的前提条件。通常情况下，数据的采集、标准化、综合和自动录入是 GIS 数据采集的主要功能。点、线、面实体坐标矢量编码如图 2-35 所示，栅格数据的分层与叠合如图 2-36 所示。

GIS 数据的规范化和标准化直接影响到了地理信息的共享，而地理信息共享又直接影响GIS 的经济效益和社会效益。为了充分利用已有数据资源并为今后数据共享创造条件，各国

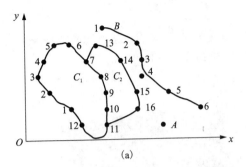

	特征值	位置坐标
点	A	x, y
线	B	$x_1, y_1; x_2, y_2; x_3, y_3; x_4, y_4; x_5, y_5;$ x_6, y_6
面	C_1	$x_1, y_1; x_2, y_2; x_3, y_3; x_4, y_4; x_5, y_5;$ $x_6, y_6; x_7, y_7; x_8, y_8; x_9, y_9; x_{10}, y_{10};$ $x_{11}, y_{11}; x_{12}, y_{12}; x_1, y_1$
	C_2	$x_7, y_7; x_8, y_8; x_9, y_9; x_{10}, y_{10};$ $x_{11}, y_{11}; x_{16}, y_{16}; x_{15}, y_{15}; x_{14}, y_{14};$ $x_{13}, y_{13}; x_7, y_7$

(a)   (b)

图 2-35 点、线、面实体坐标矢量编码

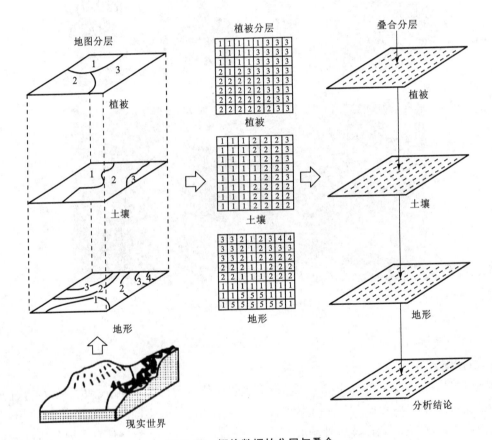

图 2-36 栅格数据的分层与叠合

都在努力开展标准化研究工作，许多部门和单位都纷纷建立自己的 GIS 数据库。国家制定的规范和标准是信息资源共享的基础，不但有利于国内信息的交流，也有利于国际信息的交流。

我国现已制定了两个技术规程，分别为图形数据采集技术规程和摄影测量数字化采集规程。两类规程中对设备要求、作业步骤、质量控制、数据记录格式、数据库管理及产品验收都做了详细规定。在地矿系统 GIS 应用中，还研究和制定了遥感影像数据采集技术规程、地质数据采集技术规程等。但是目前空间数据标准化仍然存在不少问题，缺乏统一的标准和规范，缺乏地理信息的法规，各部门缺少必要的联系和协调，对于科学的分类和统计缺乏严格的定义，建立的系统中数据杂乱，难以相互利用，信息得不到有效的交流和共享。为使数据库和信息系统能为各级政府和部门提供更好的信息服务，实现数据共享，数据规范化和标准化建设是一项十分紧迫的任务。

数据输入是对 GIS 管理、处理数据进行必要编码和写入数据库的操作过程。任何 GIS 都必须考虑空间数据和属性数据(非空间数据)两方面数据的输入。GIS 应用最关键的问题是所有输入的数据都必须转换为与特定系统数据格式相一致的数据结构，因此迫切需要通过先进的计算机全自动录入或数据采集技术为 GIS 提供可靠的空间数据。空间数据质量是指空间数据的可靠性和精度，通常用空间数据误差来度量。

GIS 的主要功能之一是能综合不同来源、不同分辨率和不同时间的数据，利用不同比例尺和数据模型进行操作分析，这种不同来源数据的综合和比例尺的改变使 GIS 数据的误差问题变得极为复杂。GIS 扫描并自动矢量化的过程如图 2-37 所示。

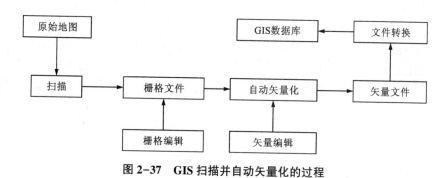

图 2-37　GIS 扫描并自动矢量化的过程

2)数据编辑处理

数据编辑又叫数字化编辑，它是指对地图资料数字化后的数据进行编辑加工，其主要目的是在改正数据差错的同时，相应地改正数字化资料的图形。GIS 的图形编辑系统除具有图形编辑和属性编辑的功能外，还具有窗口显示及操作功能，可以达到数据编辑过程中的交互操作目的。

窗口操作是交互式图形编辑系统的重要工具，开窗显示是窗口操作中主要而基本的功能。所谓开窗显示就是按用户指定的空间范围，进行图形子集合的选取，这个指定范围称为"窗口"。当人们希望利用指定的有效空间或存贮介质，对某个局部范围进行图形数据的显示或转储时，往往都要使用"开窗"技术。

开窗的方式有正开窗和负开窗两种。正开窗就是选取整个图形数据在窗口内的子集合，负开窗就是选取整个图形数据在窗口外的子集合。通常情况下，正开窗的用途更大。窗口的形状通常为矩形，也可以是任意多边形，这根据用户的需要确定。窗口轮廓点坐标可由键盘输入，也可将全图显示在荧光屏上用光标确定。如果窗口为矩形，只要输入或标定窗口的两个对角坐标即可。

在窗口确定以后，还要考虑如何切掉窗口以外(对正开窗)或以内(对负开窗)的线条，从而只显示窗口以内或以外的内容，这一过程称为"裁剪"。窗口规定了产生显示图形的范围，而视口(视见区)规定了显示图形在荧光屏上的位置和大小。要想按用户的需求实现开窗显示，就需用视见变换将窗口内的图形变换到显示器的视口中产生显示。

空间和非空间数据输入时会产生一些误差，主要有空间数据不完整或重复、空间数据位置不正确、空间数据变形、空间与非空间数据连接有误以及非空间数据不完整等。所以，在大多数情况下，当空间和非空间数据输入以后，必须经过检核，然后进行交互式编辑。

另外，对属性数据的输入与编辑，一般是在属性数据处理模块中进行，但为了建立属性描述数据与几何图形的联系，通常需要在图形编辑系统中设计属性数据的编辑功能，主要是将一个实体的属性数据连接到相应的几何目标上，亦可在数字化及建立图形拓扑关系的同时或之后，对照一个几何目标直接输入属性数据。一个功能强大的图形编辑系统能提供删除、修改和拷贝属性等功能。

3)空间数据管理、分析与挖掘

空间数据库(地图数据库)是地理信息系统的重要组成部分，因为地图是地理信息系统的主要载体。全关系型数据库管理结构如图2-38所示。地理信息系统是一种以地图为基础，提供资源、环境以及区域调查、规划、管理和决策作用的空间信息系统。在数据获取过程中，空间数据库用于存储和管理地图信息；在数据处理系统中，它既是资料的提供者，也可以是处理结果的归属处；在检索和输出过程中，它是形成绘图文件或各类地理数据的数据源。然而，地理与地图数据以其巨大的数据量及与空间相关的复杂性，使得通用的数据库系统难以胜任。为此，可以用当代的系统方法，在地理学、地图学原理的指导下，对地理环境进行科学的认识与抽象，将地理数据库转化为计算机处理时所需的形式与结构，形成综合性的信息系统，为越来越广泛的社会部门与领域服务。

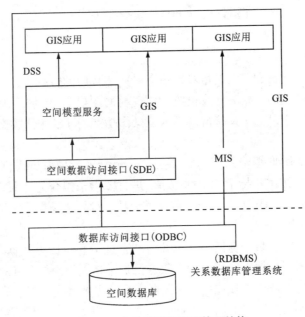

图2-38 全关系型数据库管理结构

地理信息系统与计算机辅助绘图系统(CAD)的主要区别是GIS具有对原始空间数据实

施转换以回答特定查询的功能，而这些变换能力中最核心的部分就是对空间数据的利用和分析，即空间分析能力。空间分析能力体现了 GIS 的本质。

目前，空间数据飞涨，其固有的空间位置属性衍生了各种不确定的空间关系，包括空间拓扑关系、空间方位关系、空间距离关系以及它们之间的组合关系，这些空间关系通常以非显性的方式隐含于空间数据中，使得空间数据解析和处理的难度大大提高。空间数据丰富和空间知识贫乏的现象长期存在着，这种趋势促成了空间数据挖掘和知识发现的产生。另外，利用地理信息系统的地理信息处理、分析和综合能力，并与空间模拟和决策分析技术相结合，可以构成空间决策支持系统，如图 2-39 所示，从而拓展空间模拟和决策分析能力。

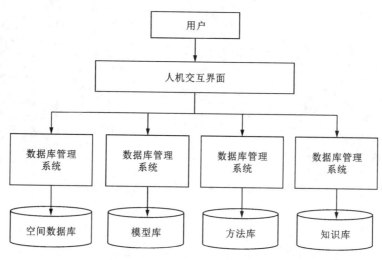

图 2-39 空间决策支持系统的结构

2.2.3 安全监测与评估 3S 技术日常业务

1. 地灾应急监测与评估

地质灾害是指在地球发展演变过程中，由各种自然地质作用和人类活动所形成的灾害性地质事件。其中，突发性的地质灾害有崩塌、滑坡、泥石流和喀斯特塌陷等；渐进性的地质灾害包括水土流失、地面沉降和土地荒漠化等。地质灾害给人民的生命和财产安全带来了严重的威胁，因此，有必要开展地质灾害预测预报、灾害应急和风险区划活动。充分利用航天遥感、差分干涉雷达、全球定位系统、地理信息系统及其集成技术进行地灾监测，是对地观测技术体系在灾害监测与评估应用中的必然发展趋势。地灾应急监测与评估业务运行体系如图 2-40 所示。

北斗三号 GNSS 除提供全球服务以外，继续保留了传统的北斗特色服务短报文和位置报告，很好地在一个系统中实现了导航和通信技术，该特色服务是美国的 GPS、俄罗斯的格洛纳斯、欧洲的伽利略三大系统不具备的。一旦有洪涝、冰雪、地震等重大突发自然灾害，电信、供电系统就会出现中断，北斗区别于 GPS 的重要应急终端所独有的"短报文功能"可以在没有地面通信信号的情况下实现一键求救。

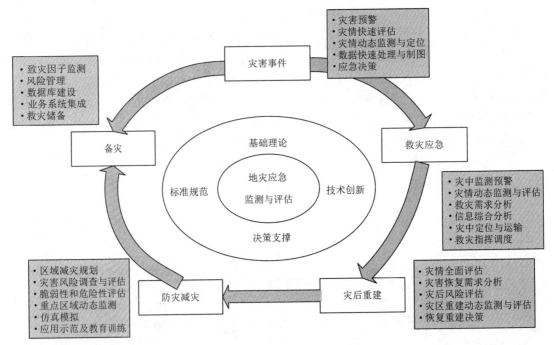

图 2-40　地灾应急监测与评估业务运行体系

2. 生态环境监测

生态环境监测评价是在时空上对特定区域范围内生态系统的组合体类型、结构、功能及组合要素开展的系统测定和观察，并评价和预测人类活动对生态环境系统的影响，帮助人们认识和掌握生态环境状况及潜在发展趋势，为资源合理利用、生态环境保护提供决策依据。生态环境是经济社会可持续发展水平的重要评价依据，将 RS、GNSS 和 GIS 三种技术结合起来，可以更好地发挥其各自优势，为生态环境监测提供技术支持和服务。

如将 3S 技术应用于城市环境污染监测主要是 RS 和 GIS 的两两集成，RS 进行前期城市污染资料收集，GIS 则提供技术平台。将 GNSS 与 GIS 技术联合可编绘出清晰的城市大气、水环境污染源的分布图，再结合航空多光谱摄影技术，监测大气及水环境中的主要污染物及其空间分布。此外，GIS 可应用于城市生态环境现状调查以及污染源监测、生态环境功能及环境影响评价等领域，为城市生态环境总体规划提供详细的数据资料。目前，我国大部分地区建立了环境基础数据库，并开发了城市环境地理信息系统和城市环境污染应急预警预报系统，人们可以结合 GIS 制作出具体的污染源分布图和大气质量功能区划图等，为环境监测提供详细的环境空间数据。例如，收集区域遥感图像，结合城市地面污染物监测数据，利用 3S 技术，对城市热岛效应进行调查、分析，并确定具体的城市热源、热场位置、分布区域范围和热岛强度等，进行动态监测分析，从而监测出城市的热力分布规律及变化特点。

3. 交通运输安全

RS 在交通领域具有广泛的应用前景，包括遥感交通调查、遥感影像地图与电子地图制作、道路工程地质遥感解译、交通安全与抗灾救灾、交通事故现场快速勘察、交通需求预测、车辆与车牌视频识别等。雷达卫星的有效载荷是合成孔径雷达，采用主动手段，利用距离向大带宽脉冲压缩和方位向合成孔径技术，可实现对地全天候、全天时成像。雷达卫星具有全天候、全天时、高分辨率、高精度的特点，通过雷达卫星与智能交通领域的对接，可极大提升天基观测手段在交通领域的应用水平和能力。

GNSS 是助力实现交通运输信息化和现代化的重要手段，对建立畅通、高效、安全和绿色的现代交通运输体系具有十分重要的意义。其应用主要包括：陆地应用，如车辆自主导航、车辆跟踪监控、车辆智能信息系统、车联网应用、铁路运营监控等；航海应用，如远洋运输、内河航运、船舶停泊与入坞等；航空应用，如航路导航、机场场面监控、精密进近等。

交通地理信息系统 GIS-T 是 GIS 在勘测设计、规划和管理等交通领域的具体应用。GIS 的基本思想是将地表信息按其特性进行分类，然后进行分层管理和分析。GIS 实质上是一种空间数据库管理系统。它除了具有一般数据库系统的功能，如数据输入、存储、查询和显示等，还可进行空间查询和空间分析。

4. 公安

反恐、维稳、警卫、安保等大量公安业务具有高度敏感性和保密性要求，推广应用北斗系统势在必行。基于北斗的公安信息化系统实现了警力资源动态调度、一体化指挥，提高了响应速度与执行效率。其应用主要包括公安车辆指挥调度、民警现场执法、应急事件信息传输和公安授时服务等。其中，应急事件信息传输使用了北斗特有的短报文功能。

从人脸识别、行业数据监测到大数据破案、视频抓逃、"指尖办事"等，在人工智能、物联网、云计算等信息化技术迅速发展的当下，警务管理迎来向智慧警务转型的关键节点和转折点，多样性、海量化、异构化的公安大数据已经成为构成公安战斗力的重要因素。在推进智慧公安信息化建设的过程中，除了需要解决公安大数据面临的存储及分析计算问题，还需要对公安大数据的内容进行深度整合及标准化建设。同时，公安机关又承载着人口信息管理、罪犯追逃、出入境等相关职能，如此庞大的数据流转在网络上，如何在实现数据共享、信息互通的同时，确保敏感数据和信息的安全就成了公安机关主要考虑的要素。在这样的背景下，强化信息安全思维，运用自主可控的国产化 GIS 技术，结合 GNSS，构建一个数据深度整合、信息便捷共享、应用高效协同的公共时空信息云平台也成了迫切需求。

5. 工程位移监测

随着我国北斗卫星导航系统民用化进程的推进，北斗卫星系统技术开始用于公路边坡和桥梁变形监测等，它可以不受通视条件的限制，选点灵活，能够实时监测，自动化程度高，可以根据监测需要，将监测点布设在对变形较敏感的特征点上，相对于传统人工定期检测，具有更高的定位精度、更快的应急反应速度、更高的自动化程度、实时的观测能力。北斗可以对建筑物的位移、变形情况进行实时"体检"，甚至对复杂的地下系统也同样游刃有余，如对排水燃气管线探测、监测和预警的实现，可有效减少地下管网事故的发生。

北斗系统采用 GNSS 自动化监测方式对表面位移进行实时自动化监测，其工作原理为各GNSS 监测点与参考点接收机实时接收 GNSS 信号，并通过数据通信网络实时发送到控制中心，控制中心服务器数据处理软件实时差分解算出各监测点三维坐标，数据分析软件获取各监测点实时三维坐标，并与初始坐标进行对比，从而获得该监测点的变化量，同时分析软件根据事先设定的预警值进行报警。

2.3 安全监测与评估 3S 技术应用实例

2.3.1 地灾应急监测与评估

针对在重大自然灾害灾区地面互联网络中断或没有任何地面移动通信网络的情况下，灾情信息无法第一时间及时上报的问题，依据我国现行的灾害行政管理体制，国家减灾中心协同地方示范省级灾害管理部门建设部署了北斗综合减灾救灾应用系统。该系统综合集成了北斗短报文与手机短信、微信的互联互通等功能，对各级救灾人员与车辆的当前位置、运行状态、应急活动情况等信息进行全国"一张图"有效动态远程监控，实现灾后第一时间快速上报及对现场应急救援活动的远程全天候监控。

以汶川地震为例，安全监测与评估 3S 技术在地灾应中得到充分应用。

"5·12"汶川地震是新中国成立以来破坏性最强的地震，发生于 2008 年 5 月 12 日 14 时 28 分 04 秒，震源为四川省汶川县(北纬 31.01°，东经 103.42°)，里氏震级 8.0 级，最大烈度 11 度，影响范围广，波及四川、甘肃、陕西、重庆等 16 个省(市、区)，有 417 个县、4467 个乡(镇)、48810 个村庄受灾，受灾总面积达 50 万平方公里，受灾人口为 4625.6 万人。截至 2008 年 5 月 27 日 12 时，共发生余震 8668 次。抗震救灾部分装备示意图如图 2-41 所示。

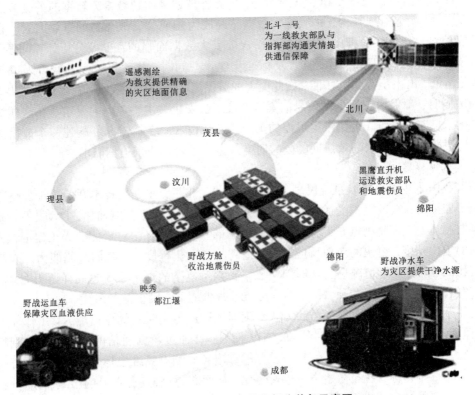

图 2-41 汶川地震抗震救灾部分装备示意图

1. 地震前兆信息监测

卫星接收到的信息是经过大气改造的地表热辐射，通过大气校正利用卫星遥感热场信息分析地壳活动已经具备一定的研究基础。原地温度场及其空间剖面如图 2-42 所示。汶川地震前后降温区空间分布如图 2-43 所示。

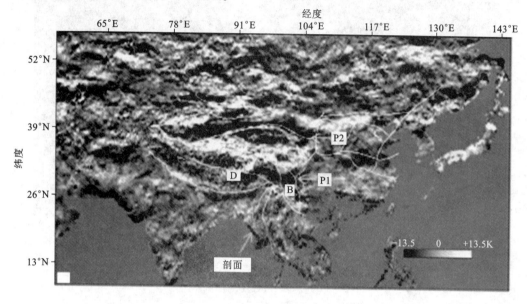

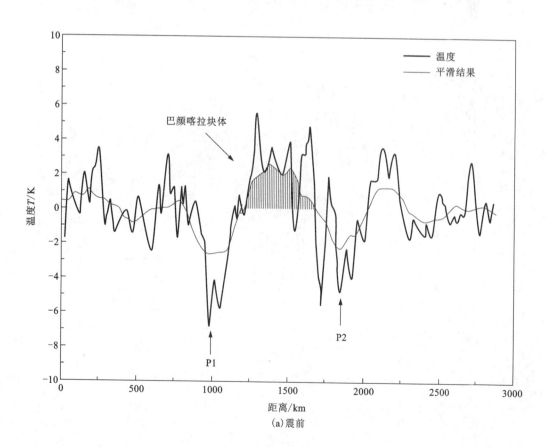

(a)震前

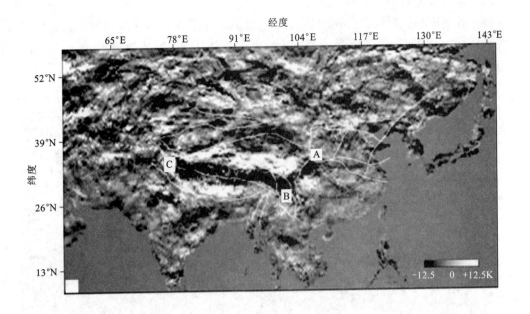

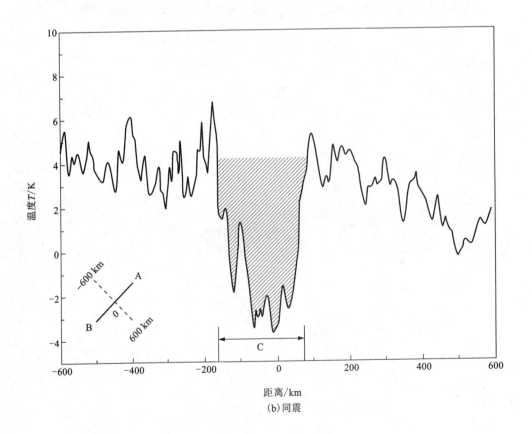

(b)同震

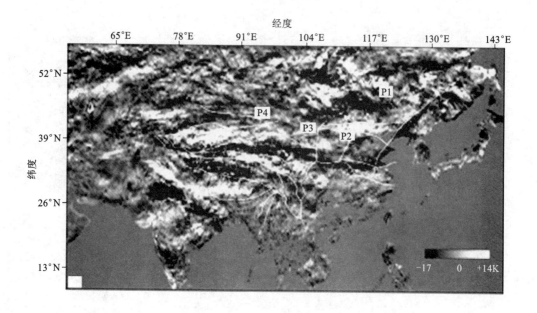

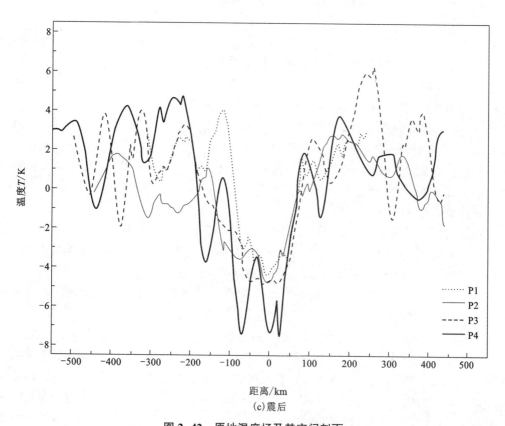

(c) 震后

图 2-42　原地温度场及其空间剖面

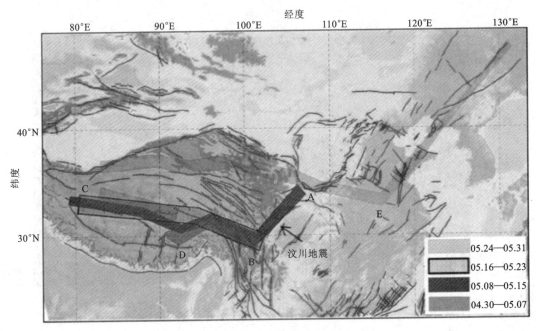

图 2-43　汶川地震前后降温区空间分布图

从汶川地震前后的热场演化过程可看出，原地温度中存在丰富的、与构造展布密切相关的热信息。卫星数据反演获得的原始地表温度中包含了地形、大气和稳定年周期太阳辐射等因素的影响，难以直接用于构造热活动分析。去除这些非构造因素的影响之后，可获得源于本地因素的原地温度场。在原地温度场中，许多与构造活动有关的热信息得以呈现。从汶川地震前后的热场演化过程可以看出原地温度场中包含有构造活动信息，震前、同震及震后，原地温度场的空间展布有共性，也存在明显差异。利用卫星遥感热信息探索现今构造活动属于新方法，卫星遥感能够提供全场视角，看到的现象是台站观测难以提供的，也是以前没有遇到过的，如何理解这些信息并将其用于地壳动力学分析，还有待深入探索。

2. 灾情监测与评估

汶川地震持续时间 1 min 以上，诱发的滑坡、泥石流、堰塞湖数量之多、规模之大、危害之重、史所罕见，城镇与村落直接被滑坡掩埋或被堰塞湖淹没，造成了惨重的人员伤亡，大量的道路损毁，交通阻断，给救援工作带来了难以想象的巨大困难。如图 2-44 所示为 0.5 m 分辨率汶川地震城市震害房屋航空遥感影像，如图 2-45 所示为安州区安昌镇房屋损毁评估图，如图 2-46 所示为汶川地震道路损毁情况遥感监测评估图。

汶川地震发生后，国家减灾委办公室、国家减灾中心通过国内遥感数据获取机制和国际"减灾宪章"机制，先后获得了 12 个国家 24 颗卫星的遥感影像数据。针对汶川地震灾害道路损毁特点，利用这些数据对汶川重灾区国/省级道路损毁情况进行评估。道路损毁以及等级分布总体上与主要地质灾害点数、断裂带分布呈明显对应关系。利用高分辨率卫星遥感影像进行道路损毁评估是一条可行的技术途径，能够充分发挥卫星遥感技术覆盖范围广、时效性强等特点，适用于开展地震等巨灾情况下道路损毁状况的快速评估。

图 2-44　城市震害房屋航空遥感影像

图 2-45　房屋损毁评估图

图 2-46　汶川地震道路损毁情况遥感监测评估图

四川西部山区植被覆盖率高，滑坡通常会造成植被的大面积破坏。滑坡密集分布区（岷江流域）震前、震后遥感影像对比如图 2-47 所示，震后表现出与周围植被覆盖区域明显不同的后向散射强度。

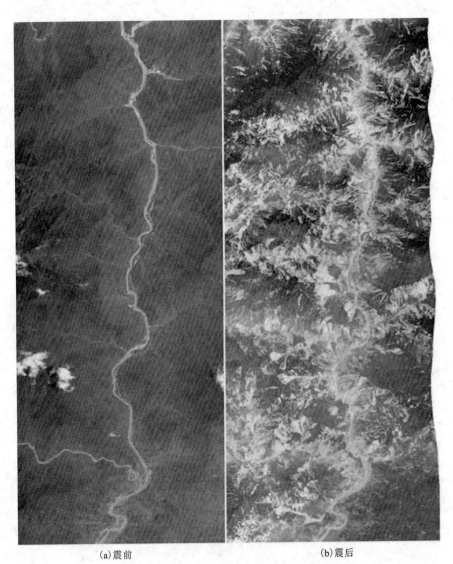

(a)震前　　　　　　　　　　　　　(b)震后

图 2-47　滑坡密集分布区（岷江流域）震前、震后遥感影像对比

中国地震局结合块体边界强震预测研究项目，在四川地区布设了 61 个分期 GNSS 观测站和 4 个连续 GNSS 观测站，连同网络工程在该地区的 22 个 GNSS 连续观测站，一共有 87 个 GNSS 观测站的数据。其中，GNSS 分期观测站分别在 2005 年、2006 年和 2007 年进行了 3 次观测。又在汶川大地震发生后，进行了 GNSS 复测，一共得到了震区 178 个 GNSS 站点的同震水平位移，用于后续的断层模型参数反演研究。汶川地震 GNSS 观测站同震水平位移分布如图 2-48 所示，震区 InSAR 干涉条纹如图 2-49 所示。

由图 2-48 和图 2-49 可见，同震形变的急速变化区沿发震断层呈窄条带分布，地震所释

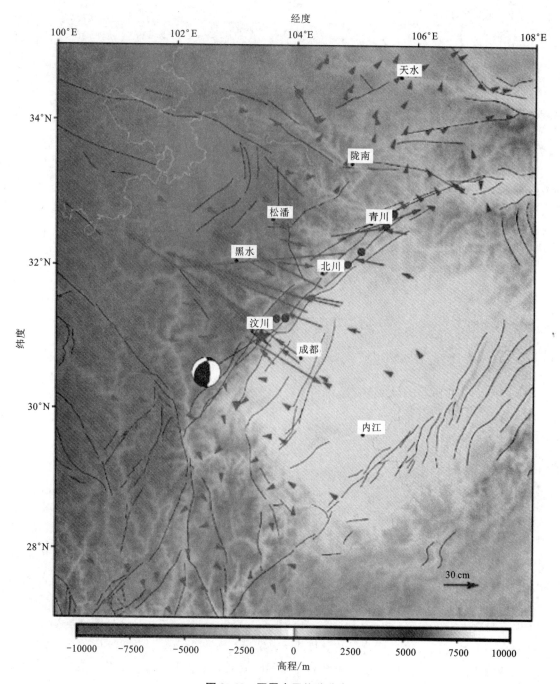

图 2-48　同震水平位移分布

放的应变主要集中在断层带内。基于地震弹性回跳理论，大地震发生前必然有一个沿断层呈带状分布的高应变区，这为孕震形变监测指明了方向。联合 GNSS 和 In SAR 获得的同震位移，可进一步反演汶川地震断层模型参数。

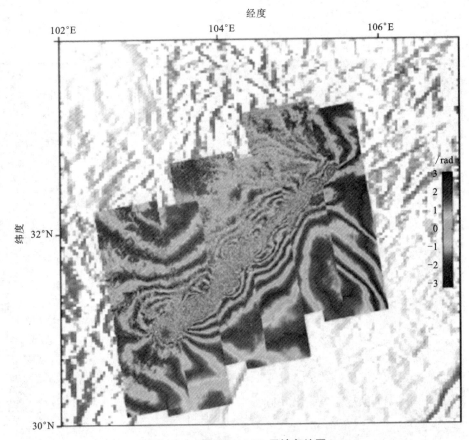

图 2-49　震区 In SAR 干涉条纹图

　　在汶川地震诱发地质灾害应急调查的基础上，以北川县为例，应用 GIS 技术对 5 个主要评价指标进行了提取和叠加，并开展了地震诱发地质灾害危险性评价，结果如图 2-50 所示。

　　3. 抗震救灾与灾后重建

　　中国科学院对地观测与数字地球科学中心、遥感应用研究所等单位于 2008 年 5 月 12 日下午四川汶川地震发生后，立刻开始处理灾前存档遥感卫星数据并制订灾后遥感卫星获取计划。中国科学院地理科学与资源研究所于 2008 年 5 月 13 日上午迅速成立了"抗震救灾领导小组""抗震救灾专家组"和"抗震救灾应急项目组"，组织遥感数据处理、地理空间信息处理、地震与次生灾害遥感分析、公共卫生环境评价、资源环境承载力评价与区域规划等方面的 120 余位专家重点开展灾情背景数据集成、灾情分析、决策支持、资源环境承载力评价与灾后重建规划等工作。该所主动派遣 9 名专家到国家减灾中心卫星遥感部开展卫星遥感影像解译和灾情评估工作，为国家减灾委员会、民政部开展抗震救灾提供了强有力的技术支撑；并联合卫生部统计信息中心和中国疾病预防控制中心信息中心对地震核心区域的受灾人口分布、卫生资源需求与医疗设施受损情况、传染病暴发可能性等进行了分析和评估，为卫生部的抗震救灾提供了决策依据；与中国科学院资源环境科学数据中心合作参与了"中国科学院汶川地震灾害遥感监测与灾情评估工作组"的工作；同时，和国家遥感中心、地理信息系统部一起协助国家遥感中心组织开展了灾情监测与分析工作，为国务院抗震救灾总指挥部和民政

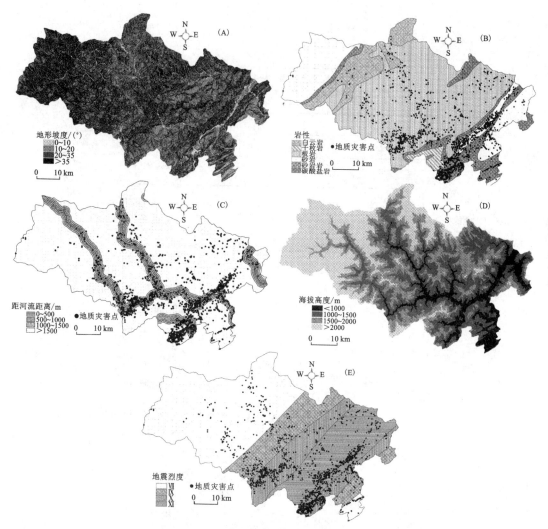

图 2-50　基于 GIS 的敏感性评价指标和地质灾害分布图

部、卫生部等部门提供了抗震救灾信息和决策依据。汶川地震灾害应急响应架构如图 2-51 所示，Charter 机制响应过程如图 2-52 所示。

　　2008 年 5 月 15—16 日，航空遥感工作组共获取灾区 63 个航带的 5000 多幅遥感图像（分辨率为 0.1~0.35 m），制作了区域遥感专题图像 20 幅，及时为抗震救灾一线指挥机构提供了信息服务和决策依据。从 5 月 14 日—6 月 8 日共运行 120 h，为应急指挥决策提供了及时准确的信息，特别是在云、雨、夜等极端条件下无法获得有效光学遥感影像时，该传感器获取的 SAR 遥感数据更为珍贵。中国科学院遥感应用研究所和其创建的北京国遥新天地信息技术股份有限公司会同四川省基础地理信息中心于"5·12"汶川地震前不久为四川省测绘局开发完成的"遨游天府——四川省三维地理空间信息管理系统"，在"5·12"汶川地震发生后进驻四川省抗震救灾应急指挥中心，提供不间断的值班服务，为空投、空中救援等快速提供坐标定位点 1500 多个，提供查询服务 6000 余次，为抗震救灾应急指挥决策提供了重要信息，确保了空中和地面救援行动及时准确的开展。中国科学院遥感应用研究所基于完全自主创新

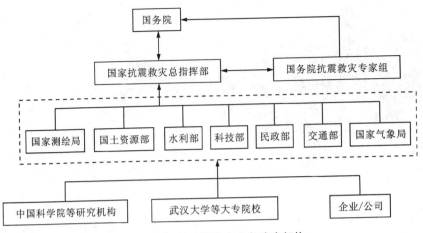

图 2-51 汶川地震灾害应急响应架构

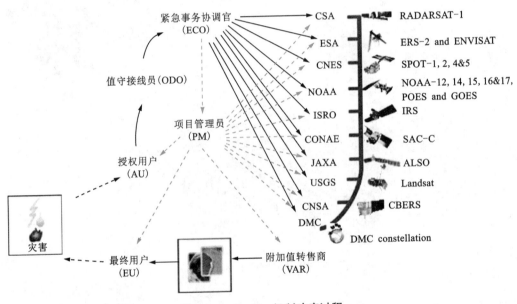

图 2-52 Charter 机制响应过程

软件 GeoBeans，在灾后迅速研制出包含灾区 60000 km² 范围内灾前基础数据和灾后最新高分辨率遥感数据的"四川灾区三维地理信息系统"，并将其捐赠给四川广播电视集团、总参作战部、武警森林部队司令部、武警边防部队司令部、中国地震局、交通运输部和国家减灾中心等单位使用，发挥了重要作用。

2.3.2 露天采矿安全生产监测

北斗卫星导航系统在防灾减灾的多个领域有着广泛的应用，能够有效保护人民生命财产安全。通过北斗高精度定位技术、5G 通信等多元融合技术，可以实现对矿山安全、人员安全、车辆安全的监管以及车辆无人驾驶作业，达到对矿山山体安全、人员安全、车辆安全等多方面进行一体化、全天候监管的目的。

1. 基于 GNSS 的露天矿卡车碰撞规避

在露天矿开采过程中，卡车在废石场边缘倾覆或卡车碰撞事故时有发生。搭载北斗定位终端后可以利用北斗高精度定位功能，根据矿山环境参数规划出卡车最优路径，实现自动预警、紧急停车和自动避障，卡车运输轨迹精度可以控制在 2~3 cm。同时，开发和应用卡车倾覆和碰撞规避系统能有效地提高露天矿运行的安全性，减少此类事故的发生。卡车调度系统安全预警处理原理及流程如图 2-53 和图 2-54 所示。

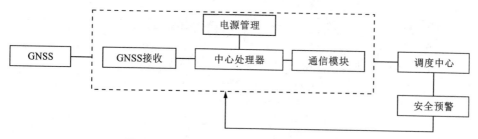

图 2-53　卡车调度系统安全预警处理原理图

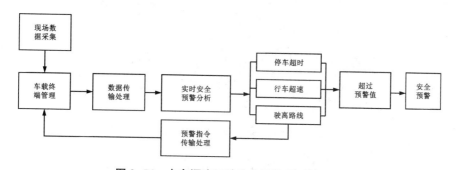

图 2-54　卡车调度系统安全预警处理流程图

露天矿卡车倾覆碰撞规避系统的开发采用了现代 GNSS 技术、无线电网络技术和计算机三维图形技术，其基本工作流程为：安装在每台卡车上的 GNSS 接收机收到 GNSS 信号后，利用从 GNSS 基站通过无线电天线发送来的差分信号，精确计算出卡车的坐标；然后，系统计算出卡车在矿山数字地面模型上的位置，产生或更新安装在卡车计算机显示屏幕上的模型，并将位置信息通过无线电发送给其他卡车和基站；控制中心和其他卡车接收到 *XYZ* 坐标信息后，利用该坐标信息就可以实时地计算出发来信号的卡车在矿山模型上的位置，并在该车的机载显示器上实时显示。

露天矿卡车倾覆碰撞规避系统可以监视卡车所在的位置及与危险边缘的距离。危险边缘是事先确定了的公路边缘或排土场危险边缘，用一个面表示，其位置是根据卡车的运行特点和路面土壤情况确定的。一旦卡车安全范围靠近或越过该平面，系统将向卡车驾驶员发出警告，卡车计算机界面上的红色灯将会闪烁并发出警报声。当两辆卡车相隔较近，一辆卡车进入另一辆卡车的安全警戒区域时，也就是两辆卡车计算机界面上表示卡车的安全区域的球形泡出现重叠时，系统就会立即同时向这两辆卡车的驾驶员发出即将发生碰撞危险的警告。危险边缘距离警告示意图及碰撞危险警告示意图分别如图 2-55 和图 2-56 所示。

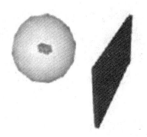 

图 2-55 危险边缘距离警告示意图

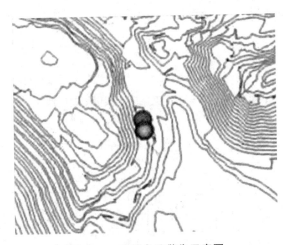

图 2-56 碰撞危险警告示意图

露天矿卡车倾覆碰撞规避系统产生的卡车三维模型，可根据 GNSS 系统确定的定位坐标显示在生成的地图上，从而动态实时地监视卡车的位置，还可以根据卡车的确切位置坐标，实时刷新显示矿山一个给定部分的高程图。它是采取保存通过无线网络通信系统传送来的所有其他卡车的 XYZ 坐标的方式，并用这些信息产生一个拓扑网格文件，自动地在车载计算机上形成图像并显示在屏幕上。卡车位置及其高程示意如图 2-57 所示。

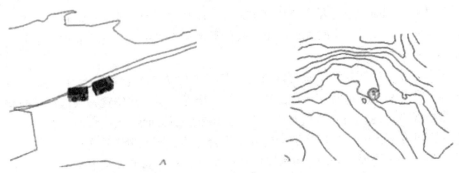

图 2-57 卡车位置及其高程示意图

2. 露天矿高陡边坡位移监测

高陡边坡的稳定性一直是露天矿开采中备受关注的重要安全问题之一。通常，高陡边坡在发生垮塌破坏前，会有一个缓慢的位移过程。因此，通过对高陡边坡微小位移信息的监测和处理，可以实现对其发生灾难性垮塌的预测。对露天高陡边坡的监测，传统上采用经纬仪、全站仪和大地测量等技术。然而，这些传统的监测方法往往只能以人工的方式进行间断式监测，不仅费时费力，而且往往受气候和地形地貌等条件的限制，很难达到实时监测预警的目的。采用 GNSS 技术进行高陡边坡的监测，不仅可以克服天气的限制，全天候工作，而且可以测出三维方向上的位移。采用载波相位差分 GNSS 技术可以达到毫米级精度，完全可以满足位移监测的需要。更为重要的是，GNSS 系统的数据采集是自动的，有条件形成高陡边坡的自动监测系统，从而实现连续、动态和实时的监测，大大提高了监测的实际效果。GNSS 技术的发展和广泛应用为露天矿高陡边坡的实时动态监测和安全预警技术的研究开辟了一条新的有效途径。

基于北斗系统的智慧安全监管平台会在矿区出现地质形变迹象时立即启动预警监控，平台告警数量也愈发增多，形变图上也开始出现黄色和蓝色形变面积逐渐增大的趋势。接收到告警信息的工作人员第一时间携带北斗终端到现场定位查看并立刻上报，采取设置禁入区域、设置道路路障等一系列安全防范预警措施。形变达到峰值时，监测区域现场出现明显裂缝。由此，能够及时发现、持续监控并报警，使工作人员第一时间获得精准预警并果断采取安全处置措施，有效保护矿工生命和国家财产安全。北斗边坡位移监测系统功能架构如图 2-58 所示。其实时监测结果如图 2-59 所示，位移统计分析与位移预测如图 2-60 和图 2-61 所示。

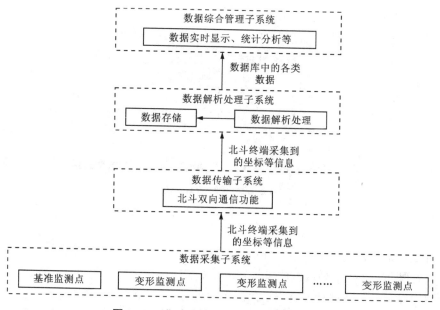

图 2-58　北斗边坡位移监测系统功能架构

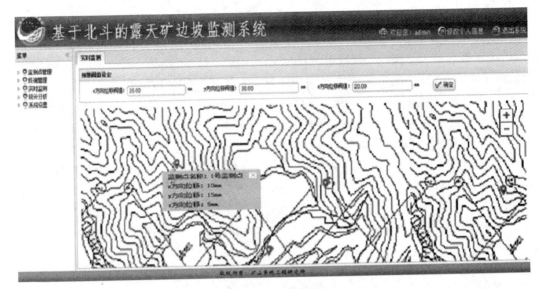

图 2-59　实时监测结果

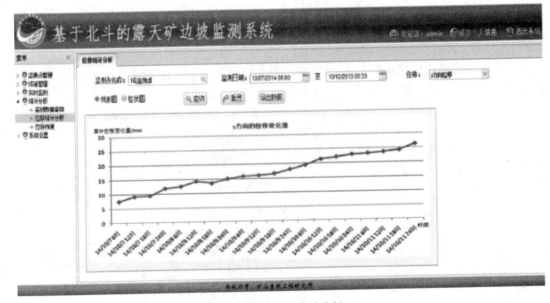

图 2-60　位移统计分析

3. 基于 RS 的矿山安全监测

无人机航测是指采用携带有卫星导航器、姿态传感器、高性能相机等低空数字摄影测量系统的无人驾驶飞行器，对地面实施有规划的重叠式拍摄工作，再借助初始航片、航片姿态信息以及地面控制点等数据开展空中三角测量等处理，以二维图像构建地表三维信息，最终建立数值高程模型，制作正射影像以及三维点云模型的新型测量手段。将高分辨率卫星影像和无人机航测影像进行匹配融合，理论上既可以满足矿山开采的安全监测需求，又可以实施由矿山开采引发的区域性环境变化监测。

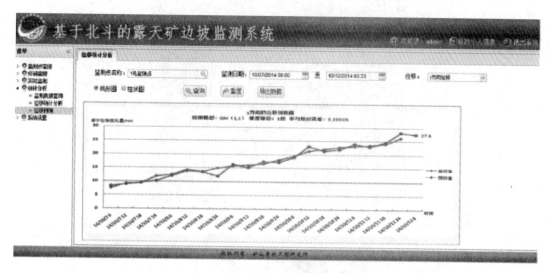

图 2-61　位移预测

矿山区域安全分析如图 2-62 所示，采场三维量测如图 2-63 所示。

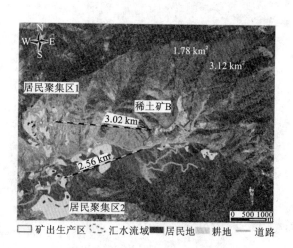

图 2-62　矿山区域安全分析图

4. 基于 RS 和 GIS 的矿山环境评价

RS 和 GIS 技术的结合应用，可以实现对矿山环境大范围、高时效的信息采集与分析活动，是建立矿山环境评价体系的重要技术手段。基于 RS 和 GIS 技术的矿山环境评价体系建设需要根据影响因素划分单元，遵照科学、客观的原则构建具有比对价值的评价指标。在构建指标等级后，以分解协调原则，运用与评价目标相适应的方法构建综合评价体系，进而实现矿山环境的恢复与治理。矿山环境恢复治理规划示意图如图 2-64 所示。矿山地质环境评价指标体系与分级标准如表 2-3 所示。

图 2-63　采场三维量测图

图 2-64　矿山环境恢复治理规划示意图

表 2-3　矿山地质环境评价指标体系与分级标准

评价子系统	评价指标	评价指标分级标准			权重
		1 级	2 级	3 级	
自然地理	地形坡度	地形复杂,地貌单元类型多,地形坡度一般大于 35°	地形较复杂,地貌单元类型较少,地形坡度一般为 20°~35°	地形较复杂,地貌单元类型单一,地形坡度一般小于 20°	0.03
	年均降雨量/mm	<200	[200, 800]	>800	0.03
	植被覆盖度/%	<30	[30, 60]	>60	0.03
	区域重要程度	重要	一般	不重要	0.03
	构造	地质构造复杂。断裂构造发育强烈,对矿坑,对矿床充水及矿床开采影响大	地质构造较复杂。断裂构造较发育,对矿坑,采场充水及矿床开采有一定影响	地质构造简单。断裂构造不发育,对矿坑,采场充水及矿床开采影响很小或无影响	0.05
基础地质	岩性组合	岩层破碎。可溶岩类发育,采场边坡坡面岩石风化破碎严重或土层松软,边坡易失稳	岩层较破碎。可溶岩类较少,采场边坡岩石风化破碎较严重,局部地段边坡较不稳定	岩层稳定。可溶岩类不发育,坡面岩石风化弱,土层薄,边坡较稳定	0.04
	开采强度/(10⁴t·a⁻¹)	>15	[5, 15]	0	0.05
	主要开采方式	露天	地下	无开采	0.05
	主要开采矿种	能源	金属/非金属	无开采	0.05
	开采点密度/(个·km⁻²)	>5	[1, 5]	0	0.10
	占用土地比例/%	>10	[0, 10]	0	0.10
矿山开发对环境的影响	地质灾害	有 3 个以上小型地或 1 个以上大型地质灾害　严重	有 2 个以上小型地质灾害　较严重	无地质灾害　较轻	0.10
	地质灾害隐患	①威胁对象为城镇,大村庄,重要交通干线及重要工程设施;②影响土地利用类型为灌溉水田和基本农田　严重	①威胁对象为村庄,一般交通线和工程设施;②影响土地利用类型为灌溉水田和基本农田以外的耕地　一般	①影响对象为分散居民区或无居民区;②影响土地利用类型为耕地以外的土地利用类型　较轻	0.10
	水资源破坏程度	大面积地表水漏失,使水田变旱地,地下水枯竭,影响水源地供水	小范围周围地表水漏失,地下水位超常下降,但影响限于局部	无地表水漏失,泉水干涸等现象,不影响当地生产生活	0.10
	矿山生态环境恢复治理难易程度	降雨大,风化层厚,易流失,治理工程量大,经费多,周期长	降雨,风化层薄,不易流失,治理工程量小,经费少,周期短	无须治理	0.14

思考题

1. 什么是遥感技术?
2. GNSS 与 GPS 的区别是什么?
3. 阐述 GIS 的系统构成。
4. 影响遥感影像清晰度的因素有哪些?
5. 阐述安全信息要素的概念。
6. 安全监测与评估系统的定义是什么?

第 3 章　工程结构三维激光探测技术

PPT

学习目标：

　　了解三维激光探测技术的基本原理，熟悉激光探测设备及其操作要领，掌握三维激光点云数据处理方法和工程结构三维模型构建方法，熟练将三维激光探测技术运用于工程结构探测及可视化分析领域。

学习方法：

　　在熟悉三维激光探测设备及其原理的基础上，掌握三维激光点云数据处理方法和工程结构三维模型构建技术，注重理论联系实际，掌握工程结构三维激光探测技术的应用技巧。

　　三维激光探测技术又被称为实景复制技术，是测绘界的一项技术革新。它是集光、机、电和计算机技术于一体的高新测量技术，可快速、无接触、高密度、高精度地获得实体中的三维数据、三维模型及线、面、体等各种图件数据。三维激光探测仪的工作原理本质上与激光雷达一样，即通过激光在空气中传播的速度与时间来计算设备到目标物的距离，通过发射光与返回光的干涉条纹来确定数据点与数据点之间的角度，进而计算出实体上各点在空间的三维坐标。三维激光探测技术在工程探测领域的应用非常广泛，如数字化城市建设(城市扩建、重建和改造和城市道路和管线规划，等等)、工程测绘(大坝和电站基础地形测量，公路、铁路、桥梁与河道测绘和建筑物地基测绘，等等)和工程结构测量(大坝、边坡、桥梁、隧道和地下硐室结构检测与变形监测，工程结构几何尺寸、空间位置测量和管道、线路测量，等等)。

3.1　三维激光探测设备及作业原理

3.1.1　采空区三维探测系统(CMS)

　　采空区三维探测系统(3D cavity monitoring system，CMS)是加拿大 Optech 公司生产的一种针对地下矿山采空区开发的基于三维激光探测技术的采空区探测系统，如图 3-1 所示。目前 CMS 已经成为地下矿山采空区，特别是人员无法进入的或危险的采空区测量的主要手段。

　　1. CMS 探测的基本原理

　　CMS 的激光测距仪扫描头可以 360°旋转并自动收集距离和角度数据。扫描头伸入采空区后，每完成一次 360°扫描，扫描头将按照操作人员事先设定的角度自动抬高仰角并进行新一圈的旋转扫描，连续测量收集更大旋转圈上的探测点数据，直至完成全部的探测工作，最终获取海量的采空区三维激光点云空间数据。CMS 探测原理示意图如图 3-2 所示。

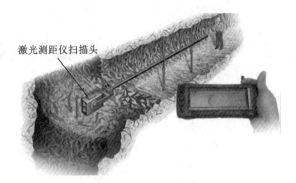

图 3-1　CMS 井下工作示意图

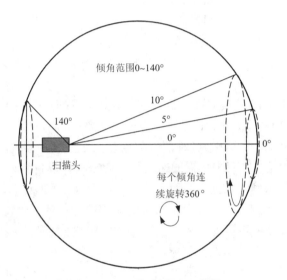

图 3-2　CMS 探测原理示意图

2. CMS 的基本构成和主要技术指标

可 360°旋转的激光测距仪扫描头是 CMS 探测功能实现的最主要构件，CMS 的基本构成还包括电源、数据接收器、手持式控制器以及专业的数据处理软件等，如图 3-3 所示。

CMS 探测的主要技术指标如下。

测量范围：650 m(白壁)，350 m(墙壁反光率为 20%)。

扫描头转动角度：0~360°。

仰角转动范围：0~140°。

测量精度：±2 cm。

分辨率：1 cm。

扫描头最快转动速度：21°/s。

3. CMS 探测的主要特点

针对采空区的复杂形态，CMS 可以提供不同的工作模式进行扫描，其主要特点如下：

①设备构成简单，移动、架设、操作和清理工作都容易完成；

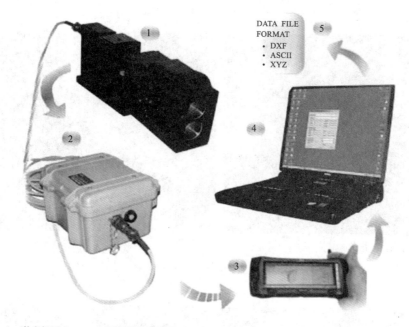

1—激光探测头；2—电源和数据收发器；3—手持式控制器；4—PC机；5—及数据处理软件。

图3-3 CMS的基本构成

②可灵活作业且更安全，既可手动扫描进行初步或特殊测量，也可自动扫描，操作员位于安全的位置，由CMS扫描头伸入危险的或人员无法进入的盲区（如封闭的采场或天井）进行探测。

③实现快速、准确的全方位探测，如通过直径25cm的钻孔，即可对CMS入口处的上、下、左、右进行全方位三维精密测量；

④海量空间数据可反映多层信息，如完整的采场实际结构图和实际爆破结果等，进而核实采场及出矿口的实际贫化率，有利于增加效益，提高效率；

⑤CMS采用激光探测，故不能用于煤矿探测。

4. CMS现场探测方法分类

根据金属矿隐患采空区的不同形态，基于CMS的探测特征，典型的金属矿采空区CMS现场探测方法大致分为以下三类：

1）采空区底部CMS探测

对只有底部通道的隐患采空区实施探测，采用传统的CMS探测方法不能有效固定探测杆和扫描头，必须借助其他工具，如采用高强度碳化玻璃钢支架或者利用井下石头和木板等作为支撑进行固定，如图3-4所示。

2）封闭采空区CMS探测

基于安全原因，采空区提前封闭。此时，应该根据采空区的封闭方式以沙包和水泥砖墙为支撑来完成CMS设备的架设，如图3-5所示。封闭采空区CMS探测的两个测点靶标位置需要根据现场探测环境进行确定，测点1不能置于扫描头上，而应置于测量人员通过全站仪等仪器能够观测到的位置，并记录其在水平支撑杆上的坐标；测点2应置于距离测点1大于2m的位置。

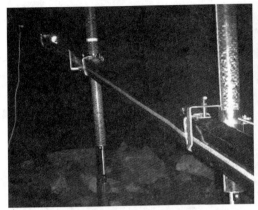 

(a) 以高强度碳化玻璃钢支架为支撑探测　　　　(b) 以石头和木板为支撑探测

图 3-4　采空区底部 CMS 探测

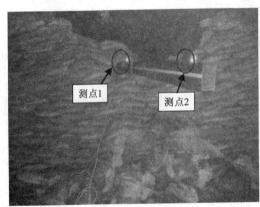 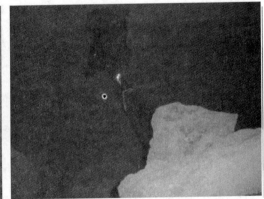

(a) 以沙包为支撑　　　　　　　　(b) 以水泥砖墙为支撑

图 3-5　封闭采空区 CMS 探测

3）采空区上部通道 CMS 探测

如果采空区顶板上部有钻孔、溜井、天井等通道，扫描头就能通过接杆直接利用上部通道进入采空区上部进行探测，如图 3-6 所示。此时，需记录接杆数目，并测量接杆与插销交接点的坐标来计算扫描头中心点坐标，如式（3-1）所示。

$$\begin{cases} X_l = X_c \\ Y_l = Y_c \\ Z_l = Z_c - 1.5n \end{cases} \quad (3-1)$$

式中：X_l, Y_l, Z_l——扫描中心点坐标；

X_c, Y_c, Z_c——接杆与插销交接点坐标；

n——接杆数，根。

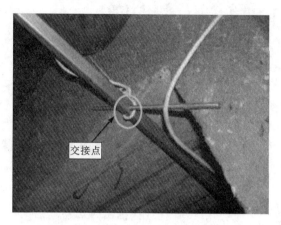

图 3-6　采空区上部通道 CMS 探测

3.1.2　钻孔式三维激光探测仪 C-ALS

由英国 MDL 公司研制的地下采空区钻孔式三维激光探测仪 C-ALS，是一种可以对采空区进行三维测量的设备，如图 3-7 所示。其探头直径为 5 cm，操作简单，可通过钻孔进入采空区，将扫描仪深入空腔后，会根据设置自动以 360° 的视角对采空区进行环状扫描，取得高密度的"点云"，所得的结果为三维可视的空腔内部。在软件当中，三维点云具有真实的方位与坐标数据和真实的体积与范围值，可以轻松地进行分析，多次扫描结果即可拼接成完整的空腔点云，为最终处理提供最直观的参考依据。C-ALS 探测原理示意图如图 3-8 所示。

设备扫描范围半径为 150 m，精度为 ±5 cm，分辨率为 1 cm，竖直方向扫描范围为 -90° ~ +90°，水平方向扫描范围为 0° ~ 360°。

扫描结束后，通过 CavityScan 软件，可以将获取的点云转换成通用格式。

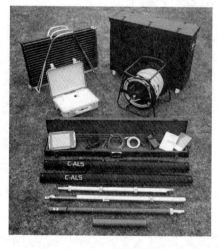

图 3-7　C-ALS 激光探测仪

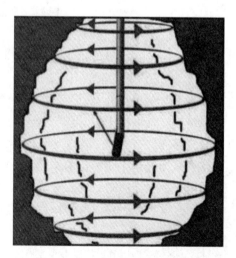

图 3-8　C-ALS 探测原理示意图

3.1.3　无人机三维激光探测系统 HM100

1. HM100 的设备组成与作业原理

HM100 的探测设备主要由无人机平台与机载三维激光探测仪组成，二者经过系统化集成，构成了二位一体的井下无人机三维激光探测系统，如图3-9所示。通过机载三维激光探测仪的高精度惯性制导系统即可实时获取无人机的飞行速度、飞行姿态以及飞行轨迹等参数，同时配合基于激光测距的自主避障功能，可实现井下无 GPS 信号环境下的智能飞行探测；机载三维激光探测仪每秒可获取数十万点云数据，通过 Wi-Fi 发射器可实时传输测量数据至接收设备，并同步到存储设备中。

(a)无人机三维激光探测系统

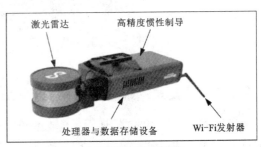
(b)机载三维激光探测仪

图3-9　无人机三维激光探测系统及作业原理

2. 无人机三维激光探测作业流程

在探测作业点开展无人机三维激光探测，并将所获取的采空区点云数据导入配套的点云数据处理软件中。在点云数据处理软件中进行点云数据的抽稀、坐标校正与转换、点云误差处理以及点云模型的构建，最后基于点云数据重构出采空区的实测模型。

3.2　工程结构三维可视化表达

3.2.1　三维激光点云数据处理

1. 噪声点产生的原因

工程结构三维可视化表达是在点云数据的基础上实现的，但是由于三维激光探测设备自身以及探测环境的影响，获取的点云数据往往存在一些噪声点。因此，在三维模型构建前，需要对点云数据进行相应的技术处理，去除噪声点。

在运用三维激光探测系统获取采空区的点云数据时，产生噪声点的主要原因如下：

①探测系统自身误差造成的噪声点，例如探测仪本身的精度设置造成的误差，探测头水平放置不当造成的误差；

②外界环境变化产生的噪声点，例如探测时没有在最佳温度、湿度和粉尘浓度的条件下进行；

③探测环境存在遮挡造成的误差，例如采场顶部的大量支护形成了遮挡物，设备扫描采

空区的边界时，激光探测到遮挡物上而产生的噪声点。

①、②两种情形产生的噪声点与其他正常点云之间的差别不大，因此只能在探测之前进行仪器调整，选择精度较高的探测仪器，或者在温度、湿度和粉尘浓度较适宜的条件下进行探测。而对于第③种情形，由遮挡物的存在而产生的噪声点与其他正常点云有较大的差异，如图3-10，黑圈选中部分为激光探测仪的激光束扫描到遮挡物时形成的大量噪声点，由于这些噪声点的存在，所建立的三维模型严重失真，必须将其过滤掉。

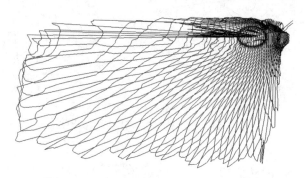

图3-10　由遮挡物的存在而产生的噪声点

噪声点的主要特征：

①噪声点到紧邻前后两点的距离之和，远大于正常点到紧邻前后两点的距离之和；

②噪声点与紧邻前后两点形成的夹角，远小于正常点与紧邻前后两点形成的夹角；

③噪声点到紧邻前后两点连线的距离，远大于正常点到紧邻前后两点连线的距离。

因此，如果在建立三维模型之前不进行噪声点的过滤删除，这些噪声点将参与到模型的建立，从而对模型的真实性和可靠性产生直接影响，无法为后续求取采空区的体积、剖面面积、顶板暴露面积提供准确资料，故在运用点云数据建模之前，必须对其进行预处理。

2. 噪声点过滤方法

噪声点过滤的基本流程如图3-11所示。

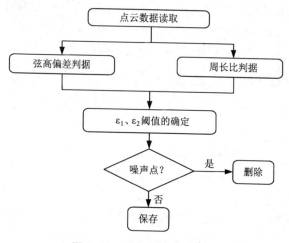

图3-11　噪声点过滤流程图

1）弦高偏差判据

弦高偏差判据与弦高比和弦夹角的计算原理是一样的，如图3-12所示。扫描点云中的噪声点 A 并不是采空区的真正边界点，而是其他遮挡物上的点，所以其与紧邻前后两点形成的夹角比较尖锐。即△ABC 中∠A 较小，且点 A 距 BC 边的距离较远，则 BC 边的高就相对较大，即所谓的弦高较大。因此，弦高比和弦夹角运用一个判据就可以判断出噪声点。

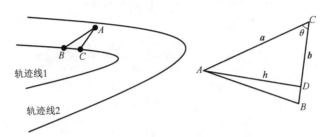

图3-12　弦夹角与弦高比计算示意图

如三角形△ABC，设 AC 边为向量 $\boldsymbol{a}$，BC 边为向量 $\boldsymbol{b}$，又有

$$h = AD = AC \times \sin\theta \tag{3-2}$$

$$\cos\theta = \frac{\boldsymbol{ab}}{|\boldsymbol{a}| \cdot |\boldsymbol{b}|} = \frac{a_x b_x + a_y b_y + a_z b_z}{\sqrt{a_x^2 + a_y^2 + a_z^2} \cdot \sqrt{b_x^2 + b_y^2 + b_z^2}} \tag{3-3}$$

将式(3-3)代入式(3-2)可得

$$h = \sqrt{\frac{(a_x b_y - a_y b_x)^2 + (a_x b_z - a_z b_x)^2 + (a_y b_z - a_z b_y)^2}{b_x^2 + b_y^2 + b_z^2}} \tag{3-4}$$

由式(3-2)、式(3-3)和式(3-4)可求出弦高 h 的值，将紧邻的两个 h_1、h_2 作比值记为 $h' = h_1/h_2$，即弦高比，并与设定的阈值 ε_1 相比较，判断是否为噪声点，若是噪声点则需要删除。

2）周长比判据

弦高比和弦夹角可以去除夹角较尖锐的噪声点，但是距离扫描头较远的噪声点形成的夹角并不尖锐，反而很大，而这种噪声点与其他正常点相比较而言，与紧邻前后两点连接形成的三角形的周长明显较大，因此可以按照周长的大小判断其是否为异常点。

$$L = \sqrt{(a_x - b_x)^2 + (a_y - b_y)^2 + (a_z - b_z)^2} + \sqrt{(a_x - c_x)^2 + (a_y - c_y)^2 + (a_z - c_z)^2} + \\ \sqrt{(c_x - b_x)^2 + (c_y - b_y)^2 + (c_z - b_z)^2} \tag{3-5}$$

根据式(3-5)求出三角形的周长 L，将紧邻两三角形的周长 L_1、L_2 作比值记为 $L' = L_1/L_2$，并与设定的阈值 ε_2 相比较，判断是否为异常点，是则需要删除。

3. 噪声点过滤步骤

根据弦高偏差判据和周长比判据对探测得到的采空区点云数据进行过滤，以 CMS 探测结果为例，其步骤如下：

①根据 CMS 探测到的数据读取 XYZ 数据文件，将点的空间信息存入数据容器中，其空

间信息包含采空区边界点的 x、y、z 坐标值以及该点所在扫描圈的圈数位置；

②定义初始圈(一般将扫描圈的第一圈作为初始圈)；

③根据弦高偏差判据判断弦高比 h' 与 ε_1 的关系，以及周长比 L' 与 ε_2 的关系，若 $h'>\varepsilon_1$ 且 $L'>\varepsilon_2$，则该点为噪声点，应该过滤；

④综合考虑点云数据过滤的效率，将过滤后建立的三维模型所得的体积与运用较成熟的其他软件产生的误差相比较，确定两个阈值 ε_1、ε_2 的选取。

虽然通过设定阈值 ε_1、ε_2 可以控制过滤点云的数量，但是在实际中，由于采空区的形态复杂、形状各异，特别是距离扫描头较远且距离顶板较近的位置，其点云本身就比较稀疏，在运用弦高偏差法和周长比法两个判据进行噪声点过滤时会被误判断为噪声点。如图 3-13 所示，未被连接的黑色点云为根据弦高偏差和周长比判断为噪声点而被过滤掉的点云。在运用弦高偏差法和周长比法两个判据进行噪声点过滤时，应该在保证过滤后采空区的实际形态不失真的情况下，尽可能多地过滤噪声点。

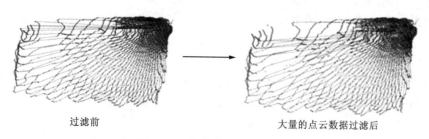

过滤前　　　　　　　　　　　　　大量的点云数据过滤后

图 3-13　噪声点过滤前后对比

3.2.2　三维模型可视化表达

在三维点云数据处理的基础上，运用数字化工具建立工程结构三维可视化模型，实现工程结构三维可视化表达，基本流程如图 3-14 所示。

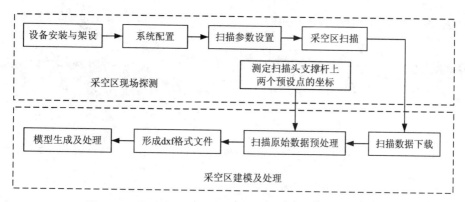

图 3-14　采空区现场探测及三维可视化表达基本技术流程

在对采空区三维实体模型进行处理的过程中，经常需要对其进行全方位观察，该观察过程通过绕空间任一旋转轴旋转即可以实现。OpenGL 提供了在空间中物体绕任意轴旋转的功能,但是需要提供旋转轴的坐标,而当前计算机的输入设备没有输入三维数据的功能。因此,计算机的三维旋转实现需要将三维坐标轴进行二维表达,这也是三维模型可视化表达的重点。

1. 采空区三维模型构建

根据 CMS 的探测原理可知,探测得到的采空区三维点云数据是一圈一圈进行存储的。因此,对采空区建立三角网格模型时可以按照存储圈建立点云之间的拓扑关系,从而建立反映采空区形态的三角网格模型。

建模算法的基本步骤如下:

①读取"xyz"格式数据文件,将采空区边界点的 x、y、z 坐标值和圈数等空间信息存入点的 vector 容器中;

②定义一条初始边(一般选取相邻两圈的第一个点连线作为初始边);

③设第 n 圈的第 i 个点和第 $n+1$ 圈的第 j 个点的连线形成的边为 e_1,对比第 n 圈的第 $i+1$ 个点和第 $n+1$ 圈的第 $j+1$ 个点连接形成的三角形的周长大小;

④按照最小周长的原则,通过计算和比较两个三角形的周长值,选取周长较小的点作为三角形的第三个点,如图 3-15 所示;

⑤将生成的三角形存入三角形的 vector 容器中;

⑥运用 OpenGL 界面显示功能将所有三角形显示出来,即为采空区的三角网格模型。

圈间三角剖分连接图如图 3-16 所示,生成的采空区三维模型如图 3-17。

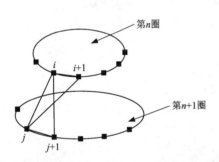

图 3-15 最小周长法三角剖分算法说明图

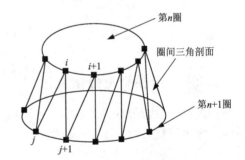

图 3-16 圈间三角剖分连接图

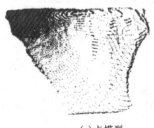

(a)点模型

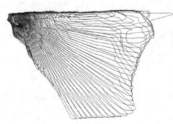

(b)线模型

(c)实体模型

图 3-17 采空区三维模型示例图

2. 三维坐标轴的二维表达

在计算机图形技术中,利用投影变换技术将三维物体转化为二维图形,因此旋转前后的三维物体具有不同的投影点。在正交投影下，当旋转轴和屏幕垂直时，物体上的同一点在旋转前后的连线必定和旋转轴垂直。物体旋转的角度则与连线的长短有关。假设鼠标的位置是物体上某一点的投影，则改变鼠标的位置就相当于绕某一垂直于投影方向的轴对物体进行了旋转。

因此，对物体三维旋转做如下转化：鼠标在屏幕上沿某一方向的移动等价于物体绕三维空间中某一坐标轴的旋转，该坐标轴平行于屏幕且垂直于鼠标移动方向。

3. 三维旋转实现

利用鼠标对物体进行三维旋转，需假设把三维物体放置于一个虚拟球中，如图3-18所示，鼠标在屏幕上滑动，虚拟球就跟着旋转，当按下鼠标时，相当于在虚拟球上确定了一点，拖动鼠标相当于移动该点。这样在对虚拟球进行旋转的同时，相当于也对模型进行了旋转。

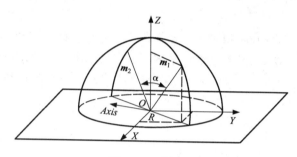

图3-18　虚拟球

虚拟球球心位于屏幕上，球的另一半位于屏幕以外。当鼠标点击选中点时，定义为屏幕外半球上的点。其映射关系可以表示为式(3-6)：

$$(x, y) \propto \begin{cases} \left(\dfrac{Rx}{\sqrt{x^2 + y^2}}, \dfrac{Ry}{\sqrt{x^2 + y^2}}, 0 \right), \sqrt{x^2 + y^2} > R \\ \left(x, y, \sqrt{R^2 - x^2 - y^2} \right), \sqrt{x^2 + y^2} \leq R \end{cases} \tag{3-6}$$

其中，(x, y)是屏幕坐标，原点为球心，R为旋转球半径。

旋转轴是鼠标矢量m_1、m_2构成的平面法向量，则旋转轴可表示为式(3-7)：

$$Axis = m_1 \times m_2 \tag{3-7}$$

旋转角可表示为式(3-8)：

$$\alpha = \alpha \cos(m_1 m_2) \tag{3-8}$$

对物体的旋转主要通过矩阵变换来实现，由于在转换中坐标原点并未改变，因此，求转换矩阵R_{Axis}的思路为：先使$Axis$分别绕X、Y轴旋转，使之与Z轴重合，再绕Z轴旋转α角度，然后对其进行逆变换，使之回归原点。

3.2.3　模型剖面自动生成算法

以采空区三维实测模型为基础，运用数字化工具可形成采空区任意方向的剖切面。所生成的采空区剖面可为矿山在采空区周边进行相关开采设计(如矿柱开采)等工作提供必要的基础性依据(如实际边界等)。

数字化工具拥有的强大实体模型剖切功能可以方便地生成任意方向的采空区剖面，可进行编辑并输出 dxf 格式文件，供矿山设计人员使用，不仅可以实现对单个采空区的剖切，从而形成采空区剖面，还可以实现对采空区群的剖切，从而一次形成多个采空区剖面。以三维激光探测系统获得的采空区空间点云数据构建的实体三角网模型为基础，复杂采空区三角网格模型任意方向剖面均可以确定。

1. 任意方向剖切平面确定

根据解析几何原理，空间中任意平面都可表示为点法式方程，如式(3-9)所示。其中点 $M(x_0, y_0, z_0)$ 为平面上已知点，向量 $\boldsymbol{n} = (A, B, C)$ 为平面的法向量。

$$A(x - x_0) + B(y - y_0) + C(z - z_0) = 0 \qquad (3-9)$$

实际交互操作一般不直接输入已知点坐标和法向量坐标参数，而是通过在三维视景视口中选点拉出一根线段或者将一初始平面旋转和平移到目标位置来确定剖切平面。

1) 拉线方式

采用拉线方式时，首先在视口中人工选择两点 P_1、P_2，默认选择视口另一点 Q，获取三点对应点 (P_1', P_2', Q') 的实际坐标，然后根据三点坐标求出 $P_1'P_2'$ 指向 Q' 的垂线段的法向量，即为剖切平面的法向量 $\boldsymbol{n}$，进而求出剖切平面的点式方程，如图 3-19 所示。

算法流程如图 3-20 所示。

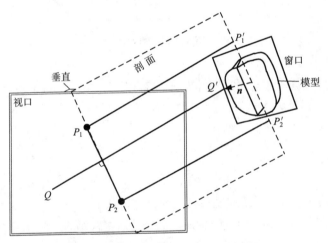

图 3-19 拉线方式确定剖切平面示意图

2) 旋转和平移方式

首先生成一个初始平面，然后将平面以初始中心点为原点，围绕 X、Y、Z 轴分别旋转角度 α、β、γ。假设初始法向量 $\boldsymbol{n}_0(x_0, y_0, z_0)$ 变换为旋转后法向量 $\boldsymbol{n}_1(x_1, y_1, z_1)$，则当平面绕 X 轴旋转 α 角时，其坐标变换如式(3-10)所示。

$$\begin{aligned}
\begin{bmatrix} x_1 & y_1 & z_1 & 1 \end{bmatrix} &= \begin{bmatrix} x_0 & y_0 & z_0 & 1 \end{bmatrix} \begin{bmatrix} 1 & 0 & 0 & 0 \\ 0 & \cos\alpha & \sin\alpha & 0 \\ 0 & -\sin\alpha & \cos\alpha & 0 \\ 0 & 0 & 0 & 1 \end{bmatrix} \\
&= \begin{bmatrix} x_0 & y_0\cos\alpha - z_0\sin\alpha & y_0\sin\alpha + z_0\cos\alpha & 1 \end{bmatrix}
\end{aligned} \qquad (3-10)$$

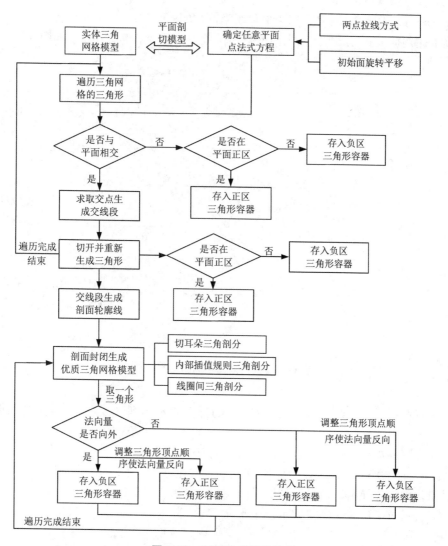

图3-20　剖面生成算法流程

同理，绕 Y 轴旋转 β 角坐标变换如式(3-11)所示，绕 Z 轴旋转 γ 角坐标变换如式(3-12)所示。

通过三维交互操作可确定剖切平面的点法式方程。

$$[x_1 \quad y_1 \quad z_1 \quad 1] = [x_0\cos\beta + z_0\sin\beta \quad y_0 \quad z_0\cos\beta - x_0\sin\beta \quad 1] \tag{3-11}$$

$$[x_1 \quad y_1 \quad z_1 \quad 1] = [x_0\cos\gamma - y_0\sin\gamma \quad x_0\sin\gamma + y_0\cos\gamma \quad z_0 \quad 1] \tag{3-12}$$

2. 相交判断及交线提取

1) 相交判断

根据空间平面的一般式方程 $Ax+By+Cz+D = 0$，对于空间中任何一点 $P(x, y, z)$，判断点与平面的位置有如下关系：

当 $Ax+By+Cz+D = 0$，则 P 点在平面上；

当 $Ax+By+Cz+D > 0$，则 P 点在平面正半空间(正区)；

当 $Ax+By+Cz+D < 0$，则 P 点在平面负半空间(负区)。

根据上述判据，三角形与剖切平面的空间位置关系主要有 9 种情况，如图 3-21 所示。

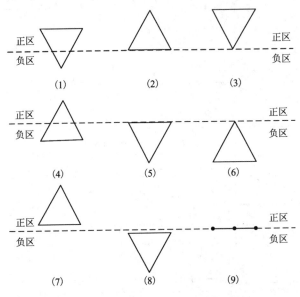

图 3-21　三角形与平面的空间关系

由于编程存在浮点误差，式 $Ax+By+Cz+D$ 的计算值不会刚好等于 0，需要对判据进行简化，过程如下：

当 $Ax+By+Cz+D > \varepsilon$ 时，则认为点在平面的正区；

当 $Ax+By+Cz+D \leq \varepsilon$ 时，则认为点在负区，忽略在点平面上的情况，ε 取值为 10^{-6}。

通过简化判据推导出三角形与剖切平面相交判断表，如表 3-1 所示，表中"正"表示位于正区，"负"表示位于负区，"平"表示位于平面。

表 3-1　三角形与剖切平面相交判断表

情况	位置判据	简化判据	相交判断	生成新三角形
(1)	2 正 1 负	2 正 1 负	2 个交点	正 2 个，负 1 个
(2)	1 正 2 平	1 正 2 负	2 个交点	正 1 个，负 0 个
(3)	2 正 1 平	2 正 1 负	2 个交点	正 1 个，负 0 个
(4)	1 正 2 负	1 正 2 负	2 个交点	正 1 个，负 2 个
(5)	2 平 1 负	3 负	无	0 个
(6)	1 平 2 负	3 负	无	0 个
(7)	3 正	3 正	无	0 个
(8)	3 负	3 负	无	0 个
(9)	3 平	3 负	无	0 个

2) 提取交线

通过联立直线参数方程和平面点法式方程来求取交点。设线段两点 $P_1(x_1, y_1, z_1)$ 和 $P_2(x_2, y_2, z_2)$ 交点为 $I(x_i, y_i, z_i)$，由于线性比例关系，存在参数 t，其表达式如式(3-13)：

$$t = \frac{x_1 - x_i}{x_2 - x_i} = \frac{y_1 - y_i}{y_2 - y_i} = \frac{z_1 - z_i}{z_2 - z_i} \tag{3-13}$$

用参数 t 来表示交点 I 的坐标值，如式(3-14)：

$$\begin{cases} x_i = \dfrac{x_1 - tx_2}{1 - t} \\[2mm] y_i = \dfrac{y_1 - ty_2}{1 - t} \\[2mm] z_i = \dfrac{z_1 - tz_2}{1 - t} \end{cases} \tag{3-14}$$

将式(3-14)代入点法式方程式(3-9)，计算求出参数 t 的值：

$$t = \frac{A(x_0 - x_1) + B(y_0 - y_1) + C(z_0 - z_1)}{A(x_0 - x_2) + B(y_0 - y_2) + C(z_0 - z_2)} \tag{3-15}$$

如果剖切平面与三角形相交，则交点数为 2，将两个交点组成一条交线，将交线按照交线结构进行存储。遍历三角网中的三角形获得所有交线，存入交线 vector 容器中，可用于生成剖面轮廓线。

3. 三角形重构

与剖切平面相交的三角形被切开为两个部分，需要对切开的三角形重新生成三角形，三角形重构算法步骤如下：

①利用简化判据判断剖切平面 Π 和三角形 $\Delta P_1P_2P_3$ 的相交关系；

②当判断相交存在交点时，运用上述方法求出交线，设两个交点为 I_1 和 I_2；

③计算线段 P_1I_2 和 P_2I_1 的长度，当长度小于 10^{-6} 时，则将线段视为共点，将四边形作为一个三角形输出；

④如果上述两线段长度均大于 10^{-6}，则分别计算四边形 $P_1P_2I_1I_2$ 的两条对角线 P_1I_1 和 P_2I_2 剖分的一对三角形中的最小角，取最小角较大的对角线作为三角形重构方案；

⑤输出三角形 1、三角形 2 和三角形 3，如图 3-22 所示。

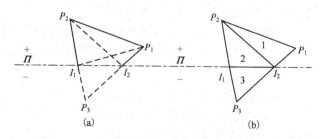

图 3-22　切开的三角形重构算法示意图

4. 剖面轮廓线生成及模型断面封闭

1) 剖面轮廓线生成

交线容器中的交线存储是无序的,从中准确提取剖面轮廓线的关键在于寻找交线的首尾相邻关系。剖面轮廓线生成的算法步骤如下:

①从交线容器中任取一条交线作为初始轮廓线,定义其首尾点,并删除该交线;

②遍历交线容器中所有交线并计算交线的两点与轮廓线尾点 P 的距离,若距离小于 $\varepsilon(10^{-6})$ 则确定相邻关系;

③将存在相邻关系的交线的较远点压入轮廓线 vector 容器作为新的尾点,从交线容器删除该交线;

④重复步骤②和步骤③,直到轮廓线首点和尾点的距离小于 $\varepsilon(10^{-6})$,这说明已生成一条闭合的轮廓线;

⑤如果交线 vector 容器为空,则说明所有的轮廓线全部生成,否则,回到步骤①开始生成新的轮廓线。

2) 模型断面封闭

剖面切三角网格可生成正区三角网格和负区三角网格两部分,需要对生成的模型断面进行封闭以确保新三角网格模型的完整性。模型断面可能为一个或多个不规则的多边形,封闭的实质是对平面上不规则多边形进行内部三角剖分,目前采用较多的方法为切耳朵和插中心点的方法,但上述方法易生成狭长或自相交的三角形。为了生成较优的三角形,本书提出了切耳朵三角剖分、内部插值规则三角剖分和线圈间三角剖分相结合的模型断面封闭方法。

①切耳朵三角剖分

在多边形内部任设相邻的三点 A、B、C,假设 AC 连线位于多边形内部,B 为凸点,那么点 C 是该多边形的耳朵。算法步骤:遍历所有的凸点并编号,当凸点大于 3 时,随意定位一凸点,然后将由该凸点和与其相连的对角线组成的三角形去除。

如果没有耳朵的控制条件,则断面轮廓线会被全部三角剖分,容易生成非常狭长的三角形。通过设定耳朵外凸角度控制条件,可将带尖角多边形切成较规整的多边形,便于后续插值。

②内部插值规则三角剖分

切耳朵步骤完成后,对多边形进行内部插值(图 3-23),按照正三角形排列方式进行内部插值最为合理,内部插值步骤如下:

第一步,以多边形边长平均值的 1~5 倍作为插值间距;

第二步,取多边形上距离最大的两点连线作为插值主线(AB 段),参照主线逆时针 60° 为间隔旋转得到一系列辅线,辅线与辅线之间的距离为插值间距,如线 l_{-2}、l_{-1}、l_0、l_1、l_2、l_3 等;

第三步,判断辅线和轮廓线多边形是否相交,求出交点,交点数为 0、2、4 等偶数;

第四步,在相邻的两个交点之间,等插值间距插入新点;

第五步,根据辅线系上插值点正三角形排列拓扑关系,对其三角剖分生成正三角形网格。

③线圈间三角剖分

生成正三角形网格后,通过顺时针依次查找可提取正三角形网格的边界。正三角形网格

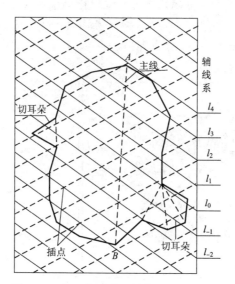

图 3-23　正三角形排列的内部插值示意图

边界和轮廓线多边形可视为两个独立不交叉的线圈。参照两个线圈间的连线（新三角形的两个顶点），依据最大张角原则选择两个线圈中张角最大的邻点作为新三角形的第三顶点，不断更新最终完成全部三角剖分。

模型断面封闭方法在不丢失剖面轮廓线细节的前提下，通过插值避免产生狭长三角形，能够生成优质三角形并完美封闭模型断面，如图 3-24 所示。

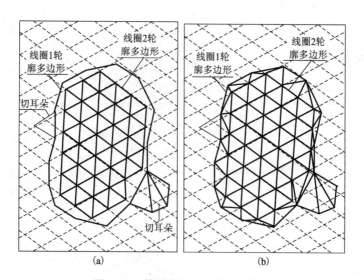

图 3-24　模型断面封闭算法示意图

5. 模型剖面自动生成算法效果分析

将模型剖面自动生成算法成功应用到某金属矿山的多个复杂采空区，该算法的实际效率高，生成的剖面轮廓线精确度高，如图 3-25 所示，能很好地封闭模型断面并输出完整封闭的新采空区三角网格模型。模型断面封闭算法效果对比结果如图 3-26 所示,利用该算法生成的三角网均匀规整,而单一采用切耳朵算法封闭断面会产生较多的狭长三角形,断面封闭算法生成的三角网格局部效果如图 3-27 所示。

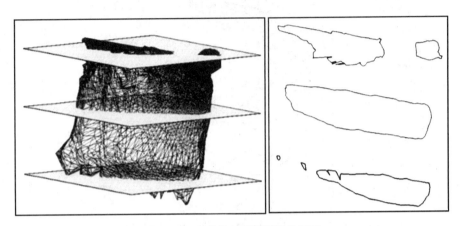

图 3-25　生成的剖面轮廓线效果图

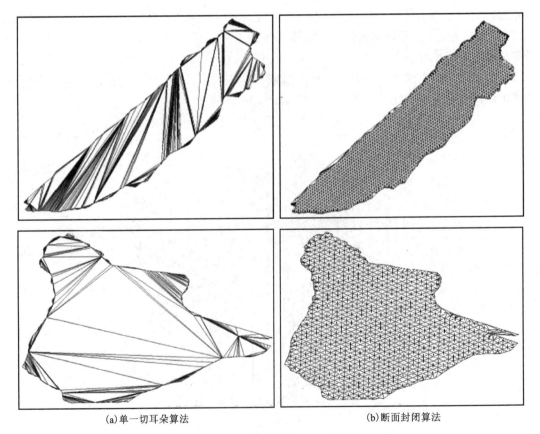

(a)单一切耳朵算法　　　　　　　　　(b)断面封闭算法

图 3-26　断面封闭算法对比效果图

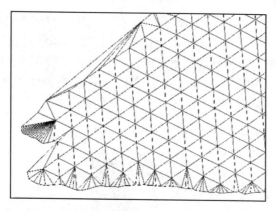

图 3-27　断面封闭算法生成的三角网格局部效果图

3.2.4　采空区三角形投影体积算法

采空区体积的获取是采空区充填和灾害监测的重要基础。不同的爆破方法以及井下围岩稳定性的差异都会造成采空区体积的差异。采用三维激光探测技术获取采空区空间点云信息，并对其进行三角剖分，在建立三维模型的基础上采用三角形投影体积算法获取采空区体积。

三角形投影体积算法的前提是构建的采空区三角网模型封闭且所有三角形的法向量向外。该算法设定的投影平面为高程投影面，算法流程如图 3-28 所示。

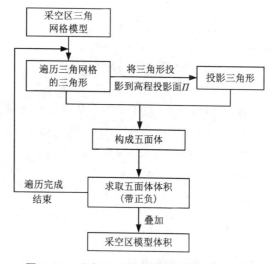

图 3-28　采空区三角形投影体积算法流程图

如图 3-39，取法向量向上的三角网中一个三角形 $\triangle ABC$，该三角形多数情况下位于采空区模型顶部。三角形 $\triangle ABC$ 投影到高程平面 Π，得到投影三角形 $\triangle A_1B_1C_1$，$\triangle ABC$ 和 $\triangle A_1B_1C_1$ 及相应投影垂线组成一个五面体。对于五面体体积计算，可将其根据面对角线划分为 3 个三棱锥，以 A_1 作为顶点，3 个三棱锥分别为 $A_1B_1BC_1$、A_1C_1BA、A_1ABC，将 3 个三棱锥体积相加即为五面体的体积。五面体的体积是带方向的，体积计算完毕要对体积的正负进行判定。可以借助三角形法向量和投影平面法向量的夹角大小来判断体积的正负，当三角形法向量 N 与平面法向量 n 的夹角小于 90°，夹角余弦大于 0，判定体积方向为正；否则，五面体的体积方向为负，如图 3-30 所示。

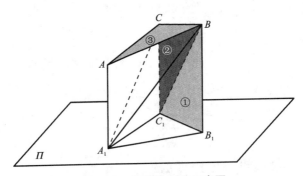

图 3-29　五面体划分示意图

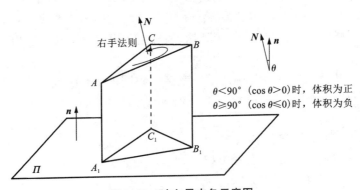

图 3-30　法向量夹角示意图

将三角网格中所有三角形投影所得的五面体体积叠加即可获得采空区三角网格模型的体积。三棱锥体积可通过行列式(3-16)求出，其中三棱锥由顶点 $A(x_1, y_1, z_1)$ 和底面三角形 $\triangle BCD$ 组成，其中 $B(x_2, y_2, z_2)$，$C(x_3, y_3, z_3)$，$D(x_4, y_4, z_4)$。

$$V_{ABCD} = \frac{1}{6} \times \begin{vmatrix} x_1 & y_1 & z_1 & 1 \\ x_2 & y_2 & z_2 & 1 \\ x_3 & y_3 & z_3 & 1 \\ x_4 & y_4 & z_4 & 1 \end{vmatrix} \tag{3-16}$$

通过五面体体积绝对值叠加计算即可得到采空区三角形投影体积 V，如式(3-17)所示。式(3-17)中 m 代表采空区三角网格模型中有 m 个三角形面，k 代表第 k 个三棱锥体积或者第 k 个三角形面。

$$V = \frac{1}{6} \sum_{k}^{m} V_k (k = 1, 2, 3, \cdots, m) \tag{3-17}$$

6. 采空区三角网格模型布尔运算算法

金属和非金属地下矿山开采形成的采空区，担负运输任务的溜井，掘进的巷道和硐室等都是矿山井下的重要工程，是矿山安全管理的重要内容。借助三维激光探测技术获取的点云数据构建的三角网格模型能够重构井下空间工程的复杂模型。利用该模型进行矿床超、欠挖分析，坍塌分析与计算，拼合重建与设计模型对比，需要展开实测模型和设计模型之间、实测模型与实测模型之间的布尔运算。

布尔运算是通过对两个以上的物体进行并集、交集和差集的运算，从而得到新的物体形态。三角网格模型使用三角形面来表示三维实体模型，它具有良好的几何特性，能够用极多个面逼近复杂形体的真实表面，而且容易计算，因此在测绘工程、地质工程、三维动画、CAD/CAM、虚拟现实和正/逆向工程等领域得到了广泛应用。

1) 布尔运算原理

三角网格模型的布尔运算关键点包括以下三点：一是实现三角形单元间的快速碰撞相交检测；二是三角形间的相交判断和交线生成，据此对主三角形进行区域划分并重新进行三角剖分；三是准确判断三角形在另一模型的内部还是外部。

三角网格模型的布尔运算算法步骤如下：

①根据三角网格模型自动计算工程体方位，沿走向构建三角网大包围盒，排除包围盒外部的三角形，将其归类为外部三角形；

②沿走向构建每个三角形的 AABB 包围盒，结合平衡二叉树空间划分进行碰撞检测，对包围盒的相交情况进行三角形间的相交判断；

③利用平面正、负区域判据和三角形与平面的交线是否有重叠线段判据，进行空间三角形相交判断，并对相交三角形提取交线段，生成交线链或交线环；

④利用交线链和交线环对三角形进行区域划分，并采用细分三角剖分法对划分区域多边形进行二次三角剖分；

⑤根据交线法向量对二次三角剖分的三角形进行内外判别；

⑥根据相邻三角形共边原则将剩余未区分的三角形归类到内部或外部。

假设参与布尔运算的三角网格模型分别为 A 和 B，A 为主三角网，B 为切三角网，布尔运算的基本思路是首先用 B(切三角网)切分 A(主三角网)，将 A 切开区分为两部分，即包含在 B 内部的 $A_内$ 和位于 B 外部的 $A_外$。同理，以 B 为主三角形，A 为切三角形将 B 切分为 $B_内$ 和 $B_外$。布尔运算可得交集 $A \cap B = A_内 + B_内$，并集 $A \cup B = A_外 + B_外$，差集 $A - B = A_外 + B_内$，差集 $B - A = A_内 + B_外$。

2) 沿走向 AABB 包围盒碰撞检测

为了快速寻找三角网间的相交区域，即实现几何模型间的碰撞检测，目前常用的基于各种不同包围体的碰撞检测算法，其不同包围体类型有 AABB 包围盒、OBB 包围盒、k-DO$_{ps}$ 包围体、圆柱包围体、球体包围体和凸包包围体。圆柱和球体包围体紧密性较差，凸包包围体构建复杂，故应优先选择紧密性好的包围盒。

AABB 包围盒是一类比较简单的包围盒，具有较好的紧密性，但对沿斜对角方向放置的瘦长形对象紧密性较差。OBB 包围盒比 AABB 包围盒的紧密性好，但其构造和相交测试都相对复杂。对于有明显方位特征的井下工程来说，以工程走向为轴构建 AABB 包围盒，能够在一定程度上弥补其紧密性缺陷。

由于包围盒间的相交测试比三角形间的相交测试简单，首先沿切三角网的走向构造三角网 AABB 大包围盒进行相交测试，快速排除位于包围盒外部的主三角网三角形；然后采用自上而下的方法对切三角网构造层次包围盒，即 AABB 包围盒树，遍历主三角网中的三角形包围盒，搜寻包围盒树中可能相交的叶节点；最后对叶节点包含的三角形进行精确的相交测试，如果相交则提取交线段。

包围盒相交测试效率很大程度上决定了布尔运算算法的时间耗费，两个 AABB 包围盒相交条件为当且仅当它们在三个坐标轴上的投影区段都有重叠。为了提高效率，可采用二叉树、四叉树或八叉树方法构建层次包围盒。由于井下空间工程结构三角网格模型为中空模型，不少三角形可能跨越八叉树细分立方体或四叉树细分矩形的多个分界，导致区间划分和搜索判断较为复杂，为了尽可能减少三角形跨界，同时提高效率，可采用沿工程走向的平衡二叉树来构建层次包围盒。

传统的二叉树索引存在如下缺点：

①实体只能存储于叶子节点中，中间节点以及根节点不存储实体信息，导致二叉树层次深，查询效率低；

②同一实体在二叉树分裂过程中可能存储在多个节点中，导致索引存储空间的浪费；

③对象分布不均衡，造成树结构的极度不平衡以及存储空间的浪费。

通过改进二叉树，可以将实体存储在完全包含它的最小矩形节点中，而不存储在它的叶节点中，每个实体只在树中存储一次，避免存储空间的浪费。首先生成满二叉树，避免在实体插入时还需要重新分配内存，加快插入的速度，然后将空的节点所占内存空间释放掉。改进后的二叉树结构，其深度设定为 4~10，如图 3-31 所示。包围盒碰撞测试流程如图 3-32 所示。

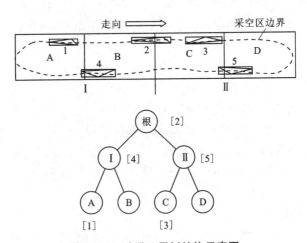

图 3-31　改进二叉树结构示意图

3）三角形相交判断及交线生成

（1）三角形相交判断

在包围盒相交判断后，进行三角形与三角形间的相交判断。空间两三角形不相交有几种情况：一是两三角形所在平面平行但不共面；二是三角形顶点位于另一个三角形所在平面一侧；三是三角形顶点位于另一三角形所在平面两侧但是不相交。排除这三种情况，则两三角形相

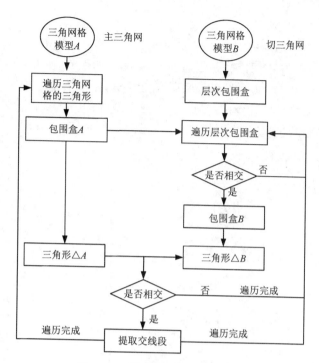

图3-32 包围盒碰撞测试流程图

交。如果两三角形共面，则转换为平面上线段相交的问题。

假设有三角形△A，3个顶点分别为A_1、A_2和A_3，法向量为$\boldsymbol{n}$，△A所在平面为$\varPi_1$；有三角形△B，3个顶点分别为B_1、B_2和B_3，法向量为$\boldsymbol{N}$，△B所在平面为$\varPi_2$；三角形顶点均按逆时针排序。

①以三角形△B的任一顶点(B_1)为起点，分别计算其到三角形△A的3个顶点的向量$\boldsymbol{V}_1$、$\boldsymbol{V}_2$、$\boldsymbol{V}_3$。

②分别计算向量$\boldsymbol{V}_1$、$\boldsymbol{V}_2$和$\boldsymbol{V}_3$与法向量$\boldsymbol{N}$夹角的余弦值$\cos_1$、$\cos_2$和$\cos_3$。

③如果$\cos_1$与$\cos_2$不同且大于0(或者小于0)，则A_1与A_2分别在$\varPi_2$的异侧，同理判断$\cos_1$与$\cos_3$、$\cos_2$与$\cos_3$是否异侧；如果3组余弦值都不异侧，则判定两三角形不相交，否则转到下一步。

④按照①~②步骤判断三角形△B另外两个顶点相对于三角形△A所在平面的异侧性。如果两个三角形的3个顶点相互都没有出现在异侧，则判定两个三角形不相交，否则转到下一步。

⑤根据交线重叠段进行三角形相交判断和交线提取。设三角形△A与平面$\varPi_2$的交点分别为P_1和P_2，三角形△B与平面$\varPi_1$的交点分别为P_3和P_4。交线P_1P_2和交线P_3P_4共在两平面主交线L上，三角形相交的条件是两条交线(P_1P_2和P_3P_4)有重叠段，可采用交点间距判据来判断和提取重叠段。其步骤如下：

第一步，计算交点相互间的距离，共6个距离D_a、D_b、D_{13}、D_{14}、D_{23}、D_{24}，其中D_a和D_b为与三角形的两个交点的距离；

第二步，求出D_{13}、D_{14}、D_{23}和D_{24}的最大距离D_{max}，如果最大距离D_{max}大于(D_a+D_b)，

则两个三角形不相交，否则继续；

第三步，如果 P_3 在 P_1P_2 中间，则有 $D_{13}+D_{23}<|D_{12}+\varepsilon|$，$\varepsilon=10^{-6}$，同理判断 P_4 是否在 P_1P_2 中间，P_1 是否在 P_3P_4 中间，P_2 是否在 P_3P_4 中间。如果 P_3 在 P_1P_2 中间，P_2 在 P_3P_4 中间，则 P_2P_3 为三角形 $\triangle A$ 与 $\triangle B$ 的交线，保存到交线段 vector 容器。

通过交点间距判据可直接进行相交判断和提取重叠线段，省去了将交线段投影到交线 L 转换为标量再进行判断的过程，效率有所提高，如图 3-33 所示。

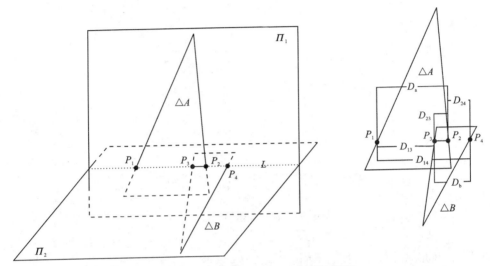

图 3-33　根据交线重叠段相交判断示意图

（2）交线生成。

三角形 $\triangle A$ 和三角形 $\triangle B$ 进行相交判断并提取相交线段，通过寻找相交线段的首尾相邻关系生成一条或者多条交线，将三角形 $\triangle A$ 划分为多个封闭区域。

根据交线在三角形内部的关系将交线划分为三种基本类型：跨角类型、跨边类型和环形类型。复杂的交线是这三种基本类型的组合，如图 3-34 所示。

交线将三角形划分为两个或者多个区域，下一步将讨论如何准确划分区域，并对划分区域进行三角剖分，进而判断新生成的三角形属于内部对象还是外部对象。为了便于后续的内外判断，采用带法向量的拓展点结构来表达三角形的交线段和交线，用拓展点结构表达的交线法向量为对方三角形（非本三角形）法向量，可根据该法向量判断新生成的三角形的内外。

（3）三角形相交区域划分

①Delaunay 三角剖分方法

以三角形顶点和边为参照基准，三角形顶点为逆时针排序，根据交线首尾点在边的位置，结合起始点与顶点的欧式距离，对交线的首尾点进行位置编号。区域划分时，根据交线的位置编号，对跨边类型、跨角类型和混合复杂型进行区域划分。

根据三角形内部约束的边和交线组交线的拓扑关系进行三角剖分可采用 Delaunay 三角剖分算法来实现。Delaunay 三角剖分所得的所有三角形的外接圆均满足空圆性质。该方法无须专门划分区域，借助交线和三角形内部约束的边即可生成新三角形，如图 3-35 所示。但对于约束条件复杂的情况，该算法实现起来较为困难。

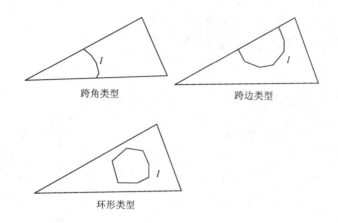

跨角类型　　　　跨边类型

环形类型

图 3-34　三角形内部交线类型

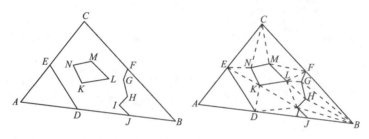

图 3-35　Delaunay 三角剖分算法示意图

②中轴区域划分方法

中轴区域划分方法是以三角形中心点和法向量作为中轴，以三角形第一点和中心点连线为初线，参照中轴时针方向计算交线首尾点相对初线的方位夹角余弦，通过对夹角余弦进行排序，依次查找判断交线和顶点实现内部区域的自动划分。针对混合复杂交线划分区域(包含跨边类型、跨角类型和交线共点类型)，如图 3-36 所示，采用中轴区域划分法能一次性将全部区域自动划分出来。

中轴区域划分方法的方位夹角余弦计算说明如图 3-37 所示，图中 OA 为初线，根据法向量右手法则逆时针排序，将方位分为 Quad1、Quad2、Quad3 和 Quad4 四个区域，B、C、D、E 分别位于四个区域，方位余弦分别为 $\cos B$、$\cos C$、$\cos D$ 和 $\cos E$，方位余弦定义如下。

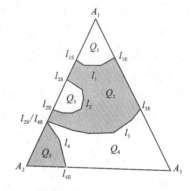

图 3-36　混合复杂交线类型划分区域示意图

Quad1 区：$\cos B = \cos\angle AOB$。

Quad2 区：$\cos C = \cos\angle AOC$。

Quad3 区：$\cos D = -2 - \cos\angle AOD$。

Quad4 区：$\cos E = -2 - \cos\angle AOE$。

即方位余弦为单调递减函数，值变化范围为 $[-3, 1]$。

针对图 3-36 的中轴区域划分方法说明如图 3-38 所示。

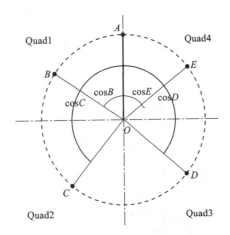

图 3-37　方位夹角余弦计算示意图

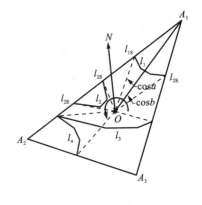

图 3-38　中轴区域划分方法说明图

第一步，调整交线的点序，计算三角形中心点 O，以 OA_1 为初线，计算交线首尾点相对初线的方位夹角余弦 $\cos a$ 和 $\cos b$，如果 $\cos a > \cos b$，则交线点序正确，否则将交线点排序逆向后更新交线。同理，对所有交线的点序进行调整。

第二步，将顶点 A_1、A_2 和 A_3 作为交线压入交线 vector 容器，根据每根交线首点的方位夹角余弦从大到小对交线进行排序；如果两交线首点重合，则交线尾点夹角余弦值较大的排前，图 3-38 中排序为 A_1、l_1、l_2、l_3、l_4、A_2、A_3。

第三步，提取区域边界。以提取 Q_2 区域边界为例说明提取区域边界的方法：

将 l_1 反向压入容器作为区域的初始边界 e_0，e_0 的首点即为 l_1 的尾点 l_{1E}；

搜索下一条交线 l_2，加入闭合判据，参考夹角余弦值，当 l_{2S} 方位夹角余弦值小于或等于区域边界的尾点，并且大于区域边界时，则将交线 l_2 正向压入边界容器，边界更新为 e_0—e_1—e_2，此时边界尾点为交线 l_2 的尾点。

重复上述步骤，将 l_3 正向压入容器，边界更新为 e_0—e_1—e_2—e_3—e_4，边界尾点为交线 l_3 的尾点 l_{3E}，加入闭合判据(当 l_{3E} 方位夹角余弦值和边界的首点夹角余弦值之间无其他交线(包括顶点)时)，l_{3E} 和边界首点连接边 e_5，边界闭合则划分出 Q_2 区域，如图 3-39 所示。

同理，以 l_2 为初始边界可划分出 Q_3，以 l_3 为初始边界可划分出 Q_4，以 l_4 为初始边界可划分出 Q_5。在以顶点 A_1 为初始边界时，初始边界首点夹角方位余弦需要设置为最小值(-3)，然后可划分出 Q_1 区域。

而以 A_2 为初始边界时，根据判断可暂时将 A_3 压入边界，但由于边界尾点夹角方位余弦值小于首点夹角方位余弦值而终止划分区域。以 A_3 为初始边界时，往后没有交线首点方位余弦值小于 A_3 的夹角方位余弦，所以不划分区域。通过一次遍历即可将混合复杂交线分割的区域全部划分。

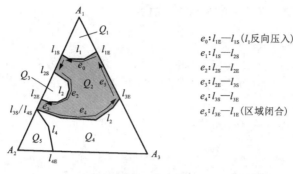

图 3-39　提取 Q_2 区域边界方法示意图

③区域多边形细分三角剖分

划分的三角形区域为平面多边形，平面多边形的三角剖分有很多成熟的方法，如切耳朵法、节点连接法、模板法、拓扑细分法、栅格法、几何分解法、Delaunay 三角剖分算法等。一般认为三角剖分后，细长、带有尖角的三角形越少越好，类似等边三角形的锐角三角形越多越好，整个三角网格分布越均匀越好。为了使切的三角形能够最大程度上接近最优三角形，遍历计算多边形每条边与该多边形上的所有点组成张角余弦值，提取余弦值最小（张角最大）的边和点生成三角形，并将多边形细分为两个部分，直至全部细分为三角形，如图 3-40 所示。

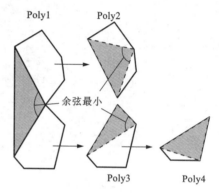

图 3-40　多边形细分三角剖分方法示意图

（4）三角形内外关系判断。

对于参与布尔运算的每一个实体，将其三角形面归分为三类：位于另一个实体内部、位于另一个实体外部和与另一个实体相交。其中，相交的三角形通过区域划分为多个区域，每个区域都是处于另一个实体的内部或外部，只需取其中的任意一个细分三角形，判断该三角形相对于另一个实体的内外关系即可。三角形内外关系判断分为两种情况：第一，经过包围盒碰撞检测和三角形间相交判断，确定其与实体对中的对方实体不相交的三角形；第二，与对方实体相交的三角形划分区域并进行细分三角剖分。针对第一种情况，可采用与种子三角形是否共边来判断内外；针对第二种情况，则需要判断区域法向量与交线法向量夹角是否小于 90°。

3.3　采空区三维激光探测可视化集成系统

采空区三维激光探测可视化集成系统 CVIS（cavity visualization integratted system）是专门用于采空区三维激光探测空间信息处理的集采空区信息管理、采空区激光探测点云数据去噪优化、采空区三维模型构建、模型可视化显示及操作、模型编辑、剖面生成、采空区体积及顶板面积计算、模型间布尔运算以及可与第三方软件交互等功能于一体的集成系统。

3.3.1 集成系统 CVIS 界面及系统设计

1. 集成系统界面特点及构成

集成系统 CVIS 从技术角度考虑就是一种利用计算机强有力的计算功能和高效的图形处理能力，来直观地辅助工程人员进行工程设计的技术。其发展方向是实现标准化、智能化、集成化和虚拟设计化。

集成系统 CVIS 主框架选用"Ribbon"固定式工具栏界面，如图 3-41 所示，其特征为：

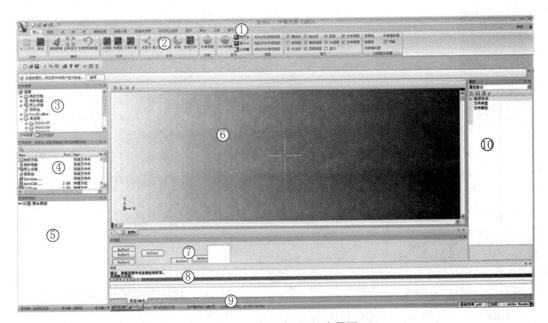

图 3-41　集成系统 CVIS 主界面

（1）所有功能有组织地集中存放，不再需要查找级联菜单、工具栏等；

（2）更好地在每个应用程序中组织命令；

（3）提供能够显示更多命令的空间；

（4）丰富的命令布局可以帮助用户更容易找到重要的、常用的功能；

（5）可以显示图形，对命令的效果进行预览，例如改变文本的格式等。

集成系统 CVIS 采用图形用户界面，界面主要由 10 个部分组成：菜单、工具栏、文件管理、工作目录下子文件、图层面板、图形工作区、对话框、信息栏、状态栏和属性面板。

2. 集成系统 CVIS 设计

1）系统功能设计

①采空区三维模型构建功能需求：进行激光探测点云空间信息数据的读取，对点云进行三角剖分，构建采空区三角网格模型。

②采空区三维可视化功能需求：建立采空区三维模型可视化的视景环境；能在 *XY* 视图、*XZ* 视图和 *YZ* 视图多方位显示，在指定的视图中完成平移、旋转和缩放等基本三维图形操作；通过添加灯光、材质、纹理等功能优化三维模型显示；可以分析研究采空区垮塌冒落情况。

③采空区可视化计算功能需求：以构建的采空区三维模型为基础，对采空区的体积和顶板暴露面积进行计算。

④采空区信息管理功能需求：建立 Access 数据库，对采空区三维空间信息及影响采空区稳定性的相关因素信息进行管理，实现对采空区信息记录的查询、添加、修改和删除等操作。

⑤接口功能：开发相应接口，实现集成系统与 CAD 系统等流行三维建模软件之间的数据交互与对接。

2）数据库设计

在有效探知采空区的空间位置及三维形态等相关信息，建立其三维可视化模型的基础上，实现了矿山采空区数字化有效管理，是矿山企业安全生产的重要保障之一。随着矿山企业信息化建设的逐步完善、矿业工作者计算机应用水平的不断提高及矿山企业对矿山生产信息化的越发重视，实现采空区数据库系统的构建是矿山企业发展进程中的必要步骤。选取 Access 数据库作为存储矿山采空区数据信息的基本数据库，以 Microsoft Visual Studio 2010 为开发工具，运用 Visual C++编程语言及 SQL 语言自主设计开发采空区信息数据库系统，实现矿山采空区的数字化有效管理。

（1）数据库功能设计

采空区信息数据库系统设计是否合理关系到整个系统的使用效果和使用期限，是数据库系统开发中最重要的基础性工作。结合矿山企业对采空区的管理现状及管理需求，采空区信息数据库系统的功能主要为系统安全控制功能、采空区数据信息管理功能和采空区数据信息及其三维模型综合显示功能。

①系统安全控制功能。系统安全控制主要是针对用户权限及数据信息的管理，通过不同用户权限的设置实现数据库系统的分级安全管理，只有被授予了特定权限的用户才可进行数据修改及删除等操作。数据库用户的设定为两类：系统管理人员和普通用户。其中，管理人员设定为具有采空区相关数据信息的输入、查询、修改及删除权限，并可对普通用户的信息进行管理；普通用户仅具有查询采空区相关信息的操作权限。

②系统数据信息管理功能。采空区信息数据库系统的数据信息主要由矿山信息、采空区信息、采空区围岩信息及采空区探测数据信息构成。采空区数据信息管理功能主要为实现上述数据信息的输入、查询、修改、删除及导出，主要涉及界面分别为采空区、矿山、采空区围岩及探测数据信息输入界面、查询界面、修改界面及删除界面等。查询及管理信息界面附带一定的查询条件，可以通过在文本框中输入采空区、矿山名称等信息实现对采空区数据信息的查询与管理；输入信息界面可以创建新的采空区、矿山及采空区围岩，并输入其基本信息；采空区探测数据信息既可以通过文件读取实现数据输入，也可通过集成系统直接输入；通过选取查询界面中查询结果的某条记录并单击修改按钮，实现修改信息界面的弹出，修改完的数据信息会自动保存并覆盖原有信息。

③采空区数据信息及其三维模型综合显示功能。采空区信息数据库系统主要存储与管理采空区相关数据，为使采空区数据信息能够形象地展示，可自主设计采空区数据信息及三维模型的综合展示功能。数据展示分为两个部分：通过将采空区探测数据导入集成系统，实现采空区三维实体模型的构建及显示；将采空区基本信息表中的数据信息及采空区实体模型构建后所得的体积等数据信息以报告形式显示。

（2）数据库表设计。

采空区信息数据库系统可通过数据库表实现采空区相关信息的分类和存储，并通过数据库表间的关系反映采空区信息的关联性。在整理采空区数据信息及分析矿山采空区管理需求的基础上，可自主设计采空区信息数据库系统的数据库表及表间关系，其中数据库系统包含的数据库表主要有五类：矿山信息表、采空区信息表、采空区围岩信息表、采空区探测数据信息表及用户信息表。采空区探测数据信息表包含了采空区探测中接收到的所有有效点的三维坐标信息，采空区的每次探测均对应一张探测数据信息表，通过采空区名称属性实现与采空信息表的对应；采空区信息表通过矿山名称属性实现与矿山信息表的对应；采空区围岩信息表通过矿山名称属性实现与矿山信息表的对应，通过采空区名称属性实现与采空区信息表的对应。

矿山信息表的内容包括矿山名称、矿山地理位置、出产金属、矿山联系人、矿山联系电话、矿山岩性和备注，如表3-2所示。

采空区信息表的内容包括矿山名称、采空区名称、地理位置、探测时间、探测工具、探测次序、前靶标坐标、后靶标坐标、探测抬升角等，如表3-3所示。

采空区围岩信息表的内容包括矿山名称、泊松比等围岩特性，如表3-4所示。

采空区探测数据信息表的内容包含采空区探测过程中探测点的三维空间坐标信息，如表3-5所示。

用户信息表的内容包括用户名、用户密码、用户权限等，如表3-6所示。

表3-2 矿山信息表

字段名	属性	字段宽度	说明
MineName	nvarchar	20	矿山名称
MineLocation	nvarchar	20	矿山地理位置
MineProduction	nvarchar	50	出产金属
Contacts	nvarchar	10	矿山联系人
PhoneNumber	nvarchar	10	矿山联系电话
RockName	nvarchar	20	矿山岩性(包含多个记录)
Remarks	nvarchar	255	矿山备注信息

表3-3 采空区信息表

字段名	属性	字段宽度	说明
MineName	nvarchar	20	矿山名称
CavityName	nvarchar	20	采空区名称
Location	nvarchar	50	地理位置

续表3-3

字段名	属性	字段宽度	说明
TestTime	nvarchar	10	探测时间
TestTool	nvarchar	10	探测工具
TestOrder	nvarchar	10	探测次序
FrontTarget	varchar	25	前靶标坐标
BackTarget	varchar	25	后靶标坐标
LiftAngle	varchar	5	探测抬升角
TestPerson	nvarchar	20	探测人员
RockName	nvarchar	20	围岩名称(包含多个记录)
Remarks	nvarchar	255	相关采空区信息

表 3-4 采空区围岩信息表

字段名	属性	字段宽度	说明
MineName	nvarchar	25	矿山名称
RockName	nvarchar	25	围岩名称
RockPoissonratio	Float	15	泊松比
RockElasticityModulus	Float	15	弹性模量
InternalFrictionalAngle	Float	15	内摩擦角
Agglutinability	Float	15	黏结力
ShearStrength	Float	15	平均抗剪强度
TensileStrength	Float	15	平均抗拉强度
CompressiveStrength	Float	15	平均抗压强度

表 3-5 采空区探测数据信息表

字段名	属性	字段宽度	说明
PointNumber	Float	10	探测点顺序
$PointX$	Double	15	扫描点 X 值
$PointY$	Double	15	扫描点 Y 值
$PointZ$	Double	15	扫描点 Z 值

表 3-6　用户信息表

字段名	属性	字段宽度	说明
UserName	nvarchar	10	用户名
Password	nvarchar	char(32)	用户密码
Authority	nvarchar	5	用户权限
Company	nvarchar	25	所属企业或单位

3.3.2　集成系统 CVIS 的功能

1. 集成数据预处理与模型构建

1) 点云数据去噪

(1) 自动去噪

原始探测点云数据在载入系统时会自动运行去噪算法,实现对三维建模点云数据的去噪优化,如图 3-42 所示。

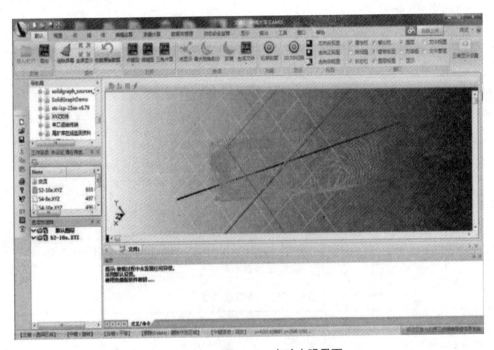

图 3-42　自动去噪界面

(2) 手动去噪

在自动去噪不能完全滤除噪声点时,系统支持相关人员根据工程经验确认噪声点后手动予以删除,如图 3-43 所示。

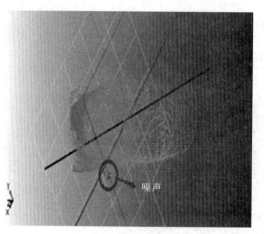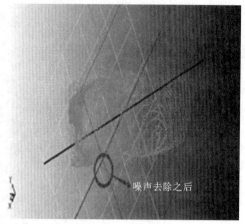

图 3-43 手动去噪

2）采空区三维模型构建

在去噪并完成点云优化后，系统会构建采空区三维可视化模型，并计算出采空区体积及顶板面积，如图 3-44 所示。

图 3-44 模型构建界面

3）模型三维显示

为便于对采空区状态的直观观察和分析，系统支持所构建的采空区三维模型的多方式显示，如图 3-45 所示、图 3-46 及图 3-47 所示。系统支持对采空区三维模型进行放大缩小、平移、旋转等三维操作。

图 3-45　采空区模型全屏显示

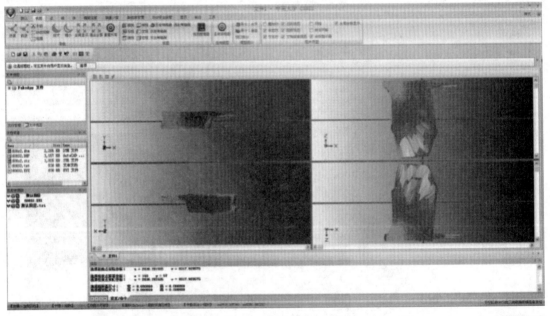

图 3-46　采空区模型多视角显示

2.模型编辑与布尔运算

模型编辑及运算功能具体如下，如图 3-48 所示。

①模型剖切：实现对采空区模型任意方向的剖切，生成剖面并以 dxf 格式文件输出。

②模型修剪：实现对采空区模型的修剪。

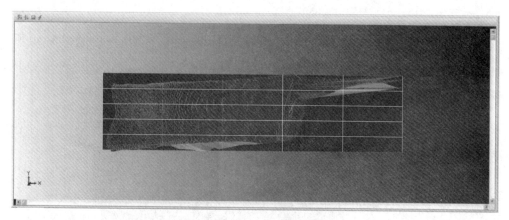

图 3-47　采空区三维实体模型和点云复合显示

③模型布尔运算：实现对采空区三维模型间的布尔运算。

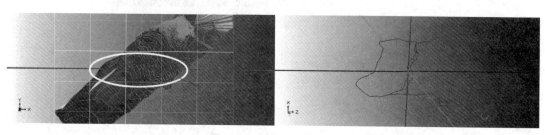

(a)采空区三维模型剖切

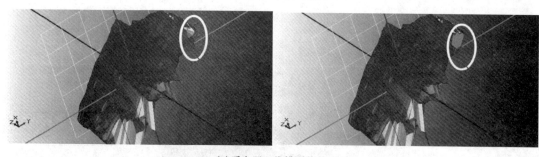

(b)采空区三维模型修剪

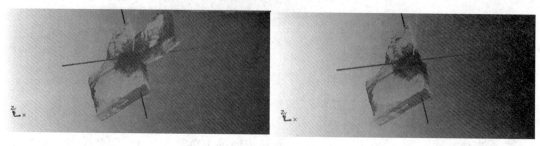

(c)采空区三维模型间的布尔运算

图 3-48　模型编辑及布尔运算

3. 模型计算与测量

模型计算功能可实现对采空区体积与暴露顶板面积的计算，如图 3-49 和图 3-50 所示。

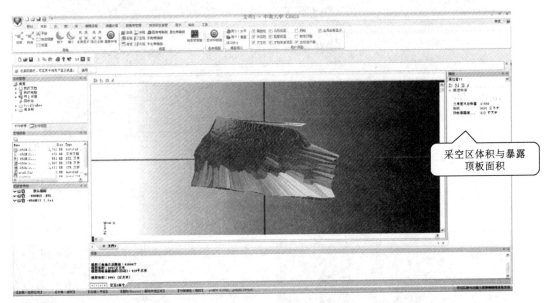

图 3-49　采空区体积与顶板暴露面积自动计算界面

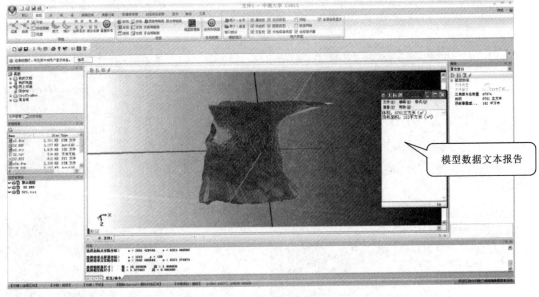

图 3-50　以文本形式报告采空区体积与顶板暴露面积

采空区模型测量功能支持两种方式：一是将模型以正视图显示后，用鼠标测定任意两点的距离；二是显示网格进行采空区三维模型测量，如图 3-51 所示。

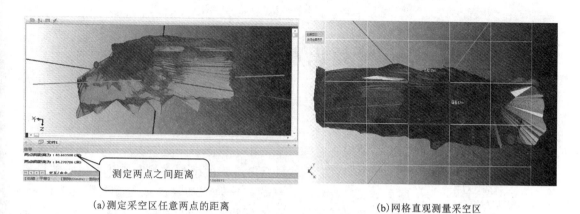

（a）测定采空区任意两点的距离　　　　　　　（b）网格直观测量采空区

图 3-51　采空区模型测量

思考题

1. 三维激光探测原理是什么？三维激光探测设备有哪些？
2. 工程结构三维可视化处理软件有哪些？
3. 工程结构三维可视化表达的内容有哪些？
4. 采空区三维激光探测可视化集成系统的功能有哪些？

第4章 射频识别与安全定位技术

PPT

学习目标：

了解安全定位技术的基本概念与分类，以及射频识别定位技术的优缺点，了解射频识别系统的工作原理和基本构成；掌握射频识别定位与跟踪系统的基础知识及其在安全领域的应用模式，掌握射频识别定位与跟踪系统在井下人员定位及物流运输跟踪等领域的实际应用方法。

学习方法：

在熟悉安全定位技术基本原理和分类的基础上，对射频识别定位技术进行重点掌握，了解射频识别定位与跟踪系统的基本概念、分类及应用范围，注重理论联系实际。

安全定位是数据通信技术在安全领域的深度融合与应用。室外定位技术有卫星定位和基站定位等，发展得相对成熟，且定位精度高。室内定位技术有射频识别定位、Wi-Fi 定位、超宽带定位、地磁定位、超声波定位、ZigBee 定位、红外线定位、蓝牙定位和计算机视觉定位等，但是其信号干扰较大、设备铺设复杂(成本预算高)，定位精度低。相对而言，射频识别定位技术可以在几毫秒内得到厘米级定位精度的信息，且采用电磁场而非视距，传输范围较大，标识的体积较小、造价较低，在室内定位技术中应用较为广泛。射频识别定位技术利用射频方式，固定天线将无线电信号转换为电磁信号，附着于物品的标签内，经过磁场时便可生成感应电流将数据传送出去，以多对双向通信交换数据，达到识别和定位的目的。射频识别定位技术现已广泛应用于紧急救援、资产管理、人员追踪等领域，是 21 世纪最有发展前景的信息技术之一。

4.1 射频识别与安全定位技术基础

4.1.1 常见的室内定位技术

1. Wi-Fi 定位技术

Wi-Fi 定位技术是一种基于无线信号强度的定位技术，利用 Wi-Fi 中的无线接入点技术，对多种室内环境进行位置定位。Wi-Fi 定位一般采用近邻法判断，即最靠近哪个热点或基站，就认为其处在该位置，如果附近有多个信源，可以通过三角定位(交叉定位)来提高定位精度，如图 4-1 所示。

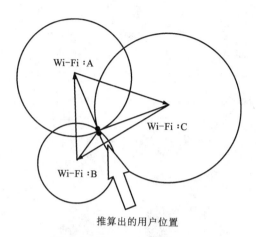

图 4-1　Wi-Fi 三角定位原理

Wi-Fi 定位技术已在国内普及，不需要再铺设专门的设备用于定位。用户在使用智能手机时若开启过 Wi-Fi、蜂窝移动网络，就可能成为数据源。Wi-Fi 定位技术便于扩展、可自动更新数据且成本低，已经实现了规模化生产。目前，Wi-Fi 信号的覆盖范围非常广，如车站、机场候机大厅、酒店、高端住宅区、大型购物中心以及咖啡店等，Wi-Fi 定位技术已经成为最受关注的无线定位技术之一。但 Wi-Fi 定位技术虽然可以实现复杂的大范围定位，其也有明显不足，如果 Wi-Fi 信号在传播过程中受到阻碍物或其他信号的干扰，则其定位性能将变差，定位效果也会减弱，同时 Wi-Fi 定位的精度只能达到 2 m 左右，无法做到精准定位。Wi-Fi 定位技术适用于对人或车的定位导航，可以应用到医疗机构、主题公园、工厂和商场等场所。

2. 蓝牙定位技术

蓝牙定位技术是通过测量信号强度定位原理进行定位的。根据定位端的不同，蓝牙定位技术可分为网络侧定位和终端侧定位。

1）网络侧定位

网络侧定位系统由终端（手机等带低功耗蓝牙的终端）、蓝牙信标节点、蓝牙网关、无线局域网及后端数据服务器构成，如图 4-2 所示。其具体定位过程是：首先在区域内铺设信标和蓝牙网关；当终端进入信标信号覆盖范围，就能感应到信息基站的广播信号，然后测算出在某信息基站下的信号强度值，并通过蓝牙网关经 Wi-Fi 网络将其传送到后端数据服务器；最后通过服务器内置的定位算法测算出终端的具体位置。

2）终端侧定位

终端侧定位系统由终端设备（如嵌入 SDK 软件包的手机）和信标组成，如图 4-3 所示。其具体定位过程是：首先在区域内铺设蓝牙信标；信标不断地向周围广播信号和数据包；当终端设备进入信标信号覆盖的范围，测出其在不同基站下的信号强度值；然后通过手机内置的定位算法测算出终端设备的具体位置。

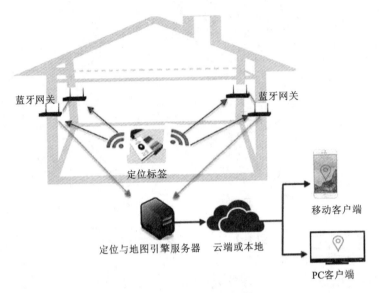

图 4-2　网络侧定位系统

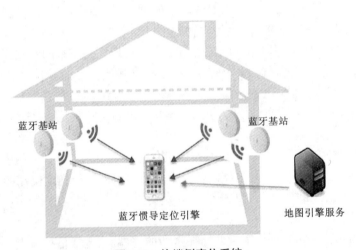

图 4-3　终端侧定位系统

网络侧定位系统主要用于人员跟踪定位、资产定位及客流分析等情境；而终端侧定位一般用于室内定位导航、精准位置营销等用户终端。蓝牙定位的优势在于其实现简单，定位精度和蓝牙信标的铺设密度及发射功率有密切关系，并且可通过深度睡眠、免连接、协议简单等方式达到省电的目的。它目前应用在许多网络设备中。由于蓝牙技术传播距离较短，所以主要应用在手持设备，如电话、笔记本电脑、播放器等。蓝牙技术的信号强度容易受到大的波动而退化，因此，其内定位的精度较低。

3. 红外定位技术

红外线是一种波长在无线电波和可见光波之间的电磁波。红外定位技术通过光学传感器接收各移动设备发射的红外射线进行定位。红外定位技术主要有两种实现方法。一种是将定位对象附上一个会发射红外线的电子标签，通过计算室内安放的多个红外传感器测量信号源的距离或角度，进而计算出定位对象所在的位置。这种方法在空荡的室内容易满足较高精度要求，可实现对红外辐射源的被动定位，但因红外射线很容易被障碍物遮挡，传输距离也不长，需要大量密集地部署传感器，会造成较高的硬件和施工成本。此外，红外射线受热源、灯光等干扰，其定位精度和准确度均会大幅下降。该方法目前主要用于军事上对飞行器、坦克、导弹等红外辐射源的被动定位，或室内自走机器人的位置定位。另一种是红外织网，即通过多对发射器和接收器织成的红外线网覆盖待测空间，直接对运动目标进行定位。这种方式的优势在于不需要定位对象携带任何终端或标签，隐蔽性强，常用于安防领域；劣势在于要实现精度较高的定位需要部署大量红外接收器和发射器，成本非常高，因此只有高等级的安防才会采用此方法。

4.超声波定位技术

超声波定位技术是利用超声波的空间传播特性来确定目标的具体位置，目前大多采用反射式测距法。超声波定位系统由一个主测距器和若干个电子标签组成，主测距器可放置于移动机器人本体上，各个电子标签要放置于室内空间的固定位置。

其定位过程是：先由上位机发送同频率的信号给各个电子标签，电子标签接收后反射传输给主测距器，从而确定各个电子标签到主测距器之间的距离，计算得到具体的定位坐标。定位过程如图4-4所示。

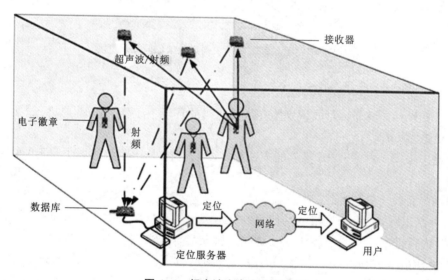

图4-4　超声波室内定位示意图

超声波室定位技术凭借结构简单、穿透障碍物能力强等优点，在室内小范围定位中应用广泛。超声波定位精度可达厘米级别，精度较高；但其频率容易受温度等外界条件的影响，且需要大量的高成本基础设备的支持和精确计时，同时，超声波在传输过程中的衰减会较为明显，因此，超声波定位技术作用的有效范围有限，应用领域较少。

5.射频识别定位技术

射频识别定位技术是利用电磁感应原理，通过磁场激发近距离无线标签，实现信息的读取和定位。射频识别又称无线射频识别(radio frequency identification，RFID)，其定位的基本原理是通过一组固定的阅读器读取目标 RFID 标签的特征信息（如身份 ID、接收信号强度等），然后采用近邻法、多边定位法等方法确定标签所在位置，如图 4-5 所示。

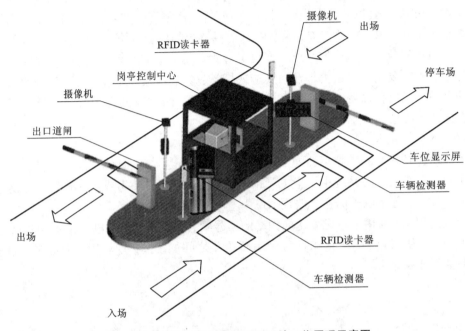

图 4-5　车辆出入管理射频识别系统工作原理示意图

射频识别定位的主要优点如下：

①抗干扰性强。其非接触式识别能在极其恶劣的环境下工作，有极强的穿透力，可以快速识别并读取多个标签。

②可动态操作。内置 RFID 标签的人或物在读取器有效识别范围内时，即可实现动态追踪和监控。

③使用寿命长、安全性高、存储容量大、识别速度快、定位精度高。一般情况下，不到 100 ms 就可以识别 cm 级定位精度的信息并且可以同时读取数百个 RFID 标签，根据用户需求，其芯片内存量可扩充到 0～64K 位，远超二维条形码 2725 个数字的容量。

但是由于超高频 RFID 电子标签具有反面反射性特点，其在金属、液体等商品中的应用比较困难。且因技术标准不统一，不同企业产品的 RFID 标签互不兼容。同时 RFID 阅读器的信号覆盖范围较小，所以不利于实现大规模的室内安全定位应用。

综合考虑，射频识别定位技术因其独特的工作原理和特征，非常适合应用在紧急救援、人员安全定位和物流安全运输跟踪等安全定位领域。

4.1.2　射频识别系统的构成及工作流程

1. 射频识别系统的基本

因射频识别系统应用的不同，其也会有所不同。典型的射频识别系统由电子标签、阅读器、天线和应用系统四部分组成，如图 4-6 所示。

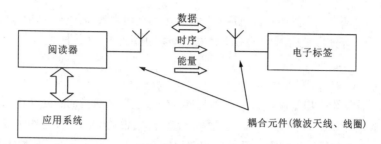

图4-6 射频识别系统构成

1) 电子标签

电子标签由芯片和内置天线组成，如图4-7所示。芯片是物品识别的信息载体，它用于存储数据，而存储在芯片内部的数据则被用来进行物品识别。芯片内部天线的作用是使获取的能量最大化。射频识别系统中的内置天线类型繁多，在电子标签中，天线和芯片被固定在一起。电子标签由多个模块构成。每个 RFID 标签都具有唯一的电子编码，附在物体上标识目标对象。常见的电子标签如图4-8所示。

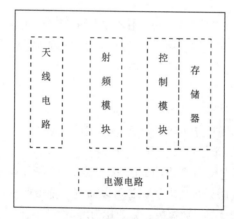

图4-7 电子标签结构

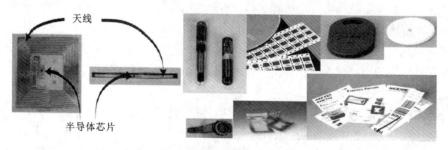

图4-8 常见的电子标签

根据标签内部附带电池的形式以及供电方式的不同，可将电子标签分为以下三种类型。

①无源（被动式）电子标签

无源电子标签不附带任何电池。标签如果没有接收到读写器的信号感应，则是一种无源状态；在阅读器的信号覆盖区域内，阅读器发出的射频能量由电子标签接收并提取其工作所需的电源。

②半无源（半被动式）电子标签

半无源电子标签附带电池。当标签在读写器的信号覆盖区域内时，处在休眠状态的标签会被读写器产生的信号刺激并开始工作。半无源标签内部附带的电池仅仅是用来维持芯片内部电压，使其处在一个相对稳定的状态。标签完成数据传输所需要的能量供应依然来源于阅读器。

③有源（主动式）电子标签

有源电子标签内部附带电池，标签完成数据传输所需要的能量供应来源于电池。

根据电子标签工作频率的不同，可将它们可分为以下三种类型。

①低频电子标签

低频电子标签用于低成本、短距离、低精度应用；频率范围为 30~300 kHz，常用频率为 125 kHz、133 kHz。被动式电子标签在某些应用中可以制作成低频电子标签，可不附带任何电池，仅通过电感耦合方式由阅读器向其传输能量。低频电子标签与读写器的距离一般不超过 1 m。

②中高频电子标签

中高频电子标签的频率范围为 3~30 MHz，常用频率为 13.56 MHz。中高频电子标签体积小易于携带，常被做成小巧的卡片状，如电子车票、电子身份证等。

③超高频电子标签与微波电子标签。

超高频电子标签的频率范围为 860~960 MHz。我国一般以 915 MHz 为主。主动式超高频 RFID 标签则工作在 433 MHz。微波电子标签典型的工作频率为 2.45 GHz 和 5.8 GHz。它们主要应用包括行驶车辆识别、仓储应用和物流应用等。

2）阅读器（也称读写器、询问器）

阅读器是对 RFID 标签进行读/写操作的设备，是射频识别系统中最重要的基础设施。阅读器和电子标签都需要附带通信天线。电子标签可以通过电池或阅读器获得工作能量，并通过天线把存储数据传送给阅读器，用于数据的识别。RFID 阅读器适用于快速、简便的系统集成，且性能可靠，功能齐全，安全性高。阅读器的安装状态有固定安装状态和移动安装状态两种。组成这两种状态的阅读器结构组件也多种多样，通常包括天线、射频接口模块和逻辑控制模块等。阅读器的具体组成和类型如图 4-9 和图 4-10 所示。

阅读器的功能性决定了其重要作用，即：与电子标签、后台电脑和移动标签进行信息传递、读出有源标签的电池信息、提供标签工作能量、识别多对标签以及显示错误信息提示等。

3）天线

天线是 RFID 标签和阅读器之间实现射频信号空间传播和无线通信连接的设备，如图 4-11 所示。射频识别系统中包括两类天线，一类是 RFID 标签上的天线，另一类是阅读器天线，既可以内置于 RFID 标签中，也可以通过同轴电缆与阅读器的射频输出端口相连。它可以减少能量传输的损耗，提高传输效果。

在电子标签的生产过程中，把天线和电子芯片固定在一起可以减小标签尺寸。但随着电子天线的发展，小型化和微型化成为 RFID 标签的重要研究方向。随着应用产品的不断创新，

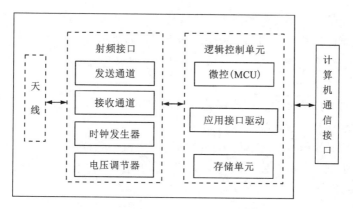

图4-9 阅读器组成框图

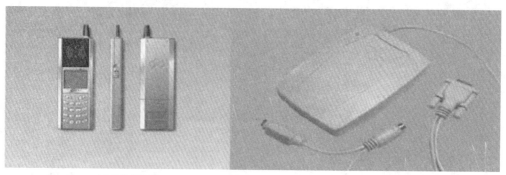

(a)手持阅读器   (b)固定阅读器

图4-10 手持阅读器和固定阅读器

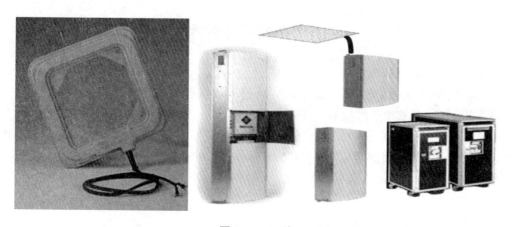

图4-11 天线

标签规格和天线体积都变得越来越小。截至目前,RFID标签所使用的天线仍然是独立于芯片外的天线,这种天线最大的优点是质量好、量产成本低;但其缺点是体积大,易损坏,不能承担防伪或生物标记等工作。如果天线可以集成在标签芯片上,就能在没有任何外部组件的情况下进行工作,这不仅简化了原始标签的制作过程,使得整个标签的生产成本大幅降低,目标签的体积也会随之减小，更加轻便。标签和天线的小型化多功能化和低能耗化已逐渐成为射频识别系统研究的热点。目前，天线产品多采用收发分离技术来实现发射和接收功能的集成。

4）应用系统

应用系统是对阅读器传输来的数据进行处理的应用软件。在射频识别系统中，阅读器和电子标签的所有动作都由应用软件来控制。

射频识别系统易于操控、简单实用且特别适用于自动化控制，它利用射频信号来实现对目标物体的自动识别。射频是专指具有一定波长，可用于无线电通信的电磁波。完整的射频识别系统如图4-12所示。

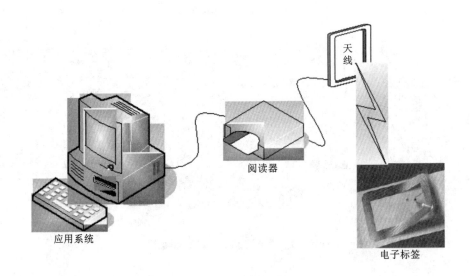

图4-12　完整的射频识别系统

2.射频识别系统的工作流程

射频识别系统的工作流程是：由阅读器通过天线将射频信号以电磁波的形式发射到空中，邻近的电子标签被电磁波激活；电磁波在标签上的天线中激励起高频电流，转换后推动标签的集成电路工作；被激活的标签会发射出载有标签编码信息的无线电波，这些微弱的无线电波由阅读器接收；阅读器与电脑连接，对标签传回的信息进行处理或启动该信息相关的电脑程序，如图4-13所示。阅读器发射信号与标签应答环节示意图见图4-14。

图4-13　射频识别系统工作原理

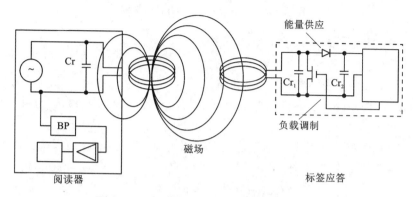

图4-14 阅读器发射信号与标签应答示意图

4.2 射频识别系统的相对定位

4.2.1 传统 RFID 定位与跟踪系统

在生活中，人们经常需要对各种目标物体进行搜索与定位，以便尽快找到目标物体进行进一步操作。如在房间中寻找遗失的钥匙或文件，在仓库中定位需求的货物，或者在商场中寻找心仪的商品等。在这类场景中，由于环境多样、覆盖区域较大等特点，传统的无线定位系统往往需要在每个场景都部署大量的参考节点或者收集大量的指纹信号信息，这些不仅大大增加了系统所需的人力与资金，而且很难满足用户多变的需求。

伴随着射频识别技术的蓬勃发展，射频识别标签凭借其得天独厚的远距离识别与价格低廉优势，已作为二维码的补充与替代品大量涌入大众的视野中，如在沃尔玛等大型超市、机场安检、物流管理等多个领域，大量的射频识别标签被广泛用于标识各类物体。作为一种新型的无线技术，类似于 Wi-Fi 技术，射频识别技术不仅可以用来传输信息，还可以借助信号信息反映信道特征。因此，射频识别定位与跟踪系统也处于稳步发展中。

那么，射频识别定位与跟踪系统究竟是什么呢？

射频识别定位与跟踪系统是通过天线采集到的信号计算待测标签与各个天线之间的距离进行定位，实现目标在移动状态下的自动识别，从而实现对目标的跟踪定位的一种技术。该系统是集计算机软硬件、信息采集处理、数据传输、网络数据通信等技术综合应用为一体的高性能识别技术，是实现信息化和自动化管理的基础产品之一，是一种能有效对目标进行自动识别和联网监管的重要科技手段。

射频识别定位与跟踪系统主要由定位标签、低频定位器、读写器和定位系统软件四个重要部分组成。它通过将定位标签安装在受控目标上，将之作为目标的唯一标识进行追踪和定位。工作时，管理人员通过联网的无线识别基站进行追踪和目标定位。

传统射频识别定位与跟踪系统的相对定位原理是接收信号强度（RSSI）的衰减和距离有一定的指数关系。随着距离的增加，接收信号强度越来越弱，同时接收信号强度也受环境影响，室内传播环境不同，能耗也不同。常用的基于 RSSI 的定位算法通常采用经典信号传播模型（路径-损耗模型），具体如式（4-1）所示：

$$\text{RSSI}(d) = \text{RSSI}(d_0) - 10n\lg\frac{d}{d_0} + X_\sigma \qquad (4-1)$$

式中：n——路径损耗系数；

   d——待测标签与读写器的距离；

   d_0——与地面的参考距离，通常取 1 m；

   $\text{RSSI}(d)$ 和 $\text{RSSI}(d_0)$——读写器读取到的与读写器距离为 d 和 d_0 的目标标签的接收信号强度；

   X_σ——噪声干扰，X_σ 服从正态分布 $N(0, \sigma^2)$，通常可忽略噪声干扰，取 $d_0 = 1$ m。

可将式(4-1)简化为式(4-2)：

$$\text{RSSI}(d) = \text{RSSI}(d_0) - 10n\lg d \qquad (4-2)$$

根据测量得到的 $\text{RSSI}(d)$、$\text{RSSI}(d_0)$ 值，结合路径损耗系数 n，由式(4-2)即可得到待测标签到读写器的距离 d，再根据性能指标定义就可得到待测标签的坐标。

$$J = \min\sum_{i=1}^{m} | (x - x_i)^2 + (y - y_i)^2 - d_i | \qquad (4-3)$$

式中：(x_i, y_i)——m 个读写器的坐标。

4.2.2　基于 RSSI 的 LANDMARC 定位系统

LANDMARC 系统是由美国密歇根州立大学在 2003 年提出的一种 RFID 室内定位系统。LANDMARC 系统引入了参考标签的理念，该系统需要在室内提前部署大量的参考标签，同时记录参考标签的坐标信息，通过比较阅读器实时接收到的参考标签与待测标签的接收信号强度(received signal strength indication, RSSI)值来估计待测标签的位置。而 RFID 标签成本低廉、场景部署简单等优点使 LANDMARC 系统成为目前常用的 RFID 定位系统之一。

LANDMARC 定位系统的场景部署首先需要部署参考标签和阅读器并记录它们的坐标，当阅读器读写范围内的标签接收到阅读器发送的射频信号后会向阅读器返回应答信号，阅读器即可获得标签的 RSSI 值。假设待定位标签的 RSSI 值为 Q，参考标签的 RSSI 值为 $H = (H_1, H_2, \cdots, H_n)$，$n$ 为参考标签的数量，则待定位标签与参考标签 H_i 之间的欧氏距离为

$$D_i = \sqrt{(H_i - Q)^2} \qquad (4-4)$$

取 M 个和待定位标签信号强度最近的参考标签，可以求得待定位标签的实际坐标为

$$(x, y) = \sum_{i=1}^{M} W_i(x_i, y_i) \qquad (4-5)$$

$$W_i = \frac{\dfrac{1}{D_i^2}}{\displaystyle\sum_{i=1}^{M}\left(\dfrac{1}{D_i^2}\right)} \qquad (4-6)$$

LANDMARC 定位系统首次引入了参考标签的概念，根据参考标签与目标标签之间信号强度的差异来计算目标标签的实际坐标，提高了定位的准确性。在范围较小的室内定位中，它只需少量的参考标签即可进行定位；当室内面积较大时，则需要部署大量的参考标签才能保证定位的精确度，故场景部署的难度提升。同时，大量的参考标签会增加算法的复杂度，降低定位的实时性，再加上距离阅读器较远的相邻参考标签会影响最近邻点的选取，且参考

标签的部署方式和数量对最终的定位结果也有一定影响，因此，LANDMARC 定位系统在大面积的室内定位中应用较少。

4.2.3　基于 LANDMARC 算法的 VIRE 定位系统

VIRE 定位系统是在 LANDMARC 系统的基础上改进而来的，该算法首次引入了虚拟标签的概念，通过在参考标签之间选取固定的标记点作为虚拟标签来辅助定位，同时利用近似图减少计算量，在不增加额外参考标签的前提下提高了定位精度和定位的实时性。VIRE 定位算法在复杂的室内环境中也有较好的定位精度。

VIRE 算法的核心有两个：一是引入了虚拟标签，首先将参考标签有规则地放置到室内，组成一个平面网格，而这个网格又可以分成 $N×N$ 小网格（每个网格由 4 个参考标签组成），每个小网格又可切割成 $M×M$ 的网格单元，每个网格单元里覆盖一个虚拟标签，使用线性插值法可以在得到虚拟标签的同时避免射频信号的干扰，一定程度上提高了定位的精确度；二是引入了近似图的概念，将整个室内的二维平面当作一个近似图，这个近似图又可分为许多小的网格，当阅读器接收到的某些网格的 RSSI 值与待定位标签的 RSSI 值的绝对值之差在一定阈值范围内后便会将这些网格标记，过滤掉标签不可能出现的其他网格，大大降低了计算量。

VIRE 算法所有的参考标签都在一个二维平面网格内，再将这个平面划分为 $N×N$ 的小网格结构，每个网格单元都有 4 个参考标签和若干个虚拟标签，通过线性内插法获得虚拟标签的 RSSI 值后即可标记待定位标签可能存在的小区域，经过加权计算后可得到待定位标签的实际坐标。

在大范围的室内定位中，VIRE 算法中引入的虚拟标签可减少参考标签的数量，降低定位系统的成本与复杂性，减少因为参考标签过多而造成的射频干扰现象，定位精度比 LANDMARC 算法更好。但 VIRE 算法也存在一些缺点，例如在计算虚拟标签的 RSSI 值时采用了线性内插的方法，而在实际定位中 RSSI 值与距离呈现的是复杂的曲线关系，直接用线性内插法会对定位结果造成一定的误差。

4.3　射频识别与安全定位技术应用实例

随着技术的进步，射频识别定位与跟踪系统的应用领域日益拓展，射频识别技术得到了极大的普及。目前，射频识别定位与跟踪系统在安全方面的典型应用包括：在物流领域主要用于物流过程中的货物追踪、信息自动采集、仓储应用和港口集装箱追踪等，以降低货物丢弃或被盗的风险，保证货物安全；在医疗领域主要用于医疗器械管理和婴儿防盗等，以保证医疗安全及婴儿安全；在军事领域主要用于一些重要军事药品、枪支、弹药或者军事车辆的实时追踪，以保证国家安全；在交通领域主要用于出租车管理、公交车枢纽管理和铁路机车识别，以保证交通车辆及人员安全；在动物领域主要用于野生动物追踪等，以保证动物安全及周边人群安全。

4.3.1　矿山井下人员安全定位系统

矿井伤亡事故时有发生，井下复杂的环境给人员撤离和事故救援带来了极大的困难。井下人员安全定位系统能给事故营救工作带来极大的方便,大大减少人员伤亡。

现有的识别技术,如 IC 卡、掌纹识别技术和红外线编码识别技术等都只能实现简单的人员考勤,无法如对多个移动的物体和人员进行快速识别和跟踪。而射频识别技术则能对井下人员和设备进行跟踪定位,在一定程度上可以有效保障井下人员生命安全,减少财产损失。将射频识别定位与跟踪系统应用到矿山管理中,即井下人员安全定位系统。

1. 井下人员安全定位系统的功能模块

井下人员安全定位系统由阅读器管理、电子标签管理、人员管理、定位查询及地图管理五个模块组成,如图 4-16 所示。

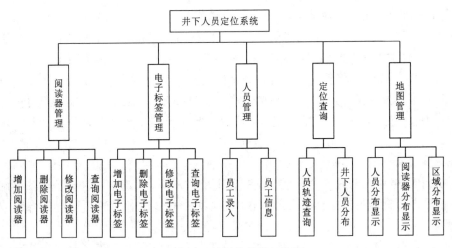

图 4-16　系统功能模块结构图

1)阅读器管理模块

阅读器管理模块可以方便快捷地对阅读器的相关数据进行处理,实现新阅读器的添加、正在使用的阅读器的删除、阅读器参数的修改及阅读器工作状态的查询等功能。管理员可以录入阅读器信息,包括阅读器编号,阅读器所在区域编号,阅读器所在区域名称、和位置坐标等,并实时查询相关信息。

当增加阅读器时,需要将阅读器的类型、编号、IP 地址,以及阅读器的位置、阅读器的识别范围、参考标签 ID 编号及阅读器实时状态等工作信息录入数据库中;在阅读器进入工作状态时,可对阅读器进行查询,对每个阅读器获取到的员工卡移动射频标签内的信息进行识别,以方便定位算法的准确执行。

输入阅读器的信息后,可点击阅读器编辑按钮,可以对阅读器的相关信息配置参数进行修改,并将修改后的信息存入数据库中即完成数据库更改,具体流程如图 4-17 所示。

2)电子标签管理模块

电子标签管理模块具有电子标签的增加、删除、修改和查询四个功能。管理员可以为没有电子标签的员工注册生成电子标签;当管理员查询员工信息时,可按员工编号进行搜索并查看员工及员工电子标签的详细信息,也可对员工的电子标签进行多次修改和注销。每一位员工对应唯一的电子标签。

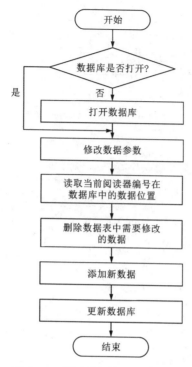

图 4-17 更改数据库程序流程图

3) 人员管理模块

当需要加入新员工信息时，可使用管理员账户进行员工信息管理，包括录入员工编号、员工姓名、联系方式、职位及部门等。在录入新员工信息的同时，系统会自动为新员工生成一个电子标签编号，并将其存入相应的员工表和电子标签信息表中。

对在职员工进行电子标签修改时，结合系统数据库中存放的员工信息，根据编码规则生成每一个员工唯一的 ID 号，将对应的 RFID_ID 存入 identify 表中，写入 RFID 芯片，员工下井时随身携带。如图 4-18 所示。

管理员可以分别按员工编号、员工姓名、部门或者其中任意条件的组合查询所有员工的详细信息，并可以对员工信息进行修改和删除。

4) 定位查询模块

在定位查询模块中，员工佩戴携带有源 RFID 电子标签的安全帽，在进入阅读器识别范围时，阅读器通过扫描检测，并激活相应的电子标签，即可获得该电子标签所携带的员工信息及标签的信号强度等，结合系统中的定位算法得到员工的具体位置信息。

阅读器在扫描、激活电子标签的过程中，同时记录了标签对应出现的时间点，阅读器将这些数据上传到后台管理系统中，系统可结合数据库中员工的基本信息，分析并绘制出某个员工某次作业的行程或者运动轨迹。

由于井下活动范围比较有限，且环境复杂，系统将整个井下空间分成若干个小矿区，在对应的区域内，阅读器可获取标签总数，连同各个标签的定位信息记录一起上传至后台管理系统中，通过细分区域，井上人员可以地掌握实时的井下人员密集度和工作状况。

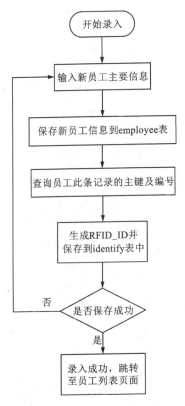

图 4-18 新员工信息录入流程

系统调用历史数据时，可按照员工信息或各个分矿区进行查询，依照工作时间查询某个员工某一天或某段时间的移动轨迹，或查看某个时间段内井下人员的动态分布和工作状态。

5）地图管理模块

区域分布显示可以查看井下区域分布，放大、缩小或平移任意区域，查看区域详细信息及区域内阅读器数目。阅读器分布显示可以查看井下区域内阅读器的分布，放大、缩小或平移地图，查看任意阅读器的详细信息及阅读器可读取范围内的人数。人员分布显示可以查看井下人员分布，查看任意员工的详细位置信息，并可以查看某一时间段内员工的轨迹，进行人员实时轨迹监控。

2. 井下人员定位系统的原理

应用射频识别及计算机通信技术，在地面控制室设置计算机监控中心，在井下需要进行人员跟踪的区域和巷道中放置一定数量的阅读器，地面和井下通过 CAN 总线相连接。井下人员携带电子标签经过某阅读器时，该阅读器将接收到的电子标签信号中所包含的 RFID_ID 码、电子标签信号强度及该阅读器的地址码一起经由 CAN 总线传送给监控机，实现井下人员安全定位，如图 4-19 所示。

3. 井下人员安全定位系统的功能

（1）图像显示功能。

监控机显示器能显示井下区域分布地图、各工作区域之间的通道图形、各监测点阅读器的分布图以及各设备的运行状态等，如图 4-20 所示。

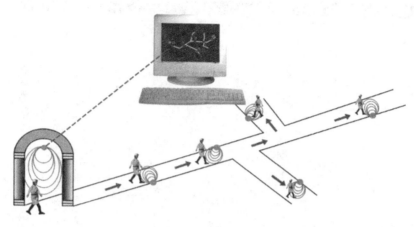

图 4-19　井下人员安全定位系统原理

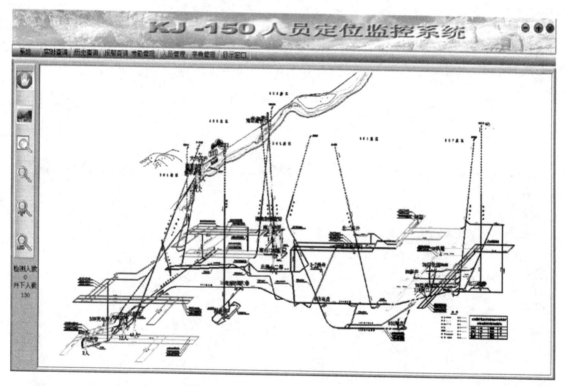

图 4-20　人员定位监测系统图像显示

（2）人员定位及实时动态显示功能。

系统可实时动态显示阅读器、井下人员的相对位置，如图 4-21 所示，图中绿色的圆点表示阅读器的位置，红色的标记为在巷道里活动的人员位置。

（3）人员轨迹查询功能。

通过井下人员定位系统可查找某个人在某个时间段内的路径记录，并在图中画出线路轨迹；从员工的活动对话框可以看出该员工在某一时间所处的精确位置，如图 4-22 所示。

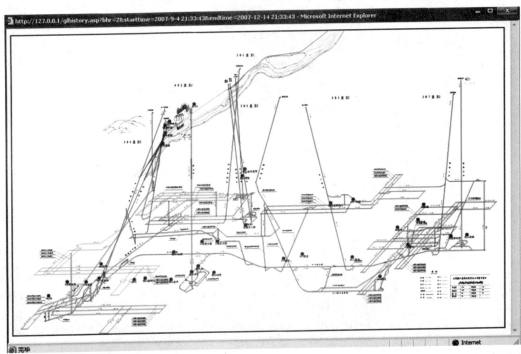

图 4-21 实时动态显示

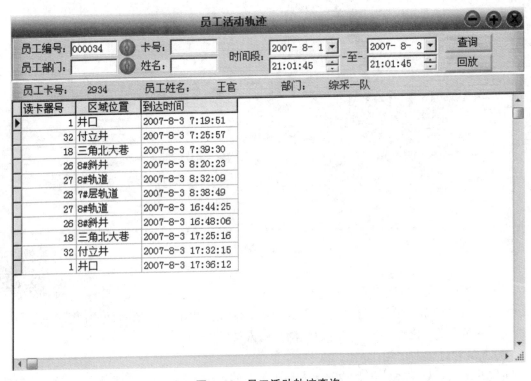

图 4-22 员工活动轨迹查询

(4) 下井考勤功能。

通过井下人员定位系统对出入井人员进行统计可实现下井人员的日常考勤，下井人员考勤表如图 4-23 所示。

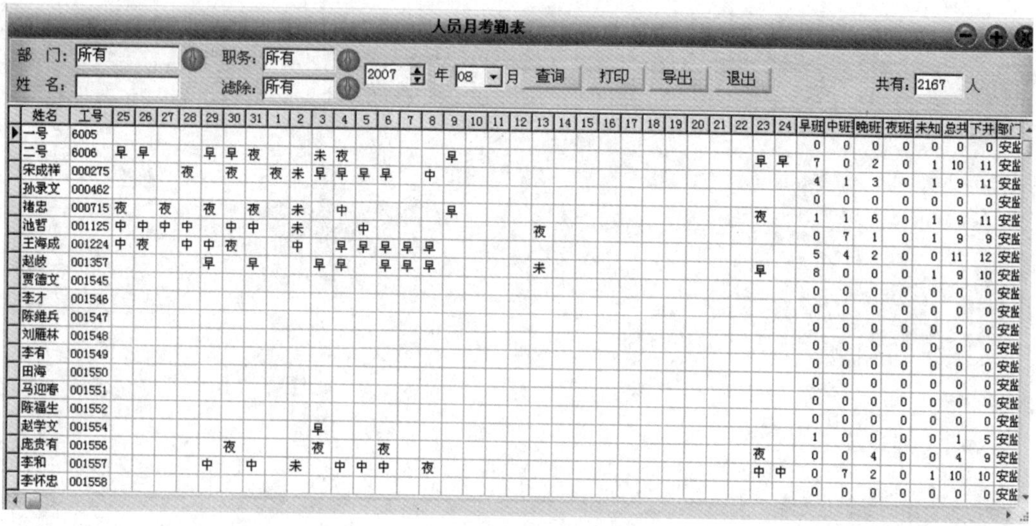

姓名	工号	25	26	27	28	29	30	31	1	2	3	4	5	6	7	8	9	10	11	12
一号	6005																			
二号	6006	早	早			早	早	夜			未	夜					早			
宋成祥	000275				夜		夜		夜	未	早	早	早	早		中				
孙录文	000462																			
褚忠	000715	夜		夜		夜		夜		未		中					早			
池哲	001125	中	中	中	中		中	中		未			中							
王海成	001224	中	夜		中	中	夜			中		早	早	早	早	早				
赵岐	001357					早		早			早	早		早	早	早				
贾德文	001545																			
李才	001546																			
陈維兵	001547																			
刘雁林	001548																			
李有	001549																			
田海	001550																			
马迎春	001551																			
陈福生	001552																			
赵学文	001554										早									
庞贵有	001556						夜				夜			夜						
李和	001557					中		中		未		中	中	中		夜				
李怀忠	001558																			

姓名	13	14	15	16	17	18	19	20	21	22	23	24	早班	中班	晚班	夜班	未知	总共	下井	部门
一号													0	0	0	0	0	0	0	安监
二号											早	早	7	0	2	0	1	10	11	安监
宋成祥													4	1	3	0	1	9	11	安监
孙录文													0	0	0	0	0	0	0	安监
褚忠											夜		1	1	6	0	1	9	11	安监
池哲	夜												0	7	1	0	1	9	9	安监
王海成													5	4	2	0	0	11	12	安监
赵岐	未										早		8	0	0	0	1	9	10	安监
贾德文													0	0	0	0	0	0	0	安监
李才													0	0	0	0	0	0	0	安监
陈維兵													0	0	0	0	0	0	0	安监
刘雁林													0	0	0	0	0	0	0	安监
李有													0	0	0	0	0	0	0	安监
田海													0	0	0	0	0	0	0	安监
马迎春													0	0	0	0	0	0	0	安监
陈福生													0	0	0	0	0	0	0	安监
赵学文													1	0	0	0	0	1	5	安监
庞贵有											夜		0	0	4	0	0	4	9	安监
李和											中	中	0	7	2	0	1	10	10	安监
李怀忠													0	0	0	0	0	0	0	安监

图 4-23　下井人员考勤表

(5) 人员升入井信息查询功能。

管理人员可随时查阅升入井人员的人数和具体信息，包括人员姓名、工号、年龄、职务或工种、升入井时间等，也可随时查阅和冻结某一时刻井下某工作区域的员工人数、位置分布及各自的员工信息，如图 4-24 所示。

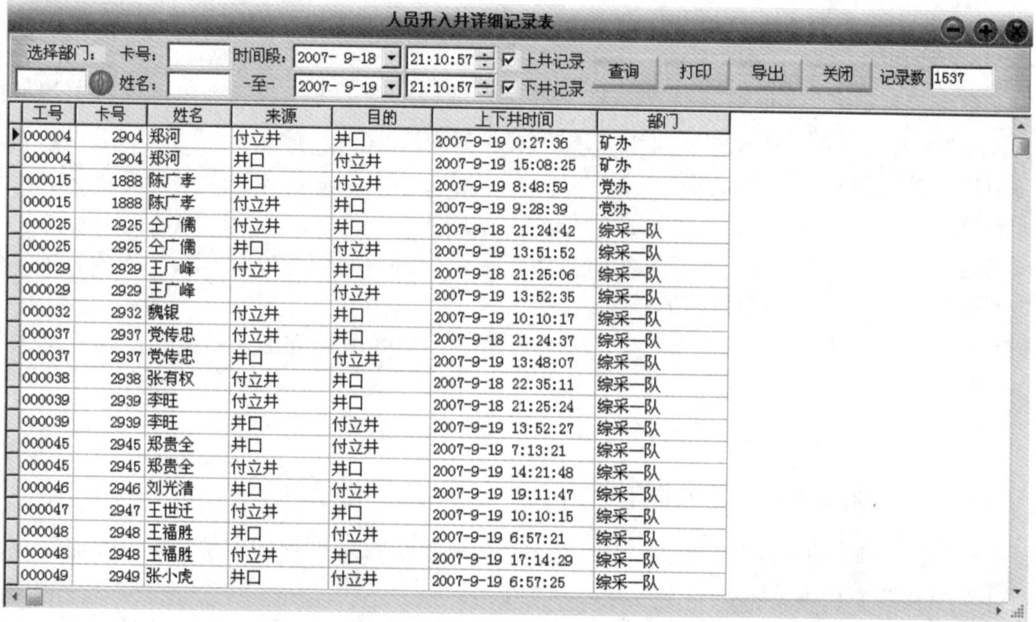

工号	卡号	姓名	来源	目的	上下井时间	部门
000004	2904	郑河	付立井	井口	2007-9-19 0:27:36	矿办
000004	2904	郑河	井口	付立井	2007-9-19 15:08:25	矿办
000015	1888	陈广孝	井口	付立井	2007-9-19 8:48:59	党办
000015	1888	陈广孝	付立井	井口	2007-9-19 9:28:39	党办
000025	2925	仝广儒	付立井	井口	2007-9-18 21:24:42	综采一队
000025	2925	仝广儒	井口	付立井	2007-9-19 13:51:52	综采一队
000029	2929	王广峰	付立井	井口	2007-9-18 21:25:06	综采一队
000029	2929	王广峰		付立井	2007-9-19 13:52:35	综采一队
000032	2932	魏银	付立井	井口	2007-9-19 10:10:17	综采一队
000037	2937	党传忠	付立井	井口	2007-9-18 21:24:37	综采一队
000037	2937	党传忠	井口	付立井	2007-9-19 13:48:07	综采一队
000038	2938	张有权	付立井	井口	2007-9-18 22:35:11	综采一队
000039	2939	李旺	付立井	井口	2007-9-18 21:25:24	综采一队
000039	2939	李旺	井口	付立井	2007-9-19 13:52:27	综采一队
000045	2945	郑贵全	井口	付立井	2007-9-19 7:13:21	综采一队
000045	2945	郑贵全	付立井	井口	2007-9-19 14:21:48	综采一队
000046	2946	刘光清	井口	付立井	2007-9-19 19:11:47	综采一队
000047	2947	王世迁	付立井	井口	2007-9-19 10:10:15	综采一队
000048	2948	王福胜	井口	付立井	2007-9-19 6:57:21	综采一队
000048	2948	王福胜	付立井	井口	2007-9-19 17:14:29	综采一队
000049	2949	张小虎	井口	付立井	2007-9-19 6:57:25	综采一队

图 4-24　人员升入井详细记录

（6）矿井目标定位与跟踪功能。

系统可以查询并显示被跟踪的人员和设备在井下的实时分布和位置，如图 4-25 所示，图中包括所查询人员的基本信息及人员的实时精确位置（如图中圆点所示）。

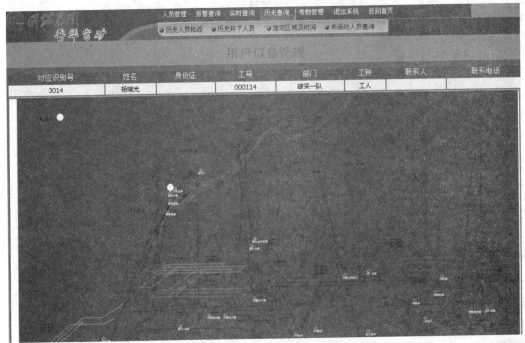

图 4-25　目标人员在井下位置的显示图

（7）其他功能。

①系统具有定时（或手动）自检功能，当阅读器或通信网桥发生故障或电子标签电源耗尽时，系统将立即以图标形式标识出发生故障的设备位置和编码。

②禁区报警功能。对于指定的禁区，如果有人员进入，系统会发出实时声音报警，并显示进入该禁区的人员信息。

③系统能实现全部报警或分类报警，且所有报警均按时间顺序保存在数据库里，每个报警记录均包括报警的时间、报警位置和类型等。

④紧急事件处理。一旦发生伤亡事故和突发事件，监控机能立即显示出事故地点的人员数量、人员信息和人员位置等。

⑤识别卡在监测区域内停留的时间超过设定值，可以启动声光报警。

4.3.2　物流运输定位与跟踪系统

应用在物流领域的射频识别定位与跟踪系统，包括邮政包裹管理系统、生产物流的自动化及过程控制系统和集装箱运输定位与跟踪系统等。

以集装箱定位与跟踪系统为例，该系统由五个部分组成，即集装箱分散式识别系统、操作平台（包括陆上操作平台和船上操作平台）、分析决策报警系统、公共监管系统，以及货主、承运人等相关操作者和管理者，如图 4-26 所示。

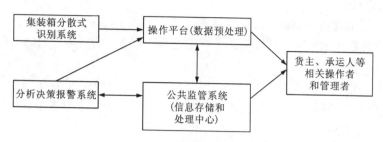

图 4-26　集装箱运输定位与跟踪系统架构

集装箱分散式识别系统由射频识别系统和数据传输网络组成。其电子标签被粘贴于集装箱表面的某个位置，分散式识别系统分布在集装箱运输经过的各个关键环节和集装箱运输船上，可识别集装箱的位置信息和状态信息并实时发送到操作平台。

操作平台主要实现以下三个功能：一是对集装箱分散式识别系统采集的数据进行分析、分类和预处理；二是根据分析决策报警系统反馈的数据进行早期风险警报；三是与公共监管系统进行信息交互，将预处理后的数据传输到公共监管系统并接受其指令完成操作。

分析决策报警系统除了需定期向公共监管系统和操作平台上报相关监控数据，遇到危急情况时还应及时记录并实时反馈到公共监管系统，接受其处理危急情况的相关指令。

公共监管系统主要实现以下三个功能：日常数据的处理功能、危机情况的处理功能及与货主、承运人等相关操作者和管理者的实时交互功能。

货主、承运人等相关操作者和管理者可以通过公共监管系统查询集装箱及货物的位置信息和状态信息，并通过平台进行操作和监管。

射频识别跟踪技术的应用，可以改变集装箱运输定位与跟踪的现状，提高集装箱运输的管理水平，保证集装箱物流运输及相关供应链的顺畅。物流运输定位与跟踪系统具备以下优势：

（1）确保物流运输的整体协调。

该系统使出口商、货运代理人、公路承运人、海关、银行和检验机构等都能够通过平台查询物流的位置信息和状态信息，并基于相同的目标，实现统一规划、协同运作，使得物流运输不再处于一个“暗箱”操作的过程，实现了供应链中上下游企业的及时沟通。

（2）操作自动化，提高工作效率。

物流运输定位与跟踪技术具有较高的自动化操作水平，可以实现货物的自动检验、扫描识别、信息更新上报和定位跟踪。

（3）实现物流的安全检测和实时监控。

一方面，物流运输跟踪不但要知道货物在哪里，还要搞清楚货物当前的状态，如是否发生霉变、是否受到污染。另一方面，针对利用集装箱运输“洋垃圾”及危险物质和有害物质的行为，必须对物流运输的货物进行实时监控和安全检测。

（4）提升系统整体决策能力。

射频识别技术相比于其他自动识别和采集技术，能够识别和传输更多、更细致的信息，便于及时掌握物流运输情况，并通过对运输定位和跟踪数据的统计分析，为物流运输决策提供依据。

(5)有效管理设备。

集装箱及其运输设备的有效管理是集装箱运输中的重要问题。通过系统的追踪管理,集装箱的整个生命流程清晰可见,进而防止了运输过程中错箱、漏箱等现象的出现。

(6)提高物流服务水平。

通过物流运输定位与跟踪系统的应用,出口商和进口商等企业能够随时查询到货物的运输情况及物理状况,及时与上下游进行协调和沟通,进而使物流服务水平和运输服务质量都得到了提高。

思考题

1. 常见的室内定位技术有哪些?其中射频识别定位技术的优缺点有哪些?

2. 射频识别系统的基本组成及工作原理是什么?

3. 简述射频识别定位与跟踪系统的分类,并阐述其各自的优缺点。

4. 阐明目前射频识别定位与跟踪系统在安全方面的主要应用。

第 5 章　安全事故调查与安全培训虚拟现实技术

PPT

学习目标：

　　了解安全管理与虚拟现实技术的关系，掌握虚拟现实技术的基础理论和关键技术，领会虚拟现实技术的基本特征及其在安全领域的应用情况；掌握安全事故调查分析的过程和基本要点，通过案例分析掌握安全事故的虚拟现实实现和可视化技术手段；理解安全虚拟培训系统的构建要求和虚拟实现过程。

学习方法：

　　在理解基本概念的基础上，通过案例分析掌握可视化和虚拟现实的方法和手段，懂得如何开展安全事故的可视化仿真反演，并掌握安全虚拟培训的方法。

5.1　虚拟现实技术基础

5.1.1　虚拟现实技术的概念

　　虚拟现实（virtual reality，VR）是一种高端人机接口通过视觉、听觉、触觉、嗅觉和味觉等多种感官通道的实时模拟和实时交互实现现实世界的虚拟化创建和虚拟世界的现实化体验的计算机系统。它充分利用计算机硬件与软件资源的集成技术，提供了一种实时的、三维的虚拟环境，使用者可以进入虚拟环境中，感受计算机创造的虚拟世界，在虚拟环境中交互操作，听到逼真的声音，有真实感，可以对话，并且能够嗅到气味。

　　虚拟现实技术是一种综合计算机图形技术、多媒体技术、传感器技术、人机交互技术、网络技术、立体显示技术以及仿真技术等多种信息技术而发展起来的计算机领域新技术。其应用领域包括军事、医学、心理学、教育、科研、商业、影视娱乐、制造业和工程培训等。虚拟现实技术是 21 世纪重要的发展学科之一，是影响人类生活、学习和工作的重要技术。

5.1.2　虚拟现实技术的发展

　　虚拟现实技术的发展历史最早可以追溯到 18 世纪，但其概念的正式提出则是在 20 世纪中期。直到 1990 年，在美国达拉斯召开的国际会议上，虚拟现实的主要技术构成基本明确，即实时三维图形生成技术、多传感器交互技术及高分辨率显示技术。总体而言，虚拟现实技术的发展可以划分为四个阶段。

　　1. 第一阶段（1963 年以前）——虚拟现实蕴含阶段

　　1929 年，Edward Link 设计出用于训练飞行员的模拟器；1956 年，Morton Heilig 开发出多通道仿真体验系统 Sensorama。有声形动态模拟是孕育虚拟现实思想的关键，科学幻想是有效促进虚拟现实思想的发展的重要因素。"科学幻想派"科学家曾提出了对虚拟现实技术的设想，他们设计的 VR 设备在外观上与今日的 VR 系统十分相似。

2. 第二阶段(1963—1972 年)——虚拟现实萌芽阶段

在这个阶段已经出现了 VR 的雏形，如"达摩克利斯之剑"，这款 VR 设备由于重量过大而不得不被悬吊在天花板上以减轻用户负载。这个阶段标志性的成果为：1965 年，Ivan Sutherland 发表论文 *Ultimate Display*（《终极的显示》）；1968 年，Ivan Sutherland 成功研制了带跟踪器的头盔式立体显示器(HMD)；1972 年，Nolan Bushell 开发出第一个交互式电子游戏"Pong"。

3. 第三阶段(1973—1989 年)——虚拟现实概念和理论初步形成阶段

1977 年，Dan Sandin 研制出数据手套"SayreGlove"；1984 年，NASA AMES 研究中心开发出用于火星探测的虚拟环境视觉显示器；1984 年，VPL 公司的 Jaron Lanier 首次提出"虚拟现实"的概念；1987 年，Jim Humphries 设计了双目全方位监视器(BOOM)最早的原型。在这个阶段，VR 开始从游戏娱乐渗透到其他应用领域，但是由于昂贵的成本、当时匮乏的软硬件资源、有限的技术和过于超前的 VR 概念，其并没有获得市场的认可。

4. 第四阶段(1990 年至今)——虚拟现实理论发展和应用阶段

1990 年，VR 技术的三大技术构成被明确；而后，VPL 公司开发出了第一套传感手套"DataGloves"和第一套 HMD"EyePhoncs"；21 世纪以来，VR 技术高速发展，软件开发系统不断完善，有代表性的如 MultiGen Vega、Open Scene Graph 和 Virtools 等。在这一阶段，虚拟现实技术及其理论进一步发展，出现了大批现代 VR 新技术与新设备，但 VR 技术至今仍未成熟。

虚拟现实技术经过多年的研究探索，于 20 世纪 80 年代末走出实验室，开始进入实用化阶段，目前已在娱乐、医疗、工程和建筑、教育和培训、军事模拟、科学以及金融可视化等方面得到了广泛应用，并取得了显著的综合效益，如图 5-1 所示。

图 5-1　虚拟现实技术

5.1.3　虚拟现实系统的关键技术

虚拟现实是多种技术的综合集成，其关键技术除实时三维图形生成技术、多传感交互技术及高分辨率技术之外，还包括计算机仿真与人工智能技术和网络并行处理与系统集成技术。

1.实时三维图形生成技术

利用计算机模型产生图形图像只需要有足够准确的模型和足够的计算时间，就可以得到不同光照条件下各种物体的精确图像，但是虚拟现实实现的关键是实时和动态。例如在飞行模拟系统中，图像的动态刷新相当重要，同时对图像质量的要求也很高，再加上非常复杂的虚拟环境，实时问题就变得相当困难。因此，实时动态虚拟环境的建立是虚拟现实技术的核心内容，如图 5-2 所示

图 5-2　虚拟环境的建立

2.多传感交互技术与智能感知

智能感知是指对人的视觉、听觉和触觉等感知能力的机器模拟，它基于多传感交互技术获取外部信息的能力和将感知信息向外传输的能力。智能感知传感技术一般是指将物理世界的信号通过摄像头、麦克风或者其他传感器的硬件设备，借助语音识别、图像识别等前沿技术，映射到数字世界，再将这些数字信息进一步提升至可认知的层次，比如记忆、理解、规划和决策等。而在这个过程中，人机界面的交互至关重要。

如用户(头、眼)的跟踪，在人造环境中，每个物体相对于系统的坐标系都有一个位置与姿态，而用户也是如此。用户看到的景象是由用户的位置和头(眼)的方向来确定的。

在传统的计算机图形技术中，视场的改变是通过鼠标或键盘来实现的，用户的视觉系统和运动感知系统是分离的，而利用头部跟踪来改变图像的视角，用户的视觉系统和运动感知系统之间就可以联系起来，感觉更逼真。同时，用户不仅可以通过双目立体视觉去认识环境，还可以通过头部运动的跟踪去观察环境。

在三维空间中有 6 个自由度，我们很难找到比较直观的办法把鼠标的平面运动映射成三维空间的任意运动。目前，已经有一些 VR 设备可以提供 6 个自由度，如 3Space 数字化仪和 SpaceBall 空间球等，以及一些性能比较优异的数据手套和数据衣。

在一个 VR 系统中，用户看到一个虚拟的杯子时，可以设法去抓住它，但是用户的手并没有真正接触杯子的感觉，并有可能穿过虚拟杯子的"表面"，而这在现实生活中是不可能存在的。解决这一问题的常用方法是在数据手套内层安装一些可以振动的触点来模拟触觉。

3.广角(宽视野)的高分辨率立体显示技术

人对周围世界可以通过视觉、听觉和触觉等多方面来实现，虚拟现实中广角立体显示技术可以模拟人的感知体系。

视觉上，由于两只眼睛的位置不同，其得到的图像略有不同，这些图像在脑子里融合起来，

就形成了一个关于周围世界的整体景象，这个景象中还包括了距离远近等信息。其中，距离信息也可以通过其他方法获得，如眼睛焦距的远近、物体大小的比较等。在 VR 系统的立体显示中，双目立体视觉起到关键作用。用户的两只眼睛看到的不同图像是分别产生的，并显示在不同的显示器上。部分 VR 系统采用单个显示器，在用户戴上特殊的眼镜后，其一只眼睛只能看到奇数帧图像，另一只眼睛只能看到偶数帧图像，奇、偶帧图像的不同即为视差，也就产生了立体感。

　　听觉上，人能够很好地判定声源的方向是靠声音的相位差及强度的差别来实现的，因为声音到达两只耳朵的时间有所不同。现实生活中，当头部转动时，其听到声音的方向就会改变。在 VR 系统中，声音的方向与用户头部的运动无关。常见的立体声效果就是靠左、右耳听到的在不同位置录制的不同声音来实现的，所以会有一种方向感。同时，语音的输入输出也很重要。它要求虚拟环境能听懂人的语言，并与人实时交互。而让计算机识别人的语音是相当困难的，因为语音信号和自然语言信号有其多边性和复杂性。例如，连续语音中词与词之间没有明显的停顿，同一词、同一字的发音受前后词、字的影响，不同人说同一词的发音不同，同一人说同一词的发音也会受到心理、生理和环境的影响而有所不同。使用人的自然语言作为计算机输入存在两个问题：首先是效率问题，为便于计算机理解，输入的语音可能会相当啰嗦；其次是正确性问题，计算机理解语音的方法是对比匹配，还不够智能。

　　4. 计算机仿真与人工智能技术

　　计算机仿真与人工智能技术是指通过定量分析方法建立某一过程或某一系统的模式来描述该过程或该系统，然后用一系列有目的、有条件的计算机仿真实验或人工智能学习来刻画系统的特征，从而得出数量指标，为决策者提供关于这一过程或系统的定量分析结果，作为决策的理论依据。计算机仿真与人工智能技术能够增加虚拟现实传感交互的真实感。

　　5. 网络并行处理与系统集成技术

　　网络并行处理是指通过网络解决计算机系统不能同时执行两个或多个处理程序的问题的一种计算方法，它可以节省计算机解决复杂问题的时间，实现虚拟现实中海量数据的及时和实时处理。一般而言，首先需要对程序进行并行化处理，即将工作各部分分配到不同处理进程(线程)中；然后集成数据结果，实现大数据的快速分析。系统集成技术包括信息的同步、模型的标定、数据的转换和管理、识别和合成等。虚拟现实系统是一个大数据级的感知信息和交互模型的综合系统。网络并行处理与系统集成技术是虚拟现实系统运行的关键。

　　一般来说，一个完整的虚拟现实系统由虚拟环境，以高性能计算机为核心的虚拟环境处理器，以头盔显示器为核心的视觉系统，以语音识别、声音合成与声音定位为核心的听觉系统，以方位跟踪器、数据手套和数据衣为主体的身体方位姿态跟踪设备，以及味觉、嗅觉、触觉与力觉反馈系统等功能单元构成。虚拟现实系统框架结构如图 5-3 所示。

　　虚拟现实系统根据其硬件规模分为台式系统、头盔式 VR 系统(在台式系统的基础上，增加了一种窗式眼睛，以生成和观测三维视图)、沉浸式 VR 系统(能实现 VR 环境中的人机交互效果)、投影式 VR 系统(增加了一种大屏幕投影机或数字显示墙，以显示 VR 三维环境)和模拟式 VR 系统(可产生更为真实的环境效果)，如图 5-4 所示。

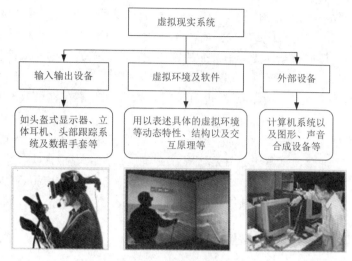

图 5-3 虚拟现实系统框架

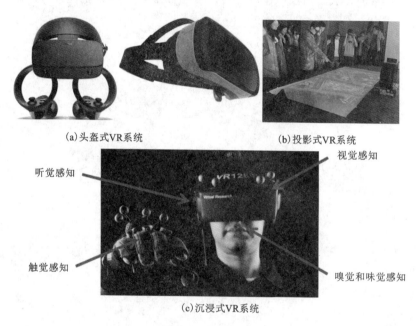

(a)头盔式VR系统   (b)投影式VR系统

(c)沉浸式VR系统

图 5-4 虚拟现实系统

5.1.4 虚拟现实技术的基本特征

虚拟现实技术具有四个基本特征,分别是沉浸感(immersion)、交互性(interactivity)、构想性(imagination)和多感知性(multi-sensory),即通常所说的"3I1M"。

沉浸感,又称临场感或存在感,指用户感到作为主角存在于模拟环境中的真实程度。理想的虚拟模拟环境应该使用户难以分辨真假,全身心地投入计算机创建的三维虚拟环境中,该环境中的一切应该看上去是真的,听上去是真的,动起来是真的,甚至闻起来、尝起来等一切感觉都是真的,如同在现实世界中的感觉一样。

交互性，指用户对模拟环境内物体的可操作程度和从环境中得到反馈的自然程度（包括实时性）。例如，用户可以用手去直接抓取模拟环境中虚拟的物体，这时手有握着东西的感觉，并可以感觉到物体的重量，视野中被抓的物体也能立刻随着手的移动而移动。

构想性，又称为自主性，强调虚拟现实技术应具有广阔的可想象空间，可拓宽人类的认知范围，不仅可再现真实存在的环境，也可以随意构想客观不存在的甚至是不可能发生的环境。

多感知性，是指除了一般计算机技术所具有的视觉感知，还有听觉感知、力觉感知、触觉感知、运动感知，甚至包括味觉感知和嗅觉感知等。理想的虚拟现实技术应该具有一切人所具有的感知功能。由于相关技术，特别是传感技术的限制，目前虚拟现实技术所具有的感知功能仅限于视觉、听觉、力觉、触觉和运动几种。

5.1.5 虚拟现实技术的应用概况

虚拟现实技术早在 20 世纪 70 年代便被应用于宇航员培训，相对而言，它是一种省钱、安全、有效的工程培训方法。目前，虚拟现实技术已被推广应用到不同领域，如计算机、工业、医疗、建筑、交通及安全领域等，如图 5-5 所示。

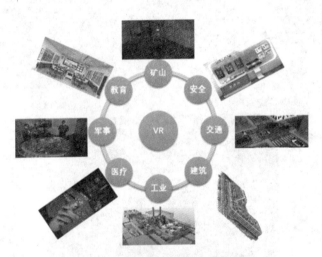

图 5-5　虚拟现实技术应用概况

其中，在安全领域，虚拟现实技术的优势愈发凸显：

第一，对工程中可能出现的危险情况进行预模拟，分析安全事故发展的态势。在实际生产系统中，引发事故的原因多种多样，针对"人-机-环"系统三要素，任何一个可能发生的随机事件都可能引发严重事故，有很强的不可预见性。利用虚拟现实技术可以事先模拟事件的发生过程及可能造成的严重后果，从而采取相应的措施进行改进，如隔离、设置安全通道、设置警示牌、改进设计或改进现场部署等。

第二，基于安全事故调查，重现事故现场，实现事故致因分析。根据现场的情况，通过虚拟现实技术对已经发生的事故进行模拟并再现事故现场，可以清楚了解事故发生的全部原因，杜绝同类事故的再次发生。

第三，开展安全虚拟培训。用虚拟现实技术让工作人员在虚拟环境中熟悉了解工作现场、工作程序及安全注意事项等。

1. 虚拟现实技术在矿山安全中的应用

目前，虚拟技术在矿山安全中的应用主要包括以下几个方面：

①进行矿山生产环境的风险评价；

②进行矿山工作人员的技术培训；

③进行安全事故调查与事故现场重现；

④进行矿井火灾和瓦斯爆炸的研究等，如图 5-6 所示。

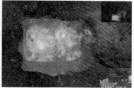

图 5-6 虚拟现实技术在矿山安全中的应用

2. 虚拟现实技术在公共安全中的应用

虚拟现实技术在反恐和紧急突发事件等公共安全领域的应用已在国外普及，如图 5-7 所示，但在我国还未被普遍推广。虚拟现实技术应用在公共安全领域中，具有明显的社会价值和经济价值，它降低了演练成本，其数字化技术提供了丰富、多变的训练内容和长期、便利的训练方法，使人们可以反复分析和评估公共安全突发事件，强化关键技能，培养了公众在危难时刻救护和自保的能力。

图 5-7 虚拟现实技术在公共安全中的应用

3. 虚拟现实技术在建筑施工安全管理中的应用

在虚拟环境中建立施工场景、结构构件及机械设备等的三维模型，形成基于建筑施工现场计算机仿真系统，系统中的虚拟模型具有动态性能，可对其进行虚拟施工，根据虚拟施工结果验证模型的正确性，并在人机交互的可视化环境中对建筑施工方案进行演示、优化和修改，找出安全隐患，制定安全防范措施，得到最优设计方案，使预防为主的标准化建筑施工安全管理体系有了实现的基础，如图 5-8 所示。

图 5-8　建筑施工过程的虚拟现实应用

4.虚拟现实技术在交通安全中的应用

交通安全仿真及评价系统模型包括运载工具系统模型数据库、地理环境及其他因素模型数据库、交通参与者行为模式数据库和交通事故解析模型的数据库等。在铁路运输中，铁路运输安全虚拟现实模拟培训系统可以对铁路运输现场作业的人员进行虚拟培训和模拟考核等，如图 5-9 所示。

图 5-9　运输安全与虚拟现实模拟培训

5.虚拟现实技术在航空安全中的应用

虚拟现实技术结合计算机多媒体技术能够使航空安全从无形指标变成有形的结果，通过置身于虚拟环境之中，人的感官可以直接接触到航空研究成果的运行效果，分析风险和隐患，并找到最为合适的解决方法，及安全人机工程（人的因素）最新最有效的手段；通过航空事故再现，发现事故链的症结所在和每个环节在事故演变过程中的作用。在航空工程训练方面，虚拟现实可以预演某种特定的航空操作，提供各种训练科目，并对任务特征和客观条件（如地形环境等）进行设计和模拟，如图 5-10 所示。

图 5-10　虚拟现实技术在航空安全中的应用

5.2　安全事故调查与虚拟实现

5.2.1　安全事故调查

1. 事故调查的基本原则

事故调查是一项比较复杂的工作，涉及因素多、影响面广，具有很强的科学性和技术性。要搞好事故调查工作，必须以实事求是和尊重科学为指导原则。

①实事求是唯物辩证法的基本要求。

第一，必须全面、彻底查清生产安全事故的原因，不得夸大事实或缩小事实，不得弄虚作假；第二，从实际出发，在查明事故原因的基础上明确事故责任；第三，提出的处理意见要实事求是，不得从主观出发，不能感情用事，要严格根据事故责任划分，按照法律、法规和国家有关规定对事故责任人提出处理意见；第四，总结事故教训、落实事故整改措施要实事求是，总结教训要准确、全面，落实整改措施要坚决、彻底。

②尊重科学是事故调查工作的客观规律要求。

生产安全事故的调查具有很强的科学性和技术性，特别是事故原因的调查，往往需要利用很多技术手段进行分析和研究。尊重科学，一是要有科学的态度，不主观臆想，不轻易下结论，防止个人意识主导，杜绝心理偏好，努力做到客观、公正；二是要特别注意充分发挥专家和技术人员的作用，将对事故原因的查明、事故责任的分析和认定建立在科学的基础上。

2. 事故调查的任务和内容

根据《生产安全事故报告和调查处理条例》的规定和事故调查处理的"四不放过"（事故原因不查清不放过、防范措施不落实不放过、职工群众未受到教育不放过和事故责任者未受到处理不放过）原则，事故调查的任务和内容主要包括以下几点。

①及时、准确地查清事故经过、事故原因和事故损失

查清事故发生的经过和原因，无论是自然原因还是人为原因，对其予以查明都是事故调查

的首要任务和内容，也是进行下一步工作的基础。事故损失是确定事故等级的依据，包括事故造成的人员伤亡和直接经济损失。调查要及时、准确，不能久查不清或者含含糊糊，似是而非。

②查明事故性质，认定事故责任

事故性质是事故责任认定的基础和前提，主要是要查明事故是人为事故还是自然事故，是意外事故还是责任事故，明确哪些人员对事故负有责任，并确定其责任类型，即直接责任或间接责任，主要责任或次要责任，以及领导责任的问题。

③总结事故教训，提出整改措施

总结事故教训，提出整改措施是事故调查的重要任务内容之一，也是最根本的目的。安全生产工作的根本方针是安全第一、预防为主和综合治理。要通过查明事故经过和事故原因，发现安全生产管理工作的漏洞，从事故中总结血的经验教训，并提出整改措施，防止今后类似事故再次发生。

④对事故责任者依法追究责任

《中华人民共和国安全生产法》明确规定，国家要建立生产安全事故责任追究制度。要结合对事故责任的认定，对事故责任人分别提出不同的处理建议，使有关责任者受到合理的处理，包括给予党纪处分、行政处分或者建议追究相应的刑事责任。这对于增强有关人员的责任意识，预防事故再次发生，具有重要意义。

3. 事故调查的步骤

事故调查是安全事故处理的关键过程，一般包括事故调查的取证、事故调查的分析和伤亡事故结案归档，其流程如图5-11所示。

事故调查取证是完成事故调查过程的重要环节，在事故发生后，需按照国家的法规标准给出的相应方法和技术手段开展事故调查取证。

事故调查取证完毕后要进行合理、科学的分析，其中，材料分析即对受害者的受伤部位、受伤性质、起因物、致害物、伤

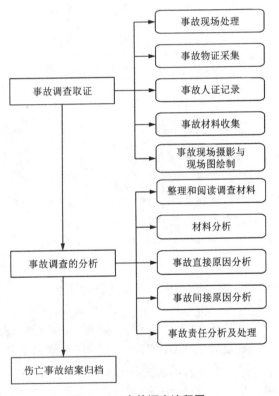

图 5-11　事故调查流程图

害方式、不安全状态、不安全行为等进行分析、讨论和确认；事故直接原因分析主要是对人的不安全行为和物的不安全状态进行分析；事故间接原因分析是对事故发生起间接作用的管理因素进行分析；事故责任分析及处理是指在查明事故的原因后，应分清事故的责任，使企业领导和职工从中吸取教训，改进工作，并根据事故后果对事故责任者提出处理意见。

伤亡事故结案归档是事故调查的最后一个环节，即对事故调查的结果进行归纳、整理和建档，有利于指导安全教育和事故预防等工作，为制定安全生产法规和制度及进行隐患整改提供重要依据。事故归档资料应包括：职工伤亡事故登记表，职工死亡、重伤事故调查报告

书及批复，现场调查记录、图纸和照片等，技术鉴定和试验报告，物证和人证材料，直接经济损失和间接经济损失材料，事故责任者的自述材料，医疗部门对伤亡人员的诊断书，发生事故时的工艺条件、操作情况和设计资料。

4. 事故原因的分析

事故原因包括直接原因和间接原因。

美国相关单位调查分析伤亡事故的原因时，通常认为事故仅当人员或物体接受到一定数量的能量或危害物质，且不能够安全地承受时才发生。这些能量或危害物质就是这起事故的直接原因。直接原因通常是一种或多种不安全行为、不安全状态或两者共同作用的结果。不安全行为和不安全状态就是间接原因，或称为事故征候。通过间接原因可追踪到管理措施及决策的缺陷，或者是人或环境的因素。

我国事故原因调查分析是依据国家标准《企业职工伤亡事故调查分析规则》(GB 6442—86)进行的。分析事故时，应从直接原因入手，逐步深入到间接原因，从而掌握事故的全部原因；再分清主次，进行责任分析。事故调查人员应集中于导致事故发生的每一个事件以及各个事件在事故发生过程中的先后顺序和事故类型。

分析事故原因时需要明确：①在事故发生之前存在什么样的不正常；②不正常的状态是在哪儿发生的；③在什么时候首先注意到不正常的状态；④不正常状态是如何发生的；⑤事故为什么会发生；⑥事故发生的可能顺序以及可能的原因(直接原因、间接原因)；⑦可选择的事故发生顺序。

事故原因分析步骤如图 5-12 所示。

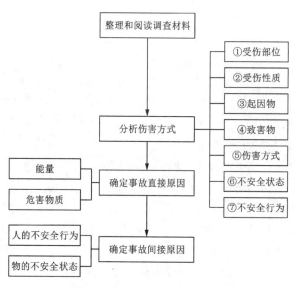

图 5-12　事故原因分析步骤

5. 事故调查报告

《生产安全事故报告和调查处理条例》第二十九条规定：事故调查组应当自事故发生之日起 60 日内提交事故调查报告；特殊情况下，经负责事故调查的人民政府批准，提交事故调查报告的期限可以适当延长，但延长的期限最长不超过 60 日。事故调查报告的主要内容包括：

①事故发生单位概况；

②事故发生经过和事故救援情况；

③事故造成的人员伤亡和直接经济损失；

④事故发生的原因和事故性质；

⑤事故责任的认定以及对事故责任者的处理建议；

⑥事故防范和整改措施。

对涉及重大责任事故、一般性责任事故、自然事故等其他类似事故性质的认定，应参照《生产安全事故报告和调查处理条例》有关规定按照程序认定。

5.2.2 安全事故调查虚拟现实技术

现实场景的虚拟实现，即可视化，是利用计算机图形学和图像处理技术将数据转换成图形或图像在屏幕上显示出来，再进行交互处理的理论、方法和技术。三维可视化则是强调场景的三维逼真效果，从三维数据的获取到最终场景的渲染展示，涉及倾斜摄影、BIM、三维激光探测（激光点云）、GIS、VR、WebGL 和3D 打印等技术。一般而言，安全事故调查虚拟现实技术的基本工作流程如图 5-13 所示。

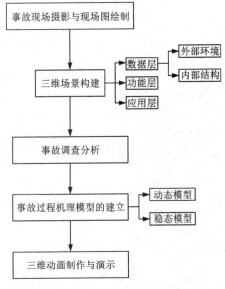

图 5-13 安全事故调查虚拟现实技术基本工作流程图

1. 事故现场摄影与现场图绘制

基于安全事故调查取证结果，采集事故现场的基本数据、事故模型和事故现场图等，为开展事故三维仿真的虚拟实现提供基本的参数。

2. 三维场景构建

三维场景构建是用虚拟现实技术手段来真实模拟客观世界的各种物质形态和空间关系等信息，在美观的同时也能更加直观地展示现实世界。为实现虚拟三维场景的可视化，一般需要从底层数据开始，到功能模型，再到交互应用层来进行构建。

数据层主要负责存储应用层和功能层所需的全部信息，包括空间关系、建筑资料、卫星地图、地质模型和高清照片等多种数据，提供外部环境和内部结构的基础数据。

功能层负责根据应用层给出的用户命令，收集并处理数据层里的数据，最后反馈给应用层，实现对漫游控制指令进行响应和视点的移动和旋转控制、寻径控制指令响应，以及用户寻路、动态模型加载和基本信息显示功能。

应用层负责实现系统与用户之间的交互，包括漫游、寻径、加载模型和信息显示等功能的交互控制。

道路与矿山等工业环境下的三维场景仿真如图 5-14 所示，其数据层包括各种地质基础数据和高清照片等；功能层实现漫游响应；应用层实现现场数据的展示和模型的动态分析，以更好地完成内部结构的空间三维显示。

图 5-14　工业环境下的三维场景图

　　生产安全事故防控与应急处置场景是一个贯穿事前和事中的安全生产场景主线,从生产安全事故防控的角度来看,生产安全事故及其可能引起的次生、衍生事故所涉及的区域均在相应的三维场景构建范围内,既可以用生产、储存、使用、经营和运输等业务环节去划分得到具体的场景,也可以从"人-机-物-法-环"的角度去梳理。此外,不同行业的生产特点各异,其相应的生产安全事故类型天差地别,这是在进行生产安全事故防控与应急处置三维场景构建过程中需要重点考虑的问题。因此,必须从业务层面进行应用层需求分析,采用专业的三维可视化软件,实现安全事故外部环境与内部结构的三维模型构建。

　　3. 事故调查分析

　　通过事故调查分析,查明事故的直接原因和间接原因,加深对事故过程机理的正确认识和剖析,有针对性地认识安全事故规律,找到事故最合适的仿真算法、模型和特效,以提升安全事故案例的虚拟仿真效果。

　　《企业职工伤亡事故调查分析规则》(GB 6442—86)规定,如表 5-1 中的行为或状态可以认定为直接原因。属于下列情况者则可以认定为间接原因:技术和设计上有缺陷,如工业构件、建筑物、机械设备、仪器仪表、工艺过程、操作方法和维修检验等方面在设计、施工和材料使用上存在问题;教育培训不够,工作人员未经培训或不懂安全操作技术知识;劳动组织不合理;对现场工作缺乏检查或指导错误;没有安全操作规程或规程不健全;没有或不认真实施事故防范措施;对事故隐患整改不力等。

　　常用的安全事故分析法有安全检查表法(SCL),预先危险性分析(PHA),故障模式影响与危害度分析(FMECA),事件树分析(ETA)和事故树分析(ATA)等。

表 5—1 事故调查直接原因分析对照表

不安全状态	防护、保险、信号等装置缺乏有缺陷		设备、设施、工具、附件有缺陷				个人防护用品用具 缺少或有缺陷
	无防护	防护不当	设计不当、结构不符合安全要求	强度不够	设备在非正常状态下运行	维修、调整不良	
	无防护罩；无安全保险装置；无报警装置；无安全标识；无护栏或护栏损坏；(电气)未接地；绝缘不良；局扇无消音系统、噪声大；危房内作业；未安装防止"跑车"的挡车器或挡车栏；其他	防护罩未在适当位置；防护装置调整不当；坑道掘进、隧道开凿支撑不当；防爆装置不当；采伐、集材作业安全距离不够；放炮作业隐蔽所有缺陷；电气装置带电部分裸露；其他	通道门遮挡视线；制动装置有欠缺；安全间距不够；拦车网有欠缺；工件有锋利毛刺、锋利边；设施上有锋利利棱；其他	机械强度不够；绝缘强度不够；起吊重物的绳索不符合安全要求；其他	设备带"病"运转；超负荷运转；其他	设备失修；地面不平；保养不当，设备失灵；其他	防护服、手套、护目镜及面罩、呼吸器官护具、听力护具、安全带、安全帽、安全鞋等缺少或有缺陷；无个人防护用品、用具；所用的防护用品、用具不符合安全要求

	生产(施工)场地环境不良						
	照明光线不良	通风不良	作业场所狭窄	生产(施工)场地杂乱 作业场地杂乱	地面滑 地面清	交通线路的配置不安全	操作工序设计或配置不安全	环境温度、湿度不当 贮存方法不安全
	照度不足；作业场地烟雾尘弥漫视线不清；光线过强	无通风；通风系统效率低；风流短路；停电停风时放炮作业；瓦斯排放未达到安全浓度放炮作业；瓦斯超限；其他		工具、制品、材料堆放不安全；采伐时，未开"安全道"；迎门树、坐殿树、搭挂树未作处理；其他	地面有油或其他液体；冰雪覆盖；地面有其他易滑物	交通线路的配置不安全	操作工序设计或配置不安全	环境温度、湿度不当 贮存方法不安全

续表5-1

不安全行为	操作错误，忽视安全，忽视警告	造成安全装置失效	使用不安全设备	手代替工具操作	冒险进入危险场所	在必须使用个人防护用品用具的作业或场合中，忽视其使用	不安全装束
	未经许可开动、关停、移动机器； 开动、关停机器时未给信号； 开关未锁紧，造成意外转动、通电或泄漏等； 忘记关闭设备； 忽视警告标志、警告信号； 操作错误（指按钮、阀门、扳手、把柄等的操作）； 奔跑作业； 供料或送料速度过快； 机械超速运转； 违章驾驶机动车； 酒后作业； 客货混载； 冲压机作业时，手伸进冲压模； 工作紧固不牢； 用压缩空气吹铁屑； 其他	拆除了安全装置； 安全装置堵塞，失掉了作用； 调整的错误造成安全装置失效； 其他	临时使用不牢固的设施； 使用无安全装置的设备； 其他	用手代替手动工具； 用手清除切屑； 不用夹具固定、用手拿工件进行机加工 物体（指成品、半成品、材料、工具、切屑和生产用品等）存放不当	冒险进入涵洞； 接近漏料处（无安全设施）； 采伐、集材、运材、装车时，未离危险区； 未经安全监察人员允许进入油罐或井中； 未"敲帮问顶"就开始作业； 冒进信号； 调车场超速上下车； 易燃易爆场合明火； 私自搭乘矿车； 在绞车道行走； 未及时瞭望 攀、坐不安全位置（如平台护栏、汽车挡板、吊车吊钩）； 在起吊物下作业、停留； 机器运转时进行加油、修理、检查、调整、焊接、清扫等工作； 有分散注意力的行为； 对易燃、易爆等危险物品处理错误	未戴护目镜或面罩； 未戴防护手套； 未穿安全鞋； 未戴安全帽； 未佩戴呼吸护具； 未佩戴安全带； 未戴工作帽； 其他	在有旋转零部件的设备旁作业穿过肥大服装； 操作带有旋转零部件的设备时戴手套； 其他

安全检查表法是依据相关的标准和规范，对工程和系统中已知的危险类别、设计缺陷以及与一般工艺设备、操作、管理有关的潜在危险性和有害性进行判别检查的方法。其适用于工程和系统的各个阶段，是系统安全工程中最基础、最简便的一种被广泛应用的系统危险性评价方法。

预先危险性分析也称初始危险分析，是安全评价的一种方法。其在每项生产活动之前，特别是在设计的开始阶段，会对系统存在的危险类别、出现条件和事故后果等进行概略的分析，尽可能评价出潜在的危险性。

故障模式影响与危害度分析是针对产品所有可能的故障，根据故障模式分析，确定每种故障模式对产品工作的影响，找出单点故障，并按故障模式的严重度及其发生概率确定其危害性的方法。所谓单点故障指的是引起产品故障，且没有冗余或替代的工作程序作为补救的局部故障。FMECA 包括故障模式与影响分析（FMEA）和危害性分析（CA）。

事故树分析法起源于故障树分析法，是安全系统工程的重要分析方法之一，它能对各种系统的危险性进行辨识和评价，不仅能分析出事故的直接原因，而且能深入地揭示事故的潜在原因。用事故树分析法描述事故的因果关系直观明了、思路清晰、逻辑性强，既可定性分析，又可定量分析。

事故树分析法是安全系统工程中常用的一种归纳推理分析方法，起源于决策树分析，是一种按事故发展的时间顺序由初始事件开始推论可能的后果，从而进行危险源辨识的方法。这种方法将系统可能发生的某种事故与导致事故发生的各种原因之间的逻辑关系用一种被称为事故树的树形图表示，通过对事故树的定性与定量分析，找出事故发生的主要原因，为确定安全对策提供可靠依据，以达到猜测与预防事故发生的目的。

通过事故调查分析，可以找到事故发生的致因过程和致因机理，从而为安全事故的可视化建模提供功能数据，建立事故过程机理模型。

4. 事故过程机理模型的建立

通过事故致因分析，探究安全事故发生的本质原因，提炼出事故过程机理，既能反演事故发生的规律性，又能为事故原因的定性和定量分析、事故的预测、预防和安全管理工作的改进提供科学完整的依据。

随着科学技术和生产方式的发展，事故发生的本质规律在不断变化，人们对事故原因的认识也在不断深入，先后已经出现了十几种具有代表性的事故致因理论和事故模型。虽然事故致因理论仍不完善，事故调查分析和预测预防方面也还没有普遍和有效的方法，但是，事故过程机理虚拟现实模型的构建必将对安全管理工作产生深远影响，如下：

①从本质上阐明事故发生的过程机理，奠定安全管理的科学理论基础，为安全管理实践指明正确的方向；

②有助于指导事故调查分析，帮助查明事故原因，预防同类事故的再次发生；

③为系统安全分析、危险性评价和安全决策提供充分的数据支撑，增强针对性，减少盲目性；

④有利于从定性的物理模型向定量的数学模型发展，为事故的定量分析和预测、预防奠定基础，真正实现安全管理的科学发展；

⑤增加安全管理的理论知识，丰富安全教育的内容，提高安全虚拟培训的水平。

常见的事故理论有海因里希因果连锁论和轨迹交叉理论等。

1)海因里希因果连锁论

海因里希因果连锁论又称为海因里希模型或多米诺骨牌理论，它阐明了导致伤亡事故的各种原因及其与事故间的关系，认为伤亡事故的发生不是一个孤立的事件，尽管事故可能在某个瞬间突然发生，实际上却是一系列事件相继发生的结果，且伤亡事故的发生和发展过程是具有一定因果关系事件的连锁发生过程，即人员伤亡的发生是事故的结果，事故的发生是由人的不安全行为和物的不安全状态造成的，人的不安全行为或物的不安全状态是由人的缺点造成的，人的缺点是由不良环境诱发的，或者是由先天的遗传因素造成的。

在该理论中，海因里希借助多米诺骨牌形象地描述了事故的因果连锁关系，如图 5-15，即事故的发生是一连串事件按一定顺序互为因果依次发生的结果。如一块骨牌倒下，将发生连锁反应，使后面的骨牌依次倒下，海因里希的 5 个骨牌分别是遗传及社会环境(M)、人的缺点(P)、人的不安全行为和物的不安全状态(H)、事故(D)、伤害(A)。

①遗传及社会环境是事故因果链上最基本的因素，是造成人的缺点的原因。

②人的缺点是由遗传及社会环境因素所造成的，是使人产生不安全行为或使物产生不安全状态的主要原因。这些缺点既包括各类不良性格，也包括缺乏安全生产知识和技能等后天不足。

③人的不安全行为或物的不安全状态是指那些曾经引起过事故，或可能引起事故的，人的行为或机械和物质的状态，它们是造成事故的直接原因。具体可见表 5-1。

④事故，即由物体、物质或放射线等对人体发生作用使之受到伤害的、出乎意料的、失去控制的事件。例如，坠落、物体打击等使人员受到伤害的事件等。

⑤伤害是直接由事故产生的财物损坏或人身伤害。

人们用多米诺骨牌来形象地描述该事故因果连锁关系。在多米诺骨牌系列中，一颗骨牌被碰倒了，将发生连锁反应，其余的几颗骨牌将相继被碰倒。如果移去连锁中的一颗骨牌，则连锁被破坏，事故过程被中止。海因里希认为，企业安全管理工作的中心就是防止人的不安全行为，消除机械的或物质的不安全状态，中断事故连锁的进程，从而避免事故的发生。

2)轨迹交叉理论

轨迹交叉理论认为在多数情况下，企业管理不善、工人缺乏教育和训练，或者机械设备缺乏维护和检修、安全装置不完备等，会导致人的不安全行为或物的不安全状态，而设备故障(或物处于不安全状态)与人失误两事件链的轨迹交叉就会构成事故。

轨迹交叉理论将事故的发生发展过程描述为：基本原因→间接原因→直接原因→事故→伤害。从事故发展运动的角度，该过程被形容为事故致因因素导致事故的运动轨迹，具体包括人的因素运动轨迹和物的因素运动轨迹。

人的因素运动轨迹，从人的不安全行为中基于生理、心理、环境和行为几个方面产生，包括：①心理、先天身心缺陷；②社会环境、企业管理上的缺陷；③后天的心理缺陷；④视、听、嗅、味、触等感官差异；⑤行为失误。

物的因素运动轨迹中，在生产过程各阶段都可能产生不安全状态，包括：①设计上的缺陷，如用材不当、强度计算错误、结构完整性差或采矿方法不适应矿床围岩性质(特指矿山安全领域)等；②制造、工艺流程上的缺陷；③维修保养上的缺陷，降低了可靠性；④使用上的缺陷；⑤作业场所环境上的缺陷。

在生产过程中，人的因素运动轨迹按①→②→③→④→⑤的方向顺序进行，物的因素运

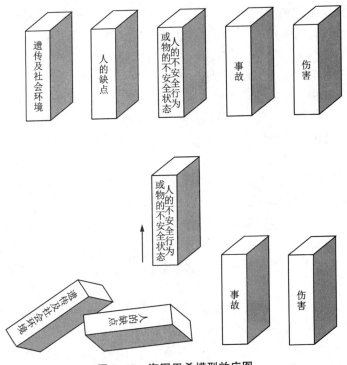

图 5-15　海因里希模型效应图

动轨迹按①→②→③→④→⑤的方向进行。人、物两轨迹相交的时间与地点，就是发生伤亡事故的"时空"，导致了事故的发生，如图 5-16 所示。轨迹交叉理论突出强调的是砍断物的事件链，提倡采用可靠性高、结构完整性强的系统和设备，大力推广保险系统、防护系统和信号系统及高度自动化和遥控装置。这样，即使人为失误，构成人的因素①→⑤系列，也会因安全闭锁等可靠性高的安全系统的作用，控制住物的因素①→⑤系列的发展，进而避免伤亡事故的发生。

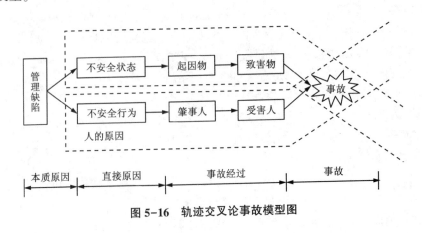

图 5-16　轨迹交叉论事故模型图

5. 三维动画制作与演示

安全事故演示动画是指通过三维动画技术还原安全事故现场的一种动画视频形式。一般安全事故无法通过视频拍摄真实再现，即使在有监控器的情况下也很难还原当时的场景，这时候可以通过三维动画制作技术来完成事故现场的虚拟模型构建和可视化，如图5-17所示。

图5-17 事故过程的三维动画制作与演示

5.2.3 安全事故案例分析与虚拟实现

1. 山东省烟台招远市曹家洼金矿"2·17"较大火灾事故案例概况

事件：较大火灾事故。

时间：2021年2月17日6时许。

企业：山东省烟台招远市曹家洼金矿（简称曹家洼金矿，如图5-18所示）。

伤亡情况：4人获救，6人死亡，直接经济损失1375.86万元。

图5-18 曹家洼金矿"2·17"较大火灾事故案例

2. 曹家洼金矿事故相关施工情况

曹家洼金矿隶属烟台招远市曹家洼矿业集团有限公司，系招远市夏甸镇镇办企业，该矿为地下开采模式，生产规模为$9.9×10^4$ t/年。矿井相关工程由温州矿山井巷工程有限公司（简称温州井巷公司）的分支机构——温州矿山井巷工程有限公司烟台招远办事处（简称温州井巷公司招远办事处）承揽。

2020年9月，曹家洼金矿拟对矿井的2号竖井、3号盲竖井和5号盲竖井进行检修作业（包括3号盲竖井罐道木更换工程）。2020年12月1日，曹家洼金矿与温州井巷公司招远办事处签订了《曹家洼金矿2号竖井、3号盲竖井、5号盲竖井检修工程施工合同》，工程范围包括曹家洼金矿 3 号盲竖井供风管路安装和二中段以上复合罐道更换。工程由温州井巷公司的中矿项目部承揽，中矿项目部项目经理组织施工队实施检修作业。

3.事故发生经过及应急处置

事故发生前，共有 10 人在井下工作。其中，中矿项目部施工队 5 人在 3 号盲竖井-470 m 以上进行罐道木更换作业。曹家洼金矿 2 名水泵工分别在-265 m 和-660 m 水泵房值守，1 名卷扬机工在 3 号盲竖井井口卷扬机房内工作，带班副总工程师和安全员在-265 m 的 3 号盲竖井井口附近值守。

2021 年 2 月 16 日 19 时 16 分，施工队对 3 号盲竖井固定罐道木的螺栓、工字钢和加固钢板进行切割作业，作业过程中产生的高温金属熔渣和残块断续掉落。

16 日 23 时 45 分后有大量高温金属熔渣和残块频繁掉落。

17 日 0 时 14 分，持续掉落到-505 m 处梯子间部位的高温金属熔渣和残块引燃玻璃钢隔板，使之着火，火势逐渐增大继而又引燃电线电缆和罐道木等可燃物，沿井筒向上燃烧并迅速蔓延至-265 m 中段 3 号盲竖井井口、附近硐室和部分运输大巷，高温烟气进入-265 m 中段巷、7 号盲斜井、-480 m 中段巷、5 号盲斜井、1 号竖井和 1 号斜井。

事故发生后，企业立即开展先期应急处置工作，并报告当地党委政府和有关部门。经全力救援，有 4 名被困人员安全升井。17 日 16 时 50 分，6 名遇难人员遗体升井，现场救援结束。

事故发生的可视化与反演过程如图 5-19 所示。

4.事故调查分析及暴露出的主要问题

事故直接原因：作业人员在拆除 3 号盲竖井内-470 m 上方钢木复合罐道的过程中，违规动火作业，气割罐道木上的螺栓及焊接在罐道梁上的工字钢和加固钢板，较长时间内产生的大量高温金属熔渣和残块等持续掉入-505 m 处的梯子间，引燃玻璃钢隔板，在烟囱效应作用下，井筒内的玻璃钢、电线电缆和罐道木等可燃物迅速燃烧，形成火灾。

事故暴露出的主要问题：

①曹家洼金矿未依法落实非煤矿山发包单位安全生产主体责任。

一是日常安全管理不到位。安全生产风险分级管控和隐患排查治理主体责任不落实，对 3 号盲竖井动火作业等级判定为"一般"，未将外来施工人员培训纳入企业统一管理，事故发生后，组织伪造培训记录。

二是外包队伍安全管理混乱。未采用邀请招标方式确定检修项目外包队伍，未按规定审查温州井巷公司的相应资质情况，事故发生后，会同温州井巷公司招远办事处，组织伪造检修项目部经理任命书和委托书。

三是工程管理不到位。未向施工队进行工程技术交底，未督促施工队制订应急预案和隐患排查治理措施。

四是动火作业管理缺失。未对井下动火作业做出规定，未办理动火作业许可证，事故发生后，组织伪造动火作业许可证。

五是矿山开采管理混乱。常年超过采矿许可证核定生产规模进行生产，未认真采取矿区边界有效封堵措施。

六是应急管理不到位。未针对井下火灾易导致有毒、有害气体进而引发的窒息等安全隐患重点进行排查和演练，火灾发生后现场人员未及时采取有效灭火措施，未佩戴使用自救防护用品。

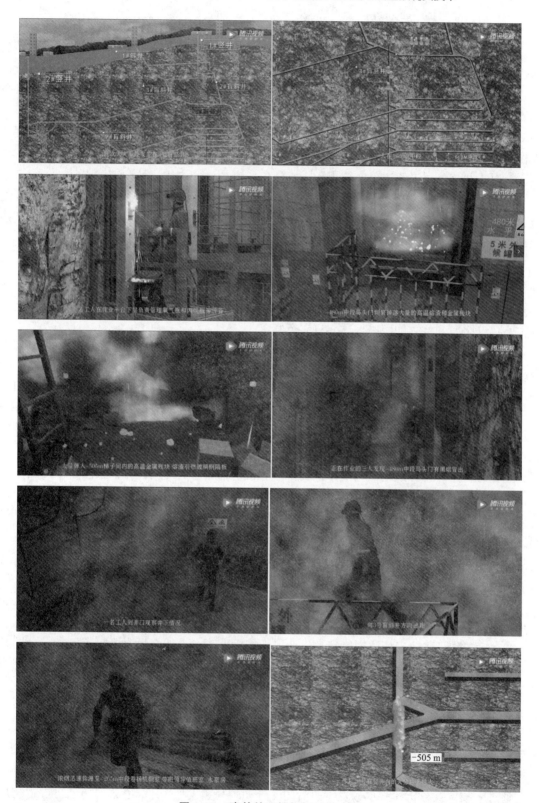

图 5-19　事故的可视化与反演过程

②施工队违规实施罐道木更换工程作业。

一是违规承揽矿山施工工程。违规借用温州井巷公司矿山工程施工资质，以温州井巷公司招远办事处的名义签订施工合同。

二是未建立安全生产管理基本制度。未配备专职安全生产管理人员和有关工程技术人员实施作业。

三是违规实施动火作业。违规使用无特种作业操作资格的人员实施动火作业，对违规动火作业引发大量高温熔渣和残块掉落导致的火灾隐患未及时采取有效措施。

③温州井巷公司未依法落实非煤矿山承包单位安全生产主体责任。

一是温州井巷公司招远办事处违规出借矿山工程施工资质，对施工队管理缺失，未督促施工队制订应急预案和隐患排查治理措施，未督促其执行带班下井制度，未发现并制止其违规动火作业行为等。

二是温州井巷工程公司对招远办事处及项目部疏于管理。以包代管，未发现并制止招远办事处违规出借资质、违规承揽工程等行为，未按规定对驻招远各项目部进行安全检查、安全教育培训及安全考核等。

④地方政府和有关部门未依法履行职责。

一是镇党委、政府未依法履行镇办企业管理职责，对曹家洼金矿安全生产工作疏于管理。

二是市应急管理局未依法履行非煤矿山安全监管职责，未认真吸取栖霞市五彩龙公司笏山金矿"1·10"爆炸事故教训，开展安全生产大排查大整治活动不深入、不细致；到曹家洼金矿进行执法检查未发现曹家洼金矿存在违法发包施工项目、动火作业管理混乱、安全教育培训不规范等问题。

三是市自然资源和规划局落实矿产资源主管部门监管责任不力，对曹家洼金矿因缩小采矿范围变更采矿许可证，未对原矿产资源开发利用方案存在的适用性问题实行闭环监管，未发现曹家洼金矿超过采矿许可证核定生产规模进行生产，以及5号盲竖井粉矿回收井、8号盲竖井现状与矿产资源开发利用方案设计不一致等问题，均未采取有效措施予以纠正。

四是市工业和信息化局履行黄金行业管理职责不力，未有效指导督促黄金行业加强安全管理。

五是市矿业秩序整顿指挥部办公室推进矿业秩序整顿工作不力，监督督促各相关部门履行矿山监管职责不到位。

六是市党委、政府未依法履行安全生产属地监管职责，未认真吸取栖霞市五彩龙公司笏山金矿"1·10"爆炸事故教训，落实上级党委、政府关于非煤矿山安全生产监管工作的部署和要求不力，开展安全生产大排查大整治活动不深入、不细致。

5. 事故调查责任认定及处理情况

经事故调查认定，本次事故是一起企业违规动火作业引发的较大生产安全责任事故，故依规依纪依法对27名相关责任人员追责问责。

6. 虚拟现实实现

通过事故调查分析建立事故发生前后的三维动画视频模型，针对事故现场进行可视化反演，获得了最终效果图，如图5-20所示。

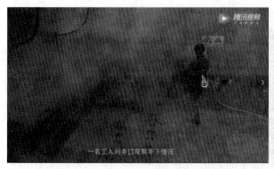

图 5-20　可视化与反演效果图

5.3　安全培训虚拟现实应用

5.3.1　安全虚拟培训系统构成

虚拟培训是指利用虚拟现实技术生成实时三维虚拟环境, 让学员使用 VR 设备并通过相应环境的各种感官刺激进入其中, 基于多传感交互技术来驾驭环境、操作工具和对象, 进而达到相关技能培训和知识储备提升的目的。

安全虚拟培训系统构成如下。

1. 三维场景模型输出

虚拟现实系统根据需要提供不同三维场景的输出和构建, 并能够与相关软件实现格式文件的共享, 如图 5-21 所示。输出类型众多的三维场景格式文件, 如 OSG、3DS、3DXML、VRML、OBJ、FBX 和 Collada(＊.dae)等。除输出多种三维模型文件之外, 还允许用户导出可交互的三维模型 PDF 文件, 该文件可以通过 PDF 阅读器打开。也支持网页浏览器数据导出, 其可以在 Web 浏览器(如 Google Chrome、IE、Safari 等)直接打开并浏览, 无须使用任何第三方插件。同时, 还支持自定义分辨率的效果渲染图输出和视频录制, 并能即时输出相应的图片(＊.JEP、＊.TIF、＊.BMP、＊.PNG 等)或视频文件(＊.AVI、＊.MPEG 等), 也可以根据项目需要编辑输出相应的可执行文件(＊.EXE), 用于项目应用。

2. 环境特效仿真模块

虚拟现实系统为了更好地表现环境特征, 还需要运用参数化场景环境仿真工具, 在完成三维场景创建的基础上, 进一步仿真虚拟现实世界的自然环境, 如背景、灯光、雨、雾、雪、烟、火、镜像、爆炸和动态水面等特效, 并实现环境特效仿真与三维场景的高度融合, 如图 5-22 所示。

3. 实时交互模块

系统内置实时交互模块, 支持漫游、飞行、行走、驾驶和六自由度轨迹球等交互模式, 同时还配置了虚拟外设接口模块, 用户可以实时接入各种交互设备用于场景交互, 如图 5-23 所示, 包括六自由度光学位置跟踪交互系统(OptiTrack、ART 等)、六自由度交互球、驾驶方向盘、操纵杆、数据手套和力反馈器等经典交互设备。用户可借助沉浸式立体视觉, 利用不同的交互设备和交互模式置身于虚拟世界中, 实现与虚拟场景实时的人机交互。

图 5-21　采矿工艺流程三维场景模型图

(a)巷道火灾效果　　　　　(b)光照效果　　　　　(c)三维云效果

(d)海洋及水面特效　　　　　　　(e)矿山井下采场特效

(f)雨　　　　　　　(g)雪　　　　　　　(h)雾

图 5-22　环境特效仿真效果

(a)六自由度轨迹球　　　　　　(b)操作平台　　　　　　(c)驾驶方向盘

(d)数据手套　　　　　　(e)力反馈器　　　　　　(f)漫游操纵杆

(g)六自由度光学位置跟踪交互系统

图 5-23　不同的交互设备图

4.沉浸式显示与多通道集群渲染同步显示

系统内置基于三维视锥的沉浸式显示模块,支持各种显示模式和沉浸式虚拟现实显示系统,如图 5-24 所示。包括沉浸式柱面立体投影系统、HoloSpace、PowerWalls、Stereoscopic Walls、zSpace、3D TVs、HTC Vive HMD、Oculus Rift HMD、主动或被动立体投影显示、多通道集群同步显示、360°全景显示和球面显示系统等。

其中,多通道集群渲染同步显示支持 C/S 架构下的多机动态互联和协同交互显示,支持多通道 3D 视锥定义和多通道图像拼接定义,支持 Gen-Lock、Fram-Lock 等"多通道图像帧"的同步渲染显示,可为超大场景的渲染和超高分辨的三维图形显示提供完美的解决方案,如图 5-25 所示。

图 5-24　沉浸式渲染效果图

图 5-25　基于 PC-Cluster 架构的多机多通道集群渲染

5. 场景编辑器模块

　　三维场景虚拟现实仿真系统还包含有功能强大的三维模型编辑工具。用户可快速、直观地进行三维场景的创建和模型编辑，该模块的功能包括第三方 CAD 模型导入、场景构建、模型编辑、纹理编辑、灯光处理、相机编辑、坐标定义、动画设计和渲染等，如图 5-26 所示。

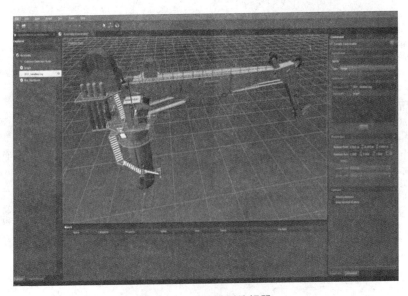

图 5-26　三维模型编辑器

此外,场景编辑器模块还包括动态纹理生成技术。用户可为虚拟场景中的某一特定"节点"实时加载动态视频并保存,如在电视模型的屏幕上加载动态广告视频或虚拟监控视频等,实现虚拟场景的动静结合,有效提高虚拟环境的真实感。

6. 三维音效仿真模块

系统支持三维音效处理和播放。用户可以利用"场景数据管理工具",根据需要任意配置三维音源"位置"和音源文件,并对关联节点进行绑定、保存和修改,也可以建立三维音效数据库和不同的音源配置文件,根据场景配置需要实时调用相应的音源文件并播放。系统将根据视点的位置和距离的远近自动匹配关联的音效和音量大小。该三维音效配置过程无须任何编程步骤和代码过程。

7. 动态相机编辑系统

通过系统内置的动态相机编辑系统,可实现三维仿真视点的位置、姿态、数量和相机参数的定义和控制,并在相机与仿真场景中同步跟随。用户可根据需要在不同的位置快速部署并保存多个三维相机。针对保存后的不同视点,用户可以通过点击鼠标快速进行视角切换和视点复位,也可根据需要设置三维相机参数,如水平张角、视锥顶点坐标、纵横比例和相机姿态等。

同时,用户可通过设置多个相机视角之间的关联关系,对同一场景进行多角度同步监控,并将其应用于屏幕阵列拼接和精密场景监视等方面。被定义设置的视点可以是第一人称视点,也可以是第三人称视点,每个不同视点都可以作为一个独立的视窗进行全屏显示,也可以画中画的方式作为一个辅助窗口布局于整个屏幕的某一个位置。

8. 资源库

系统提供丰富的虚拟现实三维场景数据库(包括三角面或多边形三维模型和映射纹理贴图等),其中的场景模型均按照虚拟现实三维模型构建的技术要求进行了科学的整合和节点从属关系分类,用户可根据项目要求,直接获取并驱动这些场景模型,如图 5-27 所示的虚拟装备资源图等。

图 5-27　虚拟装备资源图

5.3.2　安全培训虚拟现实应用案例

以矿山安全虚拟培训为例,参考长沙迪迈数码科技股份有限公司的实际工程案例,进行安全培训虚拟现实的应用分析。矿山安全虚拟培训系统构建如图 5-28 所示。

1. 硬件平台的建设

在搭建硬件平台时,可以根据虚拟现实培训的具体要求安排不同的部署方式和硬件条件,

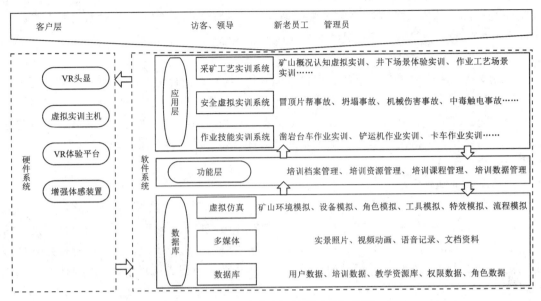

图 5-28　矿山安全虚拟培训系统架构图

但是整体上均可以采用 360°环屏沉浸式投影系统，利用多功能网络化多媒体演示平台来播放矿山安全事故发生过程，以及预设营救活动的三维立体动画，其主要由以下五个部分组成。

①系统规模。根据安全虚拟培训平台建设的规模要求，在场地高达 4 m 的空间高度下，由场地面积的不同可以分级建设虚拟实训室、VR 安全体验馆和 VR 安全警示教育基地，建设布局如图 5-29 所示。

其中，面积 30~60 m² 的场地适合矿山学员集中体验式培训，虚拟实训室可以实现的一人操作多人体验的矿山 VR 事故体验（可定制 VR 事故）、单人实操实训和矿山井下隐患排查等教学项目。

面积 60~100 m² 的场地可建设集矿山安全文化和安全理念于一体，展示矿山安全生产形象，适合多人体验培训的 VR 安全体验馆，除可以实现矿山 VR 事故体验、单人实操实训和矿山井下隐患排查等教学项目之外，还包括矿山 VR 事故体验区、矿山井下隐患排查互动区、模拟井下消防灭火区、井下现场急救体验区、井下安全标志识别区、矿山互动抢答体验区、劳动防护用品知识体验区和动态电子沙盘演示区等体验区域。

面积 200 m² 的场地适合建设 VR 安全警示教育基地，包括矿山 VR 培训教室、矿山 VR 实操实训大厅、矿山 VR 安全体验馆、矿山安全文化馆、矿山技能大师体验馆等，以及矿山 VR 事故体验和矿山井下实操实训系统、矿山井下隐患排查系统、矿山井下自救互救逃生演练系统等体验系统。

②播放单元。播放单元一般由 6~8 台 3D 高清投影仪、10~15 台环绕立体音响和 360°环幕以及用于单个操作者的多台（套）VR 头盔套装组成，屏幕支持 1080P 全彩色高清画面，矿山工作者可以在环幕中体验到真实的工作场景。

③控制单元。控制单元由 1~2 台服务器和 6~8 台工作站集群及视频转换装置组成，其立体图像是实时生成的。工作站均采用较高端配置，但具体操作还需根据企业实际情况来确定，一般建议采购略高配置的工作站和服务器以确保图像数据的顺畅处理。在服务器和工作

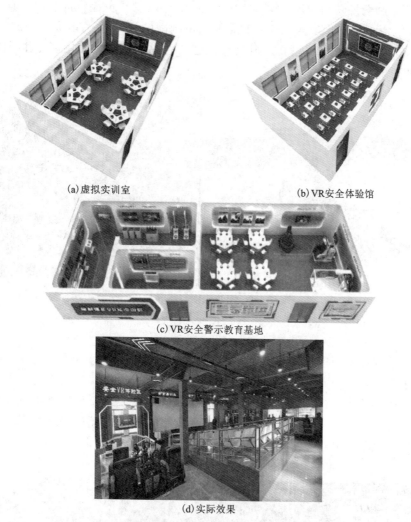

(a)虚拟实训室　　　　　　　　　　　(b)VR安全体验馆

(c)VR安全警示教育基地

(d)实际效果

图5-29　场馆建设的空间部署虚拟效果与实际效果图

站的共同作业下，视频数据和音频数据将会被传输到播放单元中。该模块的功能主要通过VR虚拟实训主机进行控制。

④网络单元。网络单元被看成是连接控制单元与播放单元的桥梁，其作用和意义与我们平时用的网络宽带是相同的，但其对数据传输速率的要求更高。一般至少采用千兆级高性能视频网络和数据网络才能保证工作站、服务器以及各种硬件设备间的高速通信。

⑤交互设备。交互设备一般采用 iPod、iPad 以及控制器等多种终端设备。iPod 主要是培训者答题终端；iPad 和控制器主要作为三维场景的控制器，供培训师控制视角、场景漫游和装备的操作使用。

2.软件平台与系统建设

相比硬件平台，软件平台更加丰富。它主要包括三维模型和场景动画构建、生产工艺虚拟实训、危险源识别培训、安全事故仿真模拟培训、应急演练培训和设备操作虚拟实训等功能模块，以及基于企业需求建立的虚拟实训管理系统。

①三维模型和场景动画构建模块。在虚拟环境中，既要尽可能保证画面的有效性，实现模型的最大程度优化，确保实时渲染；又需要保证画面的真实感，提高虚拟场景的真实性。因此，可以采用线贴图对模型进行处理以保证较强的立体感，同时使用灯光和阴影加强三维空间效应，如图5-30所示。

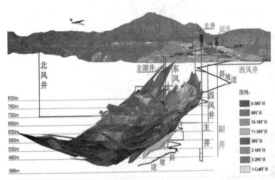
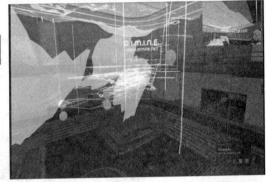

图5-30　三维模型与场景构建

②生产工艺虚拟实训模块。采矿生产工艺虚拟实训系统是为使企业员工及参观人员在下井前熟悉矿山安全生产服务的，主要是展示矿山生产的场景，使其了解矿山生产的工艺技术和工艺流程，并根据企业生产需求选择相关的培训内容，主要包括矿山基本概况、矿山地质情况、采矿方法、矿山生产系统(矿山八大系统)和矿山生产工艺流程(开拓、凿岩、爆破、铲装、运输、提升)等。其中，凿岩作业工艺虚拟场景如图5-31所示。

图5-31　矿山生产工艺虚拟场景

③危险源识别培训模块。根据《矿山安全生产标准化管理体系》及《金属非金属矿山安全生产标准化管理体系》(根据要求定制)，危险源识别培训模块可以模拟出与真实环境相同条件下的危险源征兆，比如瓦斯、粉尘、运输、主扇、压风、排水、供电、有毒有害气体以及水、火等。通过将井下常见的安全隐患做成动画和图片，放在井下作业场景中，再现真实井下工作中涉及的尽可能多的危险事故发生过程，揭示诱发事故发生的因素。培训者可以按照自己所掌握的安全知识对系统所提出的提问进行作答，答案由考评管理系统进行考核，并在纠正答错问题之后，对全部问题进行真实事故演示，包括诱发原因、事故发生过程、原因分析以及事故所造成的严重后果等，并在最后演示危险征兆出现后工作人员正确处理问题的方式，

进一步提升矿山井下一线人员的危险源识别和安全隐患排查能力，如图 5-32 所示。

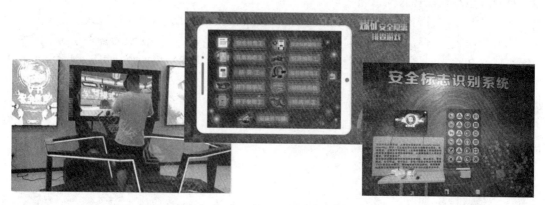

图 5-32　危险源识别培训模块

④事故仿真模拟培训模块。该模块以矿山企业近年来的典型事故为蓝本，通过 VR 技术还原事故发生和发展的过程，使观看者在沉浸式的虚拟环境中感受事故带来的巨大伤害，系统结合三维场景模拟、特效和语音等多种系统方式分析事故原因、事故责任追究落实情况、事故预防及应急救援措施和灾害应急处置措施等。该模块可以模拟分析出各种类型事故的发生原因，从危险征兆的出现，到事故的发生，再到事故的发展过程及其导致的后果，这一系列完整的过程都能被虚拟再现出来。事故仿真模拟培训是一种很强的交互式培训模式，它能够在很大程度上增强工作人员对各种事故原因的了解，提高其风险识别意识和对危险征兆的敏感度，从而不断加深其对事故发生全过程的认识。矿山事故 VR 体验效果图如图 5-33 所示。

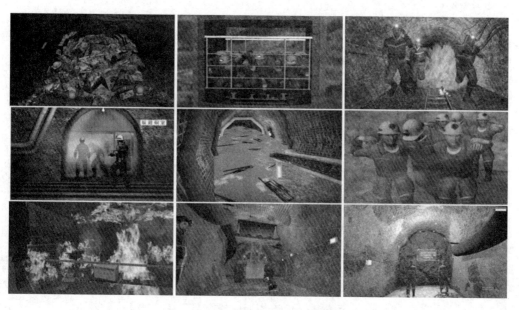

图 5-33　矿山事故 VR 体验效果图

⑤应急演练培训模块。该模块主要包括自救逃生培训和事故营救演练培训两个部分的内容。自救逃生培训模块是根据每种事故类型和以往典型事故发生时的状况，对可能存在和已经存在的逃生线路进行场景设计，真实再现常见事故发生时的虚拟仿真环境，并通过人机交互方式使工作人员沉浸式面对不同的危险，以及在逃生过程中可能遇到的各种情况，促使他们做出选择和交互式操作。事故营救演练培训是针对各种可能发生的事故以及事故发生后工作人员所采取的应急处置方案进行分析设计，根据矿山具体要求制订出多种不同的处置方案，并根据每一种方案进行场景和设备的建模及动画制作以及系统交互的开发制作，展示每一种具体营救行动最有效、简单、快速的营救步骤，以及在营救过程中可能遇到的各种突发状况及其处理方式，如图 5-34 所示。

图 5-34　应急演练培训模块常见场景图

⑥设备操作虚拟实训模块。该模块主要服务于生产部设备科岗位的设备操作培训。通过虚拟实训，员工可以体验高度还原的井下生产仿真场景，熟悉岗位工作内容。它可以统一、规范、科学地培训学员进行机械操作及车辆驾驶，弥补现场培训容易遗漏知识点、场景单一和无法认识潜在安全风险等不足。该系统的功能实现是基于各类设备实体操作台的开发，包含设备仿真、作业环境仿真、结构认知、点检训练、作业训练、行驶训练、行驶任务考核、作业任务考核、简约化触控、教师端实训管理和实体操作台控制等，使学员能充分感受实物操作过程。矿山生产工艺所需的大型移动式设备较多，设备操作虚拟实训内容主要是针对采矿环节的生产设备，包括铲运机和凿岩台车等。如凿岩台车虚拟实训通常是按照企业要求量身定制的，设计布局、尺寸比例和操作方式基本与真实设备一样，设计的虚拟实训涵盖了结构认知、设备检查、行驶训练、凿岩训练、凿岩考核和炮孔部署等功能模块，如图 5-35 所示。其虚拟操作过程效果如图 5-36 所示。

图 5-35　设备虚拟认知与培训平台

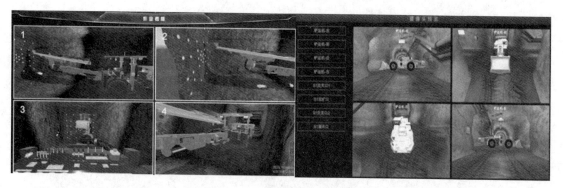

图 5-36 设备虚拟操作过程效果图

⑦虚拟实训管理系统。安全培训作为矿山生产保障的重要一环，是数字矿山建设的重要组成部分。安全培训的记录、成绩的汇总等数据应与矿山管理体系融为一体，这需要所有的培训资料、培训考核、课程管理数据等都集中到一个管理信息平台。因此，该系统的创建应基于 B/S 模式，方便知识点维护、共享、更新和扩展，支持用户数据管理及相关统计，并能记录和分析职工任务完成情况，建立在线考核模块和后台管理程序，以及方便用户信息库的维护。虚拟实训管理系统的最终考核内容就是整个培训内容，包括危险源的识别、事故方针模拟、自救逃生和事故营救演习等模块中的重点内容和任务，虚拟实训考核通过的标准是能够答出正确的操作流程和处理方式。虚拟实训管理系统结构如图 5-37 所示。

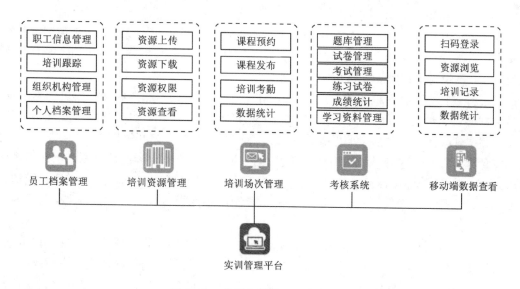

图 5-37 虚拟实训管理系统结构图

3. 矿山安全培训虚拟现实应用案例

1）金川镍矿 VR 体验系统

以典型的矿山事故案例为蓝本，金川集团股份有限公司龙首矿以虚拟现实技术为手段，联合长沙迪迈数码科技股份有限公司，创新安全培训模式，实现了"VR 安全事故警示教育系统"上线，使职工可以身临其境地完成安全培训。具体安全虚拟培训系统如图 5-38 所示。

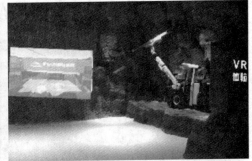

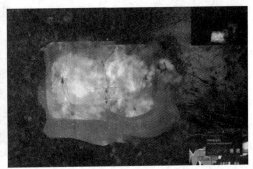

图 5-38　金川镍矿安全虚拟培训系统

②凡口铅锌矿安全生产虚拟实训中心

中金岭南凡口铅锌矿安全生产虚拟实训中心由迪迈科技承建，包括安全集训区、设备虚拟实训区和安全 VR 体验区三大板块，内容涵盖下井安全培训、生产认知培训、矿山事故警示教育、井下设备虚拟实训和虚拟实训管理系统等。

该平台以安全虚拟培训为核心，以矿山操作岗位、检修岗位、现场管理人员和临时参观人员为主要培训对象，开展下井虚拟实训与安全须知教育，包括入井前准备、安全防护劳保用品穿戴、自救器使用方法、乘坐罐笼注意事项、井下行走安全注意事项、井下安全信号辨识和应急处置方案等内容；和矿山生产工艺虚拟仿真，包括地质资源信息系统、开拓系统、通风系统、压风系统、排水系统、供电系统、提升运输系统、充填系统、采矿方法建模仿真，以及新型采选设备三维模型构建、选矿工艺和智能矿山建设等内容。如图 5-39 和图 5-40所示。

通过虚拟仿真与实体模拟器的结合，体验者能在一个虚拟的驾驶环境中感受到接近真实效果的设备操作体验，进行生产设备操作岗位的培训，帮助不同岗位的司机及设备操作工人了解岗位职责，熟悉所操作设备的组成与结构，掌握正确的使用及维护方法，掌握设备点检，并对培训效果进行实时考核，如图 5-41 所示。

此外，系统以凡口铅锌矿近年来的重大及以上事故为蓝本，通过虚拟现实技术还原事故发生和发展的过程，使观看者在沉浸式的虚拟环境中感受冒顶片帮、机械伤害和触电伤害等事故带来的巨大伤害。该系统内容包括：分析事故原因、认定事故责任并追究其落实情况、事故预测、预防和灾害应急处置措施等。矿山安全事故虚拟反演效果图如图 5-42 所示。

图 5-39　下井虚拟实训与安全须知教育

图 5-40　矿山生产工艺虚拟仿真效果图

图 5-41　设备运行虚拟实训图

图 5-42 矿山安全事故虚拟反演效果图

思考题

1. 什么是虚拟现实？其技术系统构成与特征是什么？
2. 虚拟现实的关键技术有哪些？
3. 安全事故调查的基本流程与任务是什么？
4. 安全调查的基本原则有哪些？
5. 安全事故虚拟实现的基本步骤是什么？
6. 虚拟现实在安全培训中的主要内容有哪些？
7. 讨论分析虚拟现实技术在安全专业中的应用和技术发展。

第6章　安全双控管理信息系统

学习目标：

了解风险与隐患、风险点与危险源之间的联系及特征，理解安全双控的概念和安全双控机制的内涵，掌握风险分级管控与隐患排查治理的概念与基本流程，明确安全双控管理信息系统的架构及设计，熟悉掌握安全双控管理信息系统的应用方法。

PPT

学习方法：

在理解安全双控管理体系原理的基础上，对安全管理信息系统的构建进行归纳总结，理论联系实际，了解安全双控管理信息系统的开发设计过程并熟练应用。

安全双控，即风险分级管控与隐患排查治理，是为防范生产安全事故而构筑的两道防线。《中共中央国务院关于推进安全生产领域改革发展的意见》要求企业着力构建安全风险分级管控和隐患排查治理双重预防性工作机制(简称安全双控机制)，以遏制重特大事故的发生。构建安全双控机制，是党中央、国务院抓好安全生产工作的顶层设计，也是安全生产监管部门工作的出发点和落脚点，实现安全风险有效管控是安全双控机制建设的终极目标，落地运行是实现安全风险有效管控的关键。

安全双控机制建设能否取得最终成效，信息化建设是先导和关键。推行信息化建设是落实国家安全生产要求的重要举措、实现安全生产管理标准化的重要载体和提升安全监管效能的重要保证。要通过积极探索现代信息技术在安全生产风险分级管控和隐患排查治理中的应用，依托先进的安全管理信息系统，助力安全生产与安全双控，把风险控制在隐患形成之前，把隐患消灭在事故前面，坚决杜绝生产安全事故发生，促进安全形势稳定向好，才能实现本质安全。因此，依托信息平台完成构建安全双控机制工作，提升安全监管水平，势在必行。

6.1　安全双控机制

在安全双控机制中，"风险点"指明安全管理的关注点。风险点所包含的"危险源"指明安全管理的细节，可以解决"想不到"的问题；以风险点、危险源为核心进行风险分级管控，并实行管控责任划分，可以解决"管不到"的问题；以风险点、危险源为核心进行隐患分级排查、分级治理，可以解决"治不到"的问题。总体而言，安全双控机制是一种全员、全过程、全方位的综合风险管控治理体系。

构建安全双控机制，是落实党中央、国务院关于建立风险管控和隐患排查治理预防机制的重大决策部署。安全双控机制建设是安全生产的主体责任，是主要负责人的重要职责之一，是安全管理的重要内容，是企业自我约束、自我纠正和自我提高以预防事故发生的根本途径。安全双控的根本目的是要实现事故的双重预防性工作机制，该机制是"基于风险"的过程安全管理理念的具体实践，是实现事故"纵深防御"、"关口前移"和"源头治理"的有效手段。前者需要在政府引导下由企业落实主体责任，后者需要在企业落实主体责任的基础上由政府进行督导、监管和执法。二者是上下承接关系，前者是源头，是预防事故的第一道防线，后者是预防事故的末端治理。因此，必须对易发重特大事故的行业领域采取风险分级管控、隐患排查治理双重预防性工作机制，推动安全生产关口前移，加强应急救援工作，最大限度地减少人员伤亡和财产损失。

6.1.1　安全双控建设目标与工作框架

风险是发生不幸事件的概率。隐患是在某个条件、事物以及事件中存在的不稳定且能影响个人或者他人安全利益的因素。所有可能引发事故的情形都可以被认作隐患，隐患可划分为一般隐患和重大隐患。

风险分级管控和隐患排查治理是相互关联、互为支撑的关系。风险分级管控体系具有前瞻、预控、全过程管控、全时段管控和主动性参与等基本特征，隐患排查治理体系具有排查、治理、生产过程管控、定时管控、被动性参与等基本特征两者的对比如表 6-1 所示。因此，安全双控机制的落地运行，可以将风险分级管控融入生产经营各项管理的全过程，将隐患排查治理融入生产管理的全过程。

表 6-1　风险分级管控体系与隐患排查治理体系基本特征对比

序号	风险分级管控		隐患排查治理	
	特征	方法	特征	方法
1	前瞻	危险源辨识、评价	排查	隐患排查
2	预控	制订风险管控措施并分级	治理	隐患分级治理、专业治理
3	全过程管控	贯穿生产经营各项管理的全过程(立项、设计、建设、生产、停运、采购、供应、销售)	生产过程管控	贯穿生产管理的全过程(计划、组织、指挥、协调、控制)
4	全时段管控	融入各项活动的三同时	定时管控	公司月检、部门巡检、车间周检、班组日检、岗位班检
5	主动性参与	自我管控	被动性参与	复查验收

安全双控机制建设的目标是由事后处理向事前预防转变，由临时措施向长效机制转变。风险与隐患、风险分级管控与隐患排查治理之间的关系如图 6-1 所示。风险是危险源的属性，危险源是风险的载体。按照危险源的存在状态，可分为现实型危险源与潜在型危险源两种类型，隐患属于现实型危险源。针对生产系统中的潜在型危险源，需对其进行风险辨识，然后进行风险评价、分级与防范，落实风险分级管控工作；当系统中的潜在型危险源转化为现实型危险源，并在安全检查或排查中被发现时，即表示排查出了隐患，此时需要及时整改治理，才能避免事故发生。

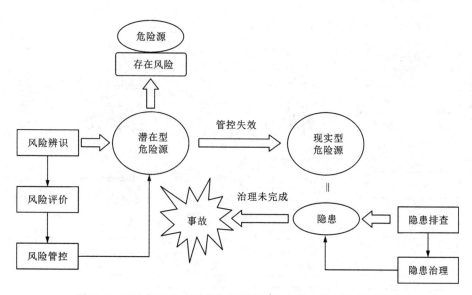

图 6-1　风险与隐患、风险分级管控与隐患排查治理的辩证关系

基于现代安全风险管理思想，安全双控机制强调事故预防，其重点就是在事故发生前建立两道防线。如图 6-2 所示，第一道是针对风险，将存在的风险辨识出来并采取相应的措施进行管控；第二道是针对隐患，通过隐患排查治理工作将失效、弱化、缺失的风险管控措施排查出来并及时治理，及时掐灭事故的苗头。

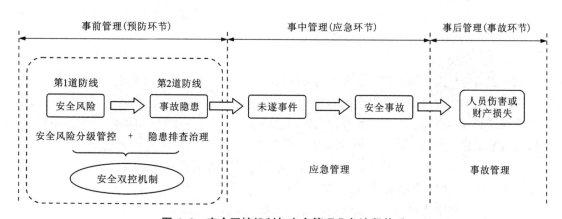

图 6-2　安全双控机制与安全管理业务流程关系

风险分级管控和隐患排查治理双体系是安全双控管理的两个核心环节，其基本理念是运用 PDCA 模式与过程方法，结合安全双控机制及风险与隐患的辩证关系，建立企业安全双控管理体系，其主要业务流程如图 6-3 所示。该安全双控管理体系能系统地进行风险点排查、风险评价与管控、隐患分级排查与治理，并对其进行过程控制，做到持续改进。其中，安全风险分级管控体系是事故隐患排查治理体系的基础。风险分级管控辨识的风险点、危险源就是隐患排查的对象，通过隐患排查还能够发现新的风险点和危险源，进而对系统风险点和危险源的信息进行补充和完善。

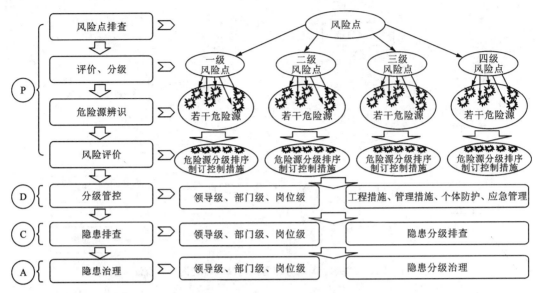

图 6-3   安全双控管理体系主要业务流程

6.1.2   安全风险分级管控

风险分级管控是指按照不同风险级别和所需管控资源、管控能力、管控措施复杂及难易程度等因素而确定不同管控层级的风险管控方式。管控的基本原则是风险越大，管控级别越高；上级负责管控的风险，下级必须负责管控，并逐级落实具体措施。

1. 风险点排查

风险点是指伴随风险的部位、设施、场所和区域，以及在特定部位、设施、场所和区域实施的伴随风险的作业过程，或以上两者的组合。如危险化学品罐区、液氨站、煤气炉、木材仓库和制冷装置是风险点，在罐区进行的倒罐作业、防火区域内进行的动火作业、高温液态金属的运输过程等也是风险点。风险点有时亦称为风险源。

作为危险源辨识的基本单元，即确定的风险点，其划分应当遵循"大小适中、便于分类、功能独立、易于管理、范围清晰"的原则。即：

①从利于管控的角度出发，包含的内容不宜过大，也不宜过小；

②需要具有相对的独立性，如一套装置、一项活动等；

③至少应包含一类能量或危险有害物质；

④其风险应是企业需要管控的；

⑤低风险的活动或设备、装置、区域等可忽略，如办公活动或电脑等；

⑥同类别的设备、装置是否一并识别，不能一概而论地"合并同类项"；

⑦如同一区域的车床(机加工设备)，不同区域、不同型号的压力容器，应考虑不同的位置、类型、危险程度等。

对于相对特殊的行业而言，如煤矿企业，应该对每一项工艺特点或工序进一步细分，为危险源辨识确定合适的范围。在按单元划分的风险点排查过程中，每个风险点可按各层级所管辖的区域，以区域内活动、过程及所包含的设施设备为内容对排查单元再进行细分，形成相对独立的模块单元，如图 6-4 所示。

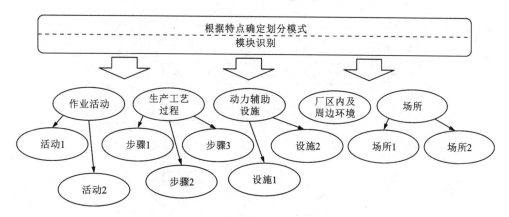

图 6-4 风险点模块识别示意图

企业应当对排查出的风险点实施台账管理，台账信息应包括风险点名称、排查人员、位置、风险类别、风险点范围以及可能发生的事故类型等。剖析风险点里每项工作任务所需要的作业步骤，应便于查找和辨识每个工作步骤中可能存在的危险源。

2. 危险源辨识

危险源是指可能导致人身伤害和(或)健康损害和(或)财产损失的根源、状态和行为，及它们的组合。其中，"根源"是指具有能量或产生、释放能量的物理实体或有害物质，如运转着的机械、易燃液体、爆炸品、噪声源或粉尘源等。"状态"是指不良物的状态和环境的状态等。"行为"是指决策人员、管理人员、从业人员的决策行为、管理行为、作业行为。

危险源辨识工作一般包括范围的确定、方法的选择和活动的开展环节。危险源辨识应对工作危害分析的生产场所以及区域进行确认，同时进行工序的划分，还要对每个工序进行工作内容分析，从而确定存在的危害类型，分析"人-机-环"等方面导致危害发生的途径及原因，整理出企业危险源辨识清单。

1)危险源辨识工作要求：

①对企业内的各个生产单位进行专业培训和指导；

②尽可能自下而上地开展；

③需具有必要的准备，如有关安全法律法规、标准规范、事故案例等的资料收集和学习；

④工作表格等工具的准备等；

⑤案例引导；

⑥及时对成果进行确认、指导、调整。

2)危险源分类

危险源包括第一类危险源和第二类危险源，如图 6-5 所示。

(1)第一类危险源。第一类危险源包括产生、供给能量的装置、设备(如供电设备、隧道窑、压力容器等)；使人体或物体具有较高势能的装置、设备、场所(如人员高处作业、吊装

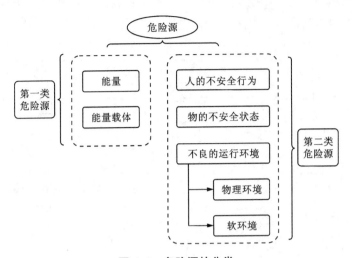

图 6-5　危险源的分类

物等）；能量载体（如压缩气体、运转的皮带、运转的球磨机等）；一旦失控，可能产生巨大能量的装置、设备、场所（如煤气发生炉等）；有毒、有害、易燃、易爆等危险物质（如煤气、液氨、煤焦油等）。

（2）第二类危险源。第二类危险源包括人的因素或失误、物的因素或故障、环境因素或作业条件、管理因素或管理缺陷。在识别第二类危险源前，可先判定第一类危险源可能导致的后果。如煤气发生炉设备内在维修或检修，当进入该密闭空间时，可能导致煤气中毒，则第一类危险源为"煤气"，后果是"煤气中毒"；第二类危险源是导致煤气中毒的人的不安全行为或物的不安全状态进而可识别出以下第二类危险源：吹扫不彻底造成一氧化碳含量超标；未携带一氧化碳和氧气监测装置；进入作业前未按要求进行有毒气体监测；监测装置未校准或失准，未能准确监测有害气体含量等。

3）危险源辨识范围

危险源辨识的范围应覆盖常规和非常规活动、所有进入工作场所的人员（包括承包方人员和访问者）的活动、生产场所周边环境的影响、在本单位工作场所产生的危险源对相邻单位及人员的不利影响、基础设施、设备和材料、组织及其活动、材料的变更或计划的变更、工作区域、过程、装置、机器和（或）设备、操作程序以及人的能力的适应性等。

4）危险源辨识方法

如图 6-6 所示，危险源辨识有多种方法可供选择，包括工作危害分析法（JHA）、安全检查表法（SCL）、危险与可操作性分析法（HAZOP）、事故树分析法（ATA）、事件树分析法（ETA）、失效模式与影响分析法（FMEA）、获取外部信息法、询问交谈法、查阅相关记录法和现场观察法等。对于大多数企业而言，通常使用工作危害分析法（JHA）和安全检查表法（SCL）来辨识危险源。

（1）工作危害分析法

该方法是将一项作业活动分解成几个步骤，识别整个作业活动及每一步骤中的危险源（危险有害因素）的一种方法，即对工作过程逐步剖析，发现具有危险的工作环节并进行控制

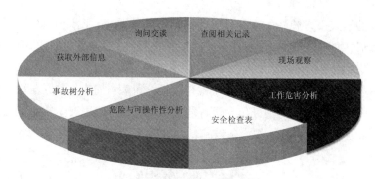

图6-6　危险源辨识部分方法

及预防,对辨识危害因素以及作业活动中存在的风险十分有效。在使用这种方法进行辨识的过程中,一般会用到作业活动清单以及工作危害分析(JHA)评价表,如表6-2、表6-3所示。以生产工艺过程为主线进行危险源辨识,可选用工作危害分析法(JHA)进行控制和预防。

表6-2　作业活动清单

序号	岗位/地点	作业活动	活动频率	备注

注:活动频率是指频繁进行、特定时间进行、定期进行。

表6-3　工作危害分析(JHA)评价表

工作任务:		区域/工艺过程:		分析人员:		日期:		编号:		
序号	工作步骤	危害因素或潜在事件（人、物、作业、环境、管理）	主要后果	现有安全控制措施	可能性 L	严惩性 S	风险 R	风险等级	建议/增加控制措施

(2)安全检查表法

该方法是将一系列项目列出检查表进行分析,以确定系统、场所的状态是否符合安全要求,通过检查发现系统中存在的事故隐患,提出改进措施的一种方法。检查项目可以包括场地、周边环境、设施、设备、操作、管理等各方面。

安全检查表应列举需查明的所有能导致工伤或事故的不安全状态或行为。为了使检查表在内容上能结合实际、突出重点、简明易行、符合安全要求,应依据以下四个方面进行编制:

①有关标准、规程、规范及规定;

②事故案例和行业经验;

③通过系统分析,确定的危险部位及防范措施;

④研究成果。

安全检查表的格式没有统一的规定，可以依据不同的要求，设计不同需要的安全检查表。原则上应条目清晰、内容全面，要求详细、具体。另外，可以根据不同的职责范围、岗位、工作性质，制定不同类型的安全检查表，设计不同的表格。

这种方法一般涉及设备实施清单和安全检查分析评价表，如表6-4、表6-5所示。以动力辅助设施和厂区内及周边环境为基础单元进行危险源辨识，可选用安全检查表分析法。在统计过程中注意相同或类似性能、功能的设备设施是否可以合并，但不同设施要确保不能遗漏。

表6-4　设备设施清单

序号	设备名称	类别/位号	所在部位	备注

表6-5　安全检查分析评价表

单位：			区域/ 工艺过程：			装置/设备/设施：		
分析人员：			日期：			编号：		
序号	检查项目	标准	产生偏差的主要后果	现有安全控制措施	可能性 L	严惩性 S	风险 R	风险等级	建议改进控制措施
审核人：		审核日期：		审定人：			审定日期：		

编制安全检查表和对待其他事物一样，都有一个处理问题的程序。

①系统功能的分解。一般工程系统都比较复杂，难以直接编制总的安全检查表。我们可按系统工程观点对系统进行功能分解，建立功能结构图。这样既可以显示各构成要素、部件、组件、子系统与总系统之间的关系，又可以通过各构成要素的不安全状态之间的有机组合求得总系统的检查表。

②人、机、物、管理和环境因素。车间中的人、机、物、管理和环境都是生产系统的子系统。从安全的观点出发，不只是考虑"人-机"系统，而应该是"人-机-物-管-环"系统。

③潜在危险因素的探求。一个复杂的或新的系统，人们一时难以认识其潜在的危险因素和不安全状态，对于这类系统可以采用类似"黑箱法"的原理探求，即首先设想系统可能存在哪些危险及其潜在部分，并推论其事故发生过程和概率，然后逐步将危险因素具体化，最后寻求处理危险的方法。通过分析不仅可以发现其潜在的危险因素，而且可以掌握事故发生的机理和规律。

3. 风险评价与分级

在上述风险点排查和危险源辨识环节结束后，企业应参考相关法律法规并组织专业人员对各种潜在风险进行评价，进而确定各风险等级，落实分级管控流程。

常见的风险评价方法主要有危险指数评价法、须先危险分析方法、故障假设分析方法、故障假设分析/检查表分析方法、危险与可操作性研究、故障模式与影响分析、故障树分析、事件树分析、作业条件危险性评价法和风险矩阵评价法等。其中，作业条件危险性评价法和风险矩阵评价法等较简易的风险评价方法是较常用的方法。

通过定性或定量的方法把风险等级从高到低，依次划分为重大风险（极其危险和高度危险）、较大风险（显著危险）、一般风险（轻度危险）和低风险（稍有危险）四个等级，根据风险评价的分级结果，绘制安全风险空间分布图，并确定风险分级管控清单。现阶段企业所用的风险评价法基本将风险划分为五级，从风险管理的理念进行考虑，常规情况下可将一、二级的风险判定为重大风险范围。

1）风险矩阵评价法

风险矩阵方法给出了两个变量，分别为表示该危险源潜在后果的可能性（L）和严重性（S）。而风险（R）是指生产安全事故或健康损害事件发生的可能性和严重性的组合，即

$$R = L \times S \tag{6-1}$$

根据实际经验方法给出了两个自变量的各种不同情况的分数值，采取根据情况对所评价的对象进行"打分"的办法，将 L 与 S 相乘，计算出其危险性分数值，再按危险性分数值划分危险程度等级表，查出其危险程度。这是一种简单易行的评价作业条件危险性的方法。确定危害事件发生的严重程度、可能性和风险度的标准如表6-6、表6-7和表6-8所示。

表6-6 确定危害事件发生的严重程度（S）

等级	人员伤害情况	一次事故直接经济损失	法律法规符合性	环境破坏	声誉影响
1	一般无损伤	5000元以下	完全符合	基本无影响	本岗位或作业点
2	1~2人轻伤	5000元及以上，1万元以下	不符合公司规章制度要求	设备、设施周围受影响	没有造成公众影响
3	1~2人重伤 3~6人轻伤	1万元及以上，10万元以下	不符合公司程序要求	作业点范围内受影响	引起省级媒体报道，一定范围内造成公众影响
4	1~2人死亡 3~6人重伤或严重职业病	10万元及以上，100万元以下	潜在不符合法律法规要求	造成作业区域内环境破坏	引起国家主流媒体报道
5	3人及以上死亡 7人及以上重伤	100万元及以上	违法	造成周边环境破坏	引起国际主流媒体报道

注：a）严重程度的确定应充分考虑风险点的相关风险类型和程度；b）对照表从人员伤害情况、财产损失、法律法规符合性、环境破坏和对声誉影响五个方面对后果的严重程度进行评价取值，取五项得分最高的分值作为其最终的 S 值，S 值的确定应与风险点的风险类型和风险程度相适应。

表 6-7 确定危害事件发生的可能性(L)

赋值	偏差发生频率	安全检查	操作规程	员工胜任程度（意识、技能、经验）	控制措施（监控、联锁、报警、应急措施）
5	每次作业或每月发生	无检查（作业）标准或不按标准检查（作业）	无操作规程或从不执行操作规程	不胜任（无上岗资格证、无任何培训、无操作技能）	无任何监控措施或有措施从未投用；无应急措施
4	每季度都有发生	检查（作业）标准不全或很少按标准检查（作业）	操作规程不全或很少执行操作规程	不够胜任（有上岗资格证，但没有接受有效培训，操作技能差）	有监控措施但不能满足控制要求，措施部分投用或有时投用；有应急措施但不完善或没演练
3	每年都有发生	发生变更后检查（作业）标准未及时修订或多数时候不按标准检查（作业）	发生变更后未及时修订操作规程或多数操作不执行操作规程	一般胜任（有上岗资格证，接受培训，但经验、技能不足，曾多次出错）	监控措施能满足控制要求，但经常被停用或发生变更后不能及时恢复；有应急措施但未根据变更及时修订或作业人员不清楚
2	每年都有发生或曾经发生过	标准完善但偶尔不按标准检查（作业）	操作规程齐全但偶尔不执行	胜任（有上岗资格证，接受有效培训，经验丰富，技能较好，但偶尔出错）	监控措施能满足控制要求，但供电、联锁偶尔失电或误动作；有应急措施但每年只演练1次
1	从未发生过	标准完善、按标准进行检查（作业）	操作规程齐全，严格执行并有记录	高度胜任（有上岗资格证，接受有效培训，经验丰富，技能好，安全意识强）	监控措施能满足控制要求，供电、联锁从未失电或误动作；有应急措施，每年至少演练2次

注：a)确定事件发生的可能性的判定，主要依据第二类危险源确定。b)判定可能性，要从固有风险、现实风险两个角度判定。固有风险是指危险源客观存在的，一旦发生事故将造成严重后果的属性。现实风险是指实际控制状态下，该危险源导致事故后果及可能性的组合。示例：皮带轮无防护罩导致人员机械伤害。可能性是指在没有防护罩的情况下，发生事故的可能性。c)对照上表从偏差发生频率、安全检查、操作规程、员工胜任程度、控制措施五个方面对危害事件发生的可能性进行评价取值，取五项得分最高的分值作为其最终的 L 值。

表 6-8 确定风险度(R)

可能性 L ＼ 严重性 S	1	2	3	4	5
1	1	2	3	4	5
2	2	4	6	8	10
3	3	6	9	12	15
4	4	8	12	16	20
5	5	10	15	20	25

注：根据 R 值的大小将风险级别分为以下五级：$R=L\times S=17\sim25$，关键风险（一级），需要立即停止作业；$R=L\times S=13\sim16$，高度风险（二级），需要消减的风险；$R=L\times S=8\sim12$，较大风险（三级），需要特别控制的风险；$R=L\times S=4\sim7$，一般风险（四级），需要关注的风险；$R=L\times S=1\sim3$，低风险（五级），可接受或可容许风险。

2）作业条件危险性评价法

作业条件危险性评价法是对具有潜在危险性的作业环境中的危险源进行半定量的安全评价方法，主要用于评价操作人员在具有潜在危险性环境中作业时的危险性、危害性。

将作业条件的危险性作为因变量(D），事故或危险事件发生的可能性(L）、暴露于危险环境中的频繁程度(E）及危险严重程度(C）作为自变量，可确定它们之间的关系为

$$D = L \times E \times C \tag{6-2}$$

风险分值 D 值越大，说明该系统危险性越大，需要增加安全措施，或改变发生事故的可能性，或降低人体暴露于危险环境中的频繁程度，或减轻事故损失，直至调整到允许范围内。

根据实际经验给出三个自变量的各种不同情况的分数值，采取根据情况对所评价的对象进行打分的办法，然后根据公式计算出其危险性分数值，再按危险性分数值划分危险程度等级表，查出其危险程度。这是一种简单易行的评价作业条件危险性的方法。具体标准如表 6-9 和表 6-10 所示。

表 6-9　发生事故的可能性大小(L）、暴露于危险环境中的频繁程度(E）和产生的后果(C）

L 分数值	事故发生的可能性 L	E 分数值	暴露于危险环境的频繁程度 E	C 分数值	发生事故产生的后果 C
10	完全可以预料	10	连续暴露	100	大灾难，许多人死亡
6	相当可能	6	每天工作时间内暴露	40	灾难，数人死亡
3	可能，但不经常	3	每周 1 次，或偶然暴露	15	非常严重，一人死亡
1	可能性小，完全意外	2	每月 1 次暴露	7	严重，重伤
0.5	很不可能，可以设想	1	每年几次暴露	3	重大，致残
0.2	极不可能	0.5	非常罕见地暴露	1	引人注目，需要救护
0.1	实际不可能				

表 6-10　作业条件危险性分值(D）

D 值	危险程度
>320	（一级、红色）极其危险，不能继续作业
160~320	（二级、红色）高度危险，要立即整改
70~160	（三级、橙色）显著危险，需要整改
20~70	（四级、黄色）轻度危险，需要注意
<20	（五级、蓝色）稍有危险，可以接受

4. 风险管控措施确定

针对危险源辨识和风险评价情况，确定了风险等级后，根据不同的风险等级对每一处风险制订科学的风险管控措施。按照风险管控措施定期进行检查，校验管控措施是否失效，确保风险处于可控状态。风险管控措施的方式如表 6-11 所示。

①对于不可容许的风险，必须立即采取措施；

②对于可以承受的风险，可以不必采取措施；

③对于较低程度的风险，尽可能降低风险，企业在不违法的前提下，可通过经济可行性分析，再根据企业自身的经济实力来确定是否有必要控制以及采取何种控制方法。

表 6-11　风险管控措施方式

风险水平	管控措施
低风险（稍有危险）	无须采取措施且不必保持记录
一般风险（轻度危险）	无须另外的控制措施，需监测来确保控制措施的有效性
较大风险（显著危险）	努力降低风险，但要符合成本，即有效性原则
重大风险（高度危险）	紧急行动降低风险
重大风险（极其危险）	只有当风险已经降低时，才能开始或继续工作，为降低风险不限成本，若以无限资源投入亦不能降低风险，必须禁止工作

风险管控措施的制订应从工程技术措施、管理措施、个体防护措施、应急措施等方面进行选择，如图 6-7 所示。安全风险管控措施应按以下顺序考虑降低风险：

①消除，彻底消除危害。

②替代，用更安全的产品替换。

③工程技术控制措施，使用技术和设备控制。

④管理控制措施，采用作业程序和过程控制。

⑤个体防护装备，即最后的防护手段。

⑥应急处置，事故应急。

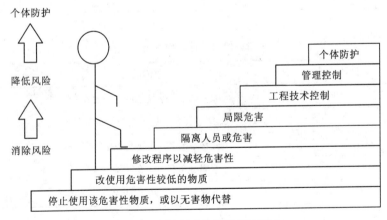

图 6-7　降低风险的管控措施顺序

5. 风险公告警示

（1）风险公告。

将安全风险辨识结果进行单位内部公示，公布本单位的主要风险点、风险类别、风险等级、风险类别、管控措施和应急措施，让每一位员工都掌握安全风险的基本情况及防范、应急措施。

（2）风险警示。

在醒目位置和重点作业区域分别设置安全风险公告栏，制作岗位安全风险告知卡，标明主要危害因素、后果、事故预防及应急措施、报告方式等，作业区域标识应急撤退路线，设置明显警示标识和应急器材。

6.1.3 事故隐患排查治理

隐患是风险演变成事故的中间环节，是在风险管控措施失效后出现的。风险管控措施一旦落实不到位，就容易形成隐患，隐患不及时治理，就容易酿成事故。因此，做好隐患排查治理工作，是有效防止事故发生的最有效的一道防线。

隐患排查是指单位组织安全生产管理人员、工程技术人员和其他相关人员，对本单位的事故隐患进行排查，并对排查出的事故隐患按照事故隐患等级进行登记，建立事故隐患信息档案的工作过程。隐患排查治理工作通常包括隐患排查、隐患登记、隐患评估、隐患报告、隐患监控、隐患治理和隐患销号等环节的全过程和闭环管理。为了加强对事故隐患的排查、统计、分析、治理等工作，并逐步掌握隐患的发生规律，企业需建立隐患排查治理闭环体系，实现企业隐患闭环管理。事故隐患排查治理与安全风险分级管控之间的关系如图6-8所示。

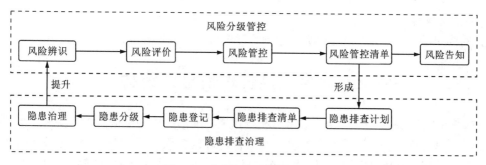

图6-8 企业安全双控闭环体系

1. 隐患排查

及时排查因风险管控措施失效或弱化而形成的隐患，根据隐患排查清单，具体制订隐患排查工作计划。隐患排查工作具体由各层级组织实施，排查组织形式包括日常隐患排查、综合性隐患排查和其他隐患排查。

（1）日常隐患排查。

根据隐患排查清单中的内容和要求，重点对风险管控措施是否落实到位，以及关键作业、关键设备的危险或危害进行日常定期排查。

（2）综合性隐患排查。

由各专业共同参与安全生产方面的全面排查，主要从制度、管理现场作业和设施设备等方面定期开展。

（3）其他隐患排查。

根据不同时期的工作重点，有针对性地开展对某一方面专项工作的全面排查，如防台防汛、防寒防冻、重点时期排查、大型活动或法定节假日检查、事故事件发生后排查等。

2. 隐患治理

根据隐患的大小与类别，结合隐患治理"五落实"（落实责任、措施、资金、时限和预案落实）原则，制订并实施专门的治理方案。针对排查出的每项隐患，治理责任部门和主要责任人应明确。隐患治理部门应进行必要的原因分析，落实相应的临时性防范措施，制订具体治理计划与周期，并按计划整治推进。对排查出的重大事故隐患，应当及时向应急管理部门报告。

（1）隐患登记。

隐患登记包括日常隐患登记和安全大检查、集团公司检查、省局检查登记等。

（2）隐患分配。

安监员针对已登记的隐患，提出整改意见、整改措施并将其分配到责任部门，再由责任部门分配给指定责任人。

（3）隐患整改。

责任部门或责任人对需整改隐患落实整改。

（4）隐患复核。

隐患整改完成后责任部门向安监处申请复核。

（5）隐患销号。

针对申请复核的隐患，复核通过后将该隐患销号关闭。

（6）隐患统计。

针对隐患的不同影响因子、类别、影响程度进行分等级划分统计。

6.2　安全双控管理信息系统构建

安全管理信息系统是一个由人和计算机等组成的能够提供安全信息以支持一个组织机构内部的安全作业、管理、分析和决策职能的综合管理信息系统。它利用计算机软件和硬件，基于分析、计划、控制和决策模型，利用数据库对安全信息进行收集、传输、加工、保存、维护、管理和使用。安全管理信息系统是一个安全信息处理系统。安全双控管理信息系统，本质上就是安全管理信息系统的一个具体分支与应用。

安全双控管理信息系统可对企业的风险进行管理控制，要做好隐患排查治理的工作，结合大数据、云计算和移动互联网等信息化前沿技术，建立隐患排查治理知识库，创建企业安全风险管控云平台，开发事故隐患排查治理终端系统。安全双控管理信息系统是优化安全管理、巩固安全生产标准化达标成果的业务管理系统。该系统可实现各级用户之间安全信息的实时传递与共享，由上级用户对下级用户的工作进行监督和规范，进一步优化安全管理流程，通过系统的工作流指向来落实各级职责。同时，通过将各类安全记录数据进行整合，本单位及下属单位的整体安全生产情况可以更直观地被了解。

6.2.1　系统开发原则与总体架构

安全双控管理信息系统的开发是一项面向安全管理的应用软件工程。为了使开发工作顺利进行，使开发出来的系统达到实用可靠、高效先进的目的，应遵循如下原则。

1. 实用原则

系统必须满足用户管理上的要求，既保证系统功能的正确性，又使之方便实用，这需要友好的用户界面、灵活的功能调度、简便的操作和完善的系统维护措施。为此，系统的开发必须采用成熟、先进的技术，认真细致地进行功能和数据的分析，力求为用户提供良好的使用环境与充足的信心保证。

2. 系统原则

安全双控管理信息系统是组织内部进行安全信息综合管理的软件系统，具有整体性、综合性、层次结构性和目的性。它的整体功能是由许多子功能有序组合而成的，与管理活动和组织职能相互联系、相互协调。系统各子系统处理的数据既独立又相互关联，构成了一个完整而又共享的数据体系。因此，在开发过程中，必须注重其功能和数据上的整体性和系统性，这就是系统的原则。

3. 规范原则

安全双控管理信息系统的开发是一项复杂的应用软件工程，应该按照软件工程的理论、方法和规范去组织和实施。无论采用的是哪一种开发方法，都必须注重软件开发工具的运用、文档资料的整理、阶段性的评审，以及项目的管理。

4. 逐步完善原则

安全双控管理信息系统的建立不可能一开始就十分完善和先进，总是要经历一个逐步完善、逐步发展的过程。事实上，管理人员对系统的认识在不断地加深，安全双控管理工作对信息需求和处理手段的要求越来越高，设备更新换代和人才培养都需要一个过程。贪大求全、试图一步到位不仅违反客观发展规律，还会使系统研制的周期过于漫长，影响信心，增大风险。

安全双控管理信息系统的需求分为业务需求、用户需求以及功能需求三个部分。

1）安全双控管理信息系统的业务需求

①达到强化企业的安全风险预控的目的；

②达到强化企业的隐患排查治理的目的；

③达到促使企业的安全质量达标的目的。

2）安全双控管理信息系统的用户需求

①系统从不同权限的角度考虑，对用户进行若干分类；

②界面简洁、美观、大方，界面人机交互性友好，功能名称浅显易懂，功能操作简单便捷；

③系统的安全性能应满足要求。

3）安全双控管理信息系统的功能需求

①该系统应该涵盖企业安全双控机制相应评分标准的所有内容；

②能够根据实际情况中存在的问题进行风险评价、隐患记录，实现结果的自动打分、数据汇总及结果输出等功能，以提高安全双控管理工作的效率；

③实现对企业安全双控管理工作结果的数据可视化分析功能，确保发现的问题能够得到

及时、迅速、有效的解决，为企业安全管理人员的决策提供技术支撑。

安全双控管理信息系统建设的目标是构建一套基于大数据、"互联网+"、云计算、物联网、VR 和 3S 等信息技术的安全风险分级管控和事故隐患排查治理管理信息系统，实现企业安全生产、安全检查、风险预控以及隐患排查治理的信息化、自动化和智能化。

安全双控管理信息系统主要包括移动端和 PC 端两个部分，系统按照面向对象的思路进行设计，结合大数据、云计算、物联网、VR 以及 3S 等技术，实现基于 B/S+C/S 模式的、用 SpringMVC 架构的安全双控管理信息系统，系统部署在私有云中，为各级用户提供安全风险分级管控和与隐患排查治理相关的云计算与云存储服务，实现各级用户风险分级管控和隐患排查治理管理。

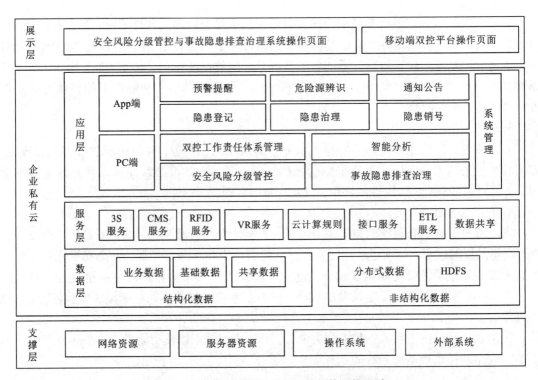

图 6-9　安全双控管理信息系统总体架构设计

安全双控管理信息系统总体架构设计如图 6-9 所示。其中，展示层主要为各级、各端用户提供系统访问和操作页面，将系统请求的反馈结果展示给用户。应用层、服务层以及数据层都在企业私有云端，应用层提供云端应用，根据展示层发送的请求选择具体的应用，向服务层调用对应的服务；服务层为系统应用提供 3S 服务、CMS 服务、RFID 服务、VR 服务、云计算规则、接口服务、数据共享以及 ETL 服务，经过不同的服务模型处理，向数据层请求数据，最终将处理结果反馈给展示层；数据层则分为结构化数据和非结构化数据，结构化数据就是对系统所必需的业务数据、基础数据和共享数据进行存储和维护，非结构化数据主要存储分布式数据，利用分布式文件系统进行相关文件的管理。支撑层则是为整个系统运行提供网络资源、服务器资源、操作系统，同时提供外部系统，这些系统与安全双控管理信息系统实现接口对接，完成数据交互。

6.2.2 系统网络设计

1.计算机网络的概念

将分布在不同地理位置上的具有独立功能的多台计算机、终端及附属设备,用通信媒体连接起来,按照网络协议相互通信,以共享硬件、软件和数据资源为目的构建的系统均称为网络。

计算机网络是计算机的一个群体,是由多台计算机组成的。计算机通过一定的通信媒体互联在一起,计算机间的互联是指它们彼此之间能够交换信息。网络上的设备包括微机、小型机、大型机、终端、打印机、绘图仪和光盘驱动器等,用户可以通过网络共享设备资源和信息资源。网络处理的电子信息除了一般文字数据外,还可以包括声音和视频信息。

最简单的网络就是将两台计算机连接起来,共享文件和共享连接到两台计算机上的打印机、绘图仪和扫描仪等外部设备,而复杂的网络则把全世界范围的计算机连在一起。

2.计算机网络的类型

按网络范围和计算机之间互联的距离划分,可将网络分为广域网和局域网。

广域网(WAN)涉及的范围较大。例如,一个城市、一个国家或全球范围内建立的网络都是广域网。

局域网(LAN)的范围一般在 10 km 以内,属于一个部门或单位组建的小范围网。例如,一个建筑物内、一个学校内或一个单位内等建立的网络都是局域网。

按用户存取和共享信息的方式划分,可将网络分为对等式网络和客户机/服务器网络。

1)对等式网络

网络资源以平等方式分配在各个计算机上的网络称为对等式网络。在这种网络中,每台计算机都可以向其他计算机提供共享资源,也可以共享其他计算机的资源,如图 6-10 所示。

2)客户机/服务器网络

网络资源集中在某台计算机上的组网方式称为客户机/服务器网络。为网络中的其他计算机提供资源共享的计算机就是服务器,服务器向网络上的客户机提供硬盘、光盘驱动器和打印机等共享资源,而其他计算机称为客户机,作为客户机的计算机是独立的计算机,但本身可以没有打印机等外部设备,甚至可以没有硬盘,这就是所谓的无盘机,如图 6-11 所示。

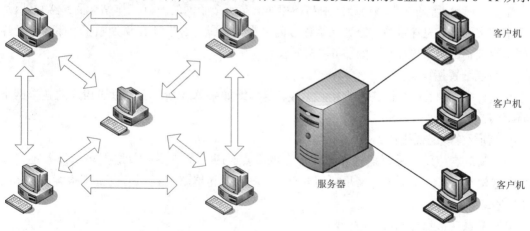

图 6-10 对等式网络   图 6-11 客户机/服务器网络

客户机/服务器网络和对等式网络相比,具有很明显的优点。第一,它有助于使系统配置的规模缩小化;第二,由于它是由服务器完成主要的数据处理任务的,有利于减少服务器和客户机之间的网络传输量;第三,客户机/服务器网络把数据都集中了起来,这种结构能提供更严密的安全保护功能,有助于数据的保护和恢复。

3. 计算机局域网拓扑类型

计算机局域网拓扑类型包括:星型配置拓扑类型、星型/环型配置拓扑类型、总线配置拓扑类型和星型/总线配置拓扑类型。

1) 星型配置拓扑类型

星型配置拓扑类型局域网的每个工作站都直接和集线器(Hub)相连,所以一个工作站断线不会使整个网络瘫痪,而只影响这根线连接的工作站,对网络设备的添加、移动和改变也都很容易完成。由于每条传输线都是从服务器发散开来的,用户可以连接多个集线器,这意味着网络的扩展将很容易完成。当一个工作站发送了信息时,网上所有的其他工作站都可以收到这些信息,其是一种广播式的通信方法,如图 6-12 所示。

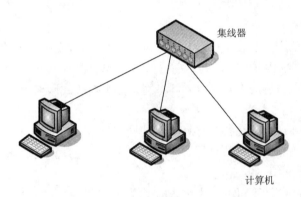

图 6-12　星型配置拓扑类型示意图

2) 星型/环型配置拓扑类型

星型/环型配置拓扑类型局域网中和环相连的是一个子网的所有工作站、服务器和外设。该类型的主要优点是速度快,但其网络连接的可靠性较差,如果环在某处断了,那么环上连接的所有设备都将失去作用,如图 6-13 所示。

3) 总线配置拓扑类型

在这种配置中,每个设备都直接和总线相连,即如果总线断了,由总线相连的整个网络都将瘫痪,如图 6-14 所示。

4) 星形/总线配置拓扑类型

该配置综合应用了星型配置和总线配置的特点,用一条或多条总线把多组设备连接起来,而这相连的每组设备本身又呈星型分布,用户配置和重新配置网络设备都很容易,如图 6-15 所示。

4. 计算机网络操作系统

网络操作系统是管理计算机网络资源的系统软件,是网络用户与计算机网络之间的接口。其除单机操作系统的处理管理、内存管理、文件管理、设备管理和作业管理等功能外,

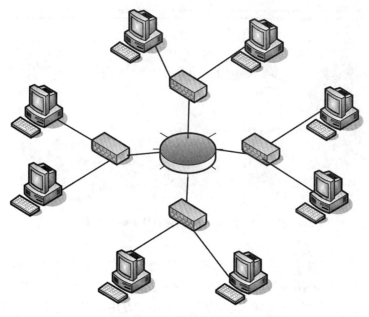

图 6-13　星型/环型配置拓扑类型示意图

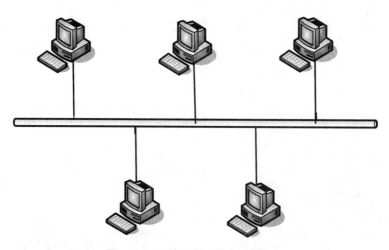

图 6-14　总线配置拓扑类型示意图

还具备网络管理功能。网络管理功能主要包括：对整个网络的资源进行协调管理；实现计算机之间高效可靠的数据通信；提供多种网络服务功能，为网上用户提供便利的操作与管理平台。常用的网络操作系统包括 Novell Netware、Windows NT、Unix、Linux 等。

5.常用的计算机网络设备

从广义来说，服务器是指在网络上为用户提供服务的软件或硬件，或者两者的结合体。通常说的服务器是指网络服务器硬件，在服务器上可运行网络操作系统。

集线器又称集中器，是用来连接小型局域网络的设备。集线器可共享传输介质，当信号通过集线器时可以再生，但由于是共享方式，连接集线器的工作站共享网络的带宽，因此，机器越多，每台机器得到的带宽就越低。

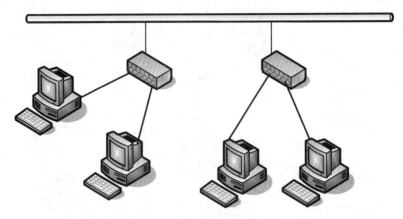

图 6-15　星型/总线配置拓扑类型示意图

　　路由器是大型网际网及采用远程通信链接的广域网的关键设备。路由器能保证信息在复杂的网际网上按照原定的路径传输。路由器可用来连接两个相同或不同网络的设备。

　　交换机用于连接较大的局域网，交换机具备有限的路由器选择能力。随着网络对带宽要求的提高，交换机也越来越多地应用在各种网络系统之中，成为其必不可少的硬件设备之一。

　　网卡插在每台工作站和服务器主机板的扩展槽里。工作站通过网卡向服务器发出请求，当服务器向工作站传送文件时，工作站也通过网卡接收响应。这些请求及响应的传送对应在局域网上就是在计算机硬盘上进行读、写文件的操作。

　　当与 Internet 相连时，为了防止外部未授权节点的侵入，在内部网与 Internet 之间设置了一道安全屏障，即为防火墙。防火墙用一个或一组系统在两个或多个网络间加强访问控制来防止外部网络的未授权访问，如图 6-16 所示。

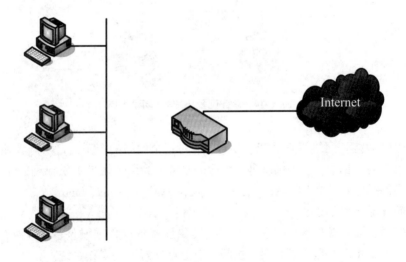

图 6-16　防火墙示意图

6.2.3　系统功能结构设计

从系统的功能结构角度来讲，移动端主要使用手机 App 或者 PDA 等工具完成危险源辨识、隐患管理、预警提醒、通知公告以及统计分析等功能；电脑端主要实现安全风险分级管控、隐患排查治理、智能分析、通知公告、双控体系管理以及系统管理等功能，如图 6-17 所示。

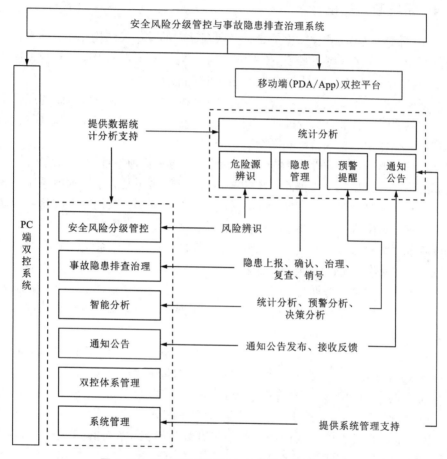

图 6-17　安全双控管理信息系统总体功能结构图

1. PC 端双控系统功能

①双控体系管理：实现对管理机构、领导职责、制度、管理范围、评估方法、管控流程等体系内容的管理与维护。

②安全风险分级管控：实现危险源辨识、风险评价、风险管控、风险再评估等功能。

③事故隐患排查治理：实现隐患登记、整改上报、隐患复查、隐患销号以及隐患综合统计分析等功能，同时，系统还提供整改提前预警，到期未整改、未复查预警通知等。

④智能分析：通过三维图形实现对风险、隐患的实时监控与智能分析。

⑤通知公告：实现对系统内的相关通知、公告的管理与维护，实现对系统预警信息的统计。

⑥系统管理：系统管理主要完成对系统用户、角色、权限、基础信息、标准阈值以及数据字典等功能的管理与维护，为系统的正常运行提供数据支撑。

2. 移动端双控平台功能

借助物联网技术实现危险源辨识、隐患管理、预警提醒、通知公告以及统计分析等功能，完成危险源和隐患的上报，实现危险源、隐患的综合统计分析功能。

6.2.4 系统数据库设计

数据库是存储在一起的相关数据的集合。数据库中的数据被结构化了，即去掉了有害的或不必要的冗余，可为多种应用服务。数据的存储独立于使用它的程序。对数据库插入新数据，修改和检索原有的数据，均可按一种公用的可控制方式进行。

一个数据库有四个主要成分：数据、联系、约束和模式。数据是所存储的逻辑实体在计算机中的二进制表示，联系表示数据项之间的某种对应，约束是定义正确数据状态的断言，模式用来描述数据库中数据的组织和联系。

数据库系统(DBS)是由硬件、软件(操作系统、数据库管理系统和编译系统等)、数据库和用户构成的系统。数据库是数据库系统的核心和管理对象。因此，数据库系统的含义已经不仅仅是一个对数据进行管理的软件，也不仅仅是一个数据库。数据库系统是一个实际运行的，按照数据库方式存储、维护和向应用系统提供数据支持的系统。

数据库管理系统(DBMS)是一种复杂的、综合性的、在数据库系统中对数据进行管理的大型系统软件，在操作系统(OS)支持下工作。在确保数据安全可靠的同时，DBMS大大提高了用户使用数据的简明性和方便性，用户在数据库系统中的一切操作，包括数据定义、查询、更新及各种控制，都是通过DBMS进行的。DBMS允许用户抽象地、逻辑地处理数据而不必关心这些数据在计算机中的布局和物理位置。

当今流行的典型微机数据库管理系统产品种类繁多，主要有Fox、dBase、Clipper、ITbase、Paradox、Access等，主要用于小型或微型机环境下的信息系统开发。

而当今流行的大型网络数据库管理系统有Oracle、DB2、Sybase、SQL Server、Informix、Ingres等，这些数据库产品主要用于大型(网络)信息系统开发。

目前，世界上具有代表性的数据库应用系统开发工具有PowerBuilder、Delphi、Uniface、OpenROAD、VB、VC等产品。这些产品具有以下基本特征：

①支持与多种数据库连接；

②支持独立于特定DBMS的应用程序开发；

③支持可视化图形用户界面(GUI)；

④支持面向对象的程序设计(OOP)；

⑤支持开放性。

在数据挖掘与采集的过程中，系统使用ETL技术对相关数据进行采集、筛选、清洗等，最终挖掘出有用的信息并将其统一存储在数据库中，用于系统的统计与分析。其中，安全双控管理信息系统与企业的其他安全相关系统实现接口对接，也是通过ETL技术采集到系统所需要的结构化与非结构化数据并存储到业务数据层，再经过ETL过程组成数据仓库数据，然后汇总到InfoCube中，进行跨业务数据分析和汇总，为数据分析、建模提供数据支撑，为领导层提供安全生产决策。

系统数据采用服务器集群存储方式。在存储数据时，使用分布式数据存储(HDFS)策略对业务数据、文档、实时监测数据、3S 数据等进行存储和管理。Block 是 HDFS 中的存储单元，NameNode 是元数据节点，用来管理文件系统中的命名空间的是 master。DataNode 是数据节点，是 HDFS 真正存储数据的地方。Secondary NameNode 是从元数据节点，它的主要功能是周期性地将 NameNode 中的 namespace image 和 edit、log 合并，以防 log 文件过大。FsImage 是命名空间镜像，它是内存中的元数据在硬盘上的 checkpoint。在服务器集群管理过程中，设计了 1 个命名节点，管理命名空间，实现主从式的服务器集群管理。在服务器集群中，命名节点具有唯一性，其他的服务器都被视为数据服务器，具有单独的名称，提供数据存储和访问功能。HDFS 使用了服务器集群的理念，可以通过大规模服务器集群实现高容错率、高吞吐量，因其每一个单独的服务器都价格低廉，所以其性价比高于单独的高性能服务器。

6.2.5　系统的业务程序

1. 云计算+风险管控：安全风险管控云平台

目前，以安全生产风险管控为核心的安全风险管控云平台是各生产企业安全生产信息化建设的新趋势，诸多相关企业在平台建设方面做了很多有益的尝试。但总体而言，各类安全风险管控云平台片面追求大而全，更多地在云计算、大数据等前沿信息技术方面做文章，而忽视了其本职功能。

安全风险管控云平台在功能设计方面涵盖风险管理、重大隐患管理、事故管理、应急救援管理、质量标准化管理、"三违"管理、监督检查和安全培训等模块，将事故隐患和应急救援都纳入其中，同时将企业分散的自动化系统、安全监测监控系统、调度通信系统等内容整合到统一平台。但平台对云计算、大数据的应用也仅仅停留在概念层面，平台对云计算和大数据在风险管控具体管理工作上的运用并不深入，并没有真正实现安全风险管控数据分析的云计算功能。

面对当前重特大事故多发、安全生产形势较为严峻的事实，权威、强大，能够运用前沿信息技术提供支撑的安全风险管控云平台是安全生产企业开展安全风险分级分类管控工作的最佳选择。

安全风险分级管控云平台是以云计算平台和权威安全风险控制模型为基础研究开发出的软件即服务产品，企业得到的服务是风险分级管控应用程序，该应用程序是运营商在云计算基础设施上运行的，用户在没有管理或控制任何云计算基础设施(如网络、服务器、操作系统、存储)的情况下，就可以访问客户端界面(如浏览器、手机端)，不需要操作繁杂的平台系统，就能管理控制好安全风险。

利用安全风险管控云平台，能收集企业基础、工艺、装置和管理等信息的动态数据并对其进行综合分析，科学辨识各类风险，结合对应的专业模型分析风险，并进行分级管理控制，使企业能够更好地对各类风险进行细化分析、趋势分析和预警分析。

同时，科学管理企业存在的各类安全风险，量化评价，采用统一的标准进行分级，能达到预防控制安全风险的动态变化的目的。使安全生产工作关口向前移动，从"挽狂澜于既倒"的被动防护转变为"防患于未然"的主动控制，从而管理控制企业安全风险。

企业管理中心通过安全风险管控云平台制订安全风险辨识评估工作计划，相关责任部门人员通过系统开展风险辨识及评估，自动汇总形成安全风险数据库，所有人员均可查看该数据库并开展风险预知训练。

（1）安全风险数据库。

以各层级单位编制的安全风险辨识手册为基础，并将相关的数据导入系统中形成清单，各层级用户可在此基础上进行相应的增加、修改和删除，以适应实际安全生产管理情况。

（2）风险辨识评估。

企业在安全风险数据库的基础上，采用 LEC 法、风险矩阵法（LS）和定量风险分析法等开展在线风险辨识评估，并制定相关的预控措施。系统根据评估方法自动判断安全风险等级，根据评估结果自动更新风险清单。

（3）重大风险清单。

根据安全风险辨识评估结果，系统自动形成重大安全风险清单，可供现场查询，重点管控。

（4）风险分布区域图。

依据风险清单，系统按风险等级对区域的风险进行红、橙、黄、蓝四种颜色标识，自动生成企业安全风险四色分布图，并以此实时查看各区域风险状况。

（5）风险预知训练。

系统自动关联安全风险清单中的作业风险数据至风险预知训练库，也可新增和导入风险预知训练库。作业前负责人可建立风险预知训练任务并下发至相关作业人的 App 上，作业人可依据风险预知训练库的内容，开展作业风险及预控措施的训练。

（6）统计分析。

系统自动根据风险所属区域、风险等级和风险管控责任部门维度统计分析风险数量变化及单位和区域发生风险对比图等，为风险分级管控治理提供依据。

2. 大数据+隐患排查治理：隐患排查治理知识库

隐患排查治理工作作为生产企业安全管理的重要任务，每年都能够积累大量的隐患信息。这些巨量的历史数据除了应用于公示、统计分析等传统工作，基本处于信息孤岛状态，并未在后续的隐患排查治理工作中发挥有效的作用。针对巨量隐患排查治理历史数据，可以大数据技术为依托，建立生产企业事故隐患排查治理知识库，有效提升隐患排查治理能力及隐患排查治理闭合流程效率。

事故隐患排查治理知识库可根据不同行业企业安全生产事故排查治理相关规章、规程等，结合各生产企业积累的已有隐患排查治理历史数据及相关文档，利用大数据技术获取相应的知识规则，构建一套健全的知识库，为后续的隐患排查治理工作提供可快速参照的完整治理方案或建议。

构建隐患排查治理知识库的首要工作是对隐患排查治理知识进行定义，不同行业可结合行业自身特点进行定义。一般而言，完整的隐患排查治理知识应包括编号、关键字、发生地点、隐患级别、隐患类别、隐患专业、隐患特征、隐患描述、图片视频信息、形成原因、发生频次、易造成的事故、整改方案、整改期限、整改资金、相关文档等信息。

构建知识库的核心工作是巨量隐患排查治理历史数据的处理，这一工作可分为以下几个步骤：

（1）数据采集与导入阶段。

由于新近的隐患排查治理信息往往具有更大的价值，所以知识库在着眼于历史数据的同时，也需要通过隐患排查治理终端或隐患排查治理信息系统采集最新的数据。因此，隐患排查治理知识库是一个动态变化的知识库，需要及时更新系统数据。数据采集工作完成之后，为实现对这些海量数据的有效分析，可将采集的最新数据与历史数据导入集中的大型分布式数据库，或者分布式存储集群中。

（2）数据预处理阶段。

数据预处理阶段主要完成对已接收数据的辨析、抽取、清洗等操作。获取的隐患治理历史数据可能具有多种结构和类型，需要通过数据抽取过程将这些复杂的数据转化为单一的或者便于处理的数据类型，以达到快速分析处理的目的。与此同时，获取的巨量数据并不全是有价值的，有些数据也并不是我们所关心的，甚至一些数据是完全错误的干扰项，因此要对数据进行过滤"去噪"，提取出有效数据。

（3）数据分析挖掘阶段。

数据分析挖掘阶段是整个知识库数据处理的核心，主要目的是寻找隐患信息背后的规律，对隐患信息做深度解码。对于隐患信息的分析挖掘，可以通过回归、判别、聚类等统计方法发现概率较高的隐患类型，并以此作为隐患治理的工作重点，推动企业安全对控管理工作重心从发现整改向及早预防过渡；也可以通过归纳学习、遗传算法等机器学习方法以及神经网络方法对隐患特性与严重程度和发生概率等进行关联分析，评估出各类隐患的风险等级，并根据隐患专业、类别和级别等提供治理方案或治理建议。隐患信息分析挖掘的方法和工具繁多，可实现的功能也复杂多样，不同行业企业可根据自身情况选择合适的方法，以满足其隐患排查治理工作的需求。

（4）数据展示阶段。

数据展示阶段的主要目的是直观地展示大数据处理分析的结果，使大数据分析结果可视化。隐患排查治理知识库主要是为了支撑隐患排查治理工作，并不需要多媒体数据并行化处理、影视制作渲染等追求效果的展示技术的介入，数据展现阶段的工作应着眼于提高隐患排查治理闭环流程效率，切合实际、简洁明了、突出重点。

3. 移动"互联网+"隐患治理：事故隐患排查治理终端系统

目前，各地应急管理部门在隐患排查治理工作中使用的多是基于PC系统的行政执法和隐患排查系统，业务比较单一，功能较弱，难以实现便携式的移动快速隐患排查。因此，充分利用移动互联网、云计算服务，开发适用于各级应急管理部门和各类型企业的事故隐患排查治理终端，可有效帮助企业开展事故隐患的自查上报、自改自纠、分级分类、建档备案、隐患消除等工作，实现隐患排查治理全过程的规范化闭环管理，同时有效地协助各级应急管理部门实现对所辖企业事故隐患的统计分析、风险预测、分级分类、闭环跟踪与管理等工作，对于推动落实企业安全生产主体责任，促进企业建立事故隐患排查治理的长效机制，及时排查、消除各类事故隐患，有效防范和减少事故，具有重要意义。

事故隐患排查治理企业端终端包含了企业隐患自查、隐患上报、隐患整改、政府监察及核查等完整的隐患排查治理工作流程，可实现安全生产的远程、动态和科学监管，能够为提高企业风险防范能力、坚决遏制重特大事故的发生提供有力支撑。面向企业的事故隐患排查治理企业端终端，可实现事故隐患的排查、登记、整改、复查和上报等全过程动态闭环管理，企业安全生产管理人员、工程技术人员和其他相关人员用户可通过隐患排查专用移动终端进行日常隐患的自查、自报、自纠以及隐患整改和隐患复查等工作。

面向应急管理部门的事故隐患排查治理政府端终端,可实现隐患排查治理监督、核查等功能。应急管理机构执法人员使用隐患排查专用移动终端对企业上报的隐患进行核查、验收,同时可快捷完成执法检查工作,现场生成执法文书并打印。所有执法过程、执法结果均可通过网络上传至应急管理部门隐患排查治理系统进行备案,同时隐患核查及执法结果也会推送至企业端系统及终端,确保相关企业能及时掌握相关信息,制订相应隐患治理措施。

(1)隐患登记。

当发现隐患时,登记人可直接从隐患排查治理知识库中选择,并关联相关的参考依据,也可自定义描述隐患,进行隐患信息登记;同时,用户可以选择已登记的相似隐患信息进行隐患登记,减少隐患登记输入量。隐患登记中的设备名称信息(设备名称、设备编号等)可从MIS系统的设备树中获取。对于多个部门/项目部发现的共性问题,按照时间优先原则进行登记,避免同一个问题多次重复登记。隐患登记时可填报照片信息,更全面地反馈隐患实际情况,方便上级部门评估并给出整改方案。安全管理部门登记的隐患可生成隐患整改通知单并下发到对应整改部门负责人或整改责任人。

(2)隐患评估。

安全管理人员对登记的隐患进行评估,确定该问题是否为隐患,同时判断隐患的分级信息、整改信息和验收信息是否完整、正确。在隐患没有被评估为隐患之前,隐患信息只在登记人所在部门可见,核定确认为隐患之后其他人员可见。评估未通过的隐患,由系统自动撤销隐患信息,将该信息退回至隐患登记人;评估通过的隐患,由系统将隐患信息和整改措施等推送至隐患整改责任人,进入整改环节。

(3)隐患整改。

隐患整改责任人根据接收到的隐患信息,按照隐患整改措施进行整改,完成整改后提交整改信息,以图片、文字描述形式对整改情况进行反馈。预留隐患整改延期功能,对于因特殊情况不能及时整改的隐患,由整改责任人进行延期申请,暂不设审核流程,只记录延期申请记录,后期若有需要可补充审核流程。

(4)隐患验收。

隐患整改完成后,验收人员对隐患的整改结果进行验收,可上报隐患验收图片和信息。验收合格后该条隐患关闭,不合格则退回到整改负责人处进行重新整改。验收闭环需安全管理部门进行验收确认,确认不通过的,将该条隐患退回到上一级验收人处。

(5)隐患上报。

一般隐患由企业各科室人员登记、科室负责人核准、部门负责人核准(如果其他部门对隐患有异议,交安委会决议)、科室指定整改责任人、科室负责人验收、安全管理部门确认;重大隐患应逐级上报至所属公司安委会,安委会最终确定为重大隐患的,可上报到管理中心,同时上报到上级管理单位和所在地政府部门。

6.2.6 系统开发方法

1.生命周期法

生命周期法是指信息系统在设计、开发及使用的过程中,随着其系统生存环境的发展、变化,需要不断地维护和修改,当它不再适合的时候就被淘汰,由新系统代替老系统,形成一个系统从"生"到"死"到"再生"的周期性循环。这个过程通常称为系统开发生命周期。

　　生命周期法就是给信息系统的开发定义一个过程，对其每一个阶段规定任务、工作流程、管理目标及要编制的文档等，使开发工作易于管理和控制，形成一个可操作的规范，如图6-18所示。

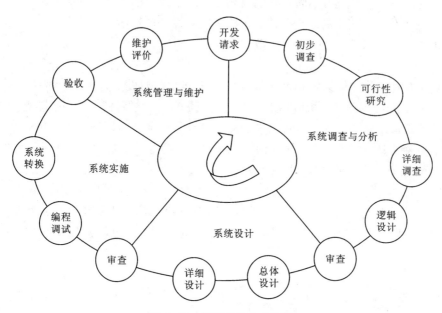

图6-18　系统开发生命周期

　　(1)生命周期法的四个阶段。
　　①系统调查与分析：从用户提出的初始要求出发，通过初步调查、可行性研究、详细调查，在分析的基础上建立系统的逻辑模型。
　　②系统设计：在系统调查与分析的基础上，对系统进行物理设计，包括系统的总体设计、代码设计、输入输出设计、数据存储设计和编制系统的实施方案等。
　　③系统实施：按照实施方案对系统进行环境的实施，包括程序的设计、调试、转换和系统验收等，最后交给用户使用。
　　④系统管理和维护：包括系统投入正常运行后的管理、维护与评价等，此阶段直至提出系统更新的要求，以进入下一个生命周期为止。
　　(2)生命周期法的特点：
　　①生命周期法通常假定系统的应用需求是预先描述清楚的，排除了不确定性，用户的要求就是系统开发的出发点和归宿；
　　②系统开发的各阶段目的明确，任务清楚，文档齐全，每个开发阶段的完成都有局部审定记录，开发过程调度有序；
　　③生命周期法常采用结构化思想，采用自上而下的方法，有计划、有组织、分步骤地开发信息系统，开发过程清楚，每一步骤都有明确的结果；
　　④工作成果文档化、标准化，工作各阶段的成果以分析报告、流程图、说明文件等形式确定下来，使得整个开发过程便于管理和控制。
　　(3)生命周期法的不足和局限性：

①用户介入系统开发深度不够，系统需求难以确定——用户往往不能确切描绘现行信息系统的现状和未来目标，分析人员在理解上也会有偏差和错误，造成系统需求定义的困难；

②开发周期长——一方面用户在较长时间内不能得到一个可实际运行的物理系统，另一方面系统也难以适应环境变化，尚未开发出来可能就已经过期了；

③生命周期法在应用中有多个阶段，文档多且对后期的影响大，若上个阶段文档有不明确或错误的地方，将造成后续工作的失败和无效。

2. 原型法

在系统开发中，用户给系统一个明确的需求是非常重要的，但实际上做起来并不容易。人们对自己从事的工作和计算机应用于管理的认识是有一个过程的。而且，随着开发的不断深入，也会不断提出新的要求。这种需求的动态变化，是生命周期开发方法很难适应的。为此，提出了一种从基本需求入手，快速构筑系统原型，通过原型确认需求并对原型进行改进，最终达到建立系统的目的的方法，即原型法。

原型法的基本思想是在投入大量的人力、物力之前，在限定的时间内，用经济的方法，开发出一个可实际运行的系统原型，以便尽早澄清不明确的系统需求。在系统原型的运行中，用户发现问题、提出修改意见，技术人员改进、完善原型，使它逐步满足用户的要求，如图 6-19 所示。

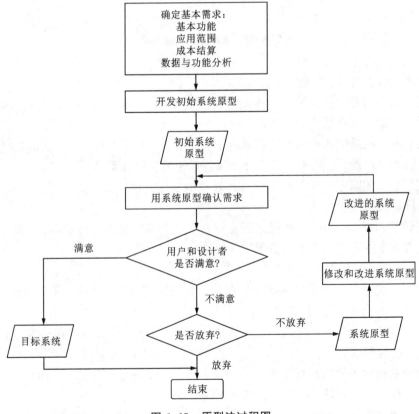

图 6-19　原型法过程图

（1）原型法的四个阶段。

①确定用户的基本需求：用户提出以系统输出内容与方式为主的功能和性能要求，由开发人员加以识别和整理，得到用户对系统的基本需求，同时对将要建立的工作原型的输入数据、功能和开发原型的成本等进行分析，形成一份简要的系统需求分析报告。

②开发初始系统原型：开发初始系统原型的目的是建立一个交互式的系统原型来满足用户的基本需求，通常使用高层次的开发语言和开发工具，力求快速构筑原型。只要求满足用户的基本需求，不强调功能的完备和高效率。

③使用系统原型确认用户需求：让用户在系统原型的使用中得到实际经验，从而了解其需求得到满足的程度，在使用原型的过程中调整需求、确认需求。

④修改和改进系统原型：开发人员根据用户提出的需求改变，对系统原型进行修改，再交给用户使用。用户经过使用，再取得经验，并提出进一步的修改意见。开发人员与用户密切配合，如此反复改进，直到系统满足用户需求为止。

（2）原型法的优点

①增强用户与开发人员之间的沟通；

②用户在系统开发过程中起主导作用；

③辨认动态的用户需求；

④启迪衍生式的用户需求；

⑤缩短开发周期，降低开发风险。

（3）原型法的不足之处

①与生命周期法相比还不成熟，不便于管理控制；

②原型法需要有自动化工具加以支持；

③用户的大量参与，也会产生一些新的问题，如原型的评估标准是否完全合理；

④原型的开发者在修改过程中容易偏离原型的目的，疏忽原型对实际环境的适应性及系统的安全性、可靠性等要求，而直接将系统原型转换成最终产品，这种过早交付产品的结果，虽然缩短了系统开发时间，但损害了系统质量，增加了维护代价。

3.面向对象法

面向对象法是在面向对象程序设计 OOP 方法基础上发展起来的。该方法强调对现实世界的理解和模拟，便于由现实世界转换到计算机世界，适合于系统分析和设计，已经扩展到计算机科学技术的众多领域，如面向对象的体系结构、程序设计语言、数据库、人工参数、软件开发环境以及面向对象的硬件支持等，已逐步形成面向对象的理论与技术体系。

（1）面向对象方法的基本思路：

①从问题空间中客观存在的事物和走访用户出发，获得一组要求；

②统一建模符号构造对象模型，以对象作为系统的基本构成单位，事物的静态特征用对象的属性表示，事物的动态特征用对象的服务表示，对象的属性和服务结合为一体，成为一个独立的实体，对外屏蔽其内部的细节；

③识别与问题有关的类、类与类之间的联系以及与解决方案有关的类(如界面)；

④对设计类及其联系进行调整，使之如实地表达问题空间中事物之间实际存在的各种关系，对类及其联系进行编码、测试即可得到可直接映射问题空间的系统结构。

（2）面向对象方法的特点：

①把功能及数据看作服务与属性的高度统一，适合人类思维的特点，便于问题空间理论和系统的开发，提高了软件的开发质量和文件的质量；

②对需求的变化具有较强的适应性，满足了客观世界迅速变化对软件弹性的要求；

③较好地处理了软件的规模扩大和复杂性提高带来的问题，适应了客观世界发展和问题空间不断复杂化的需要；

④通过直接模仿应用领域的实体得到抽象与对应，通过对象间的协作完成任务，使规格说明、系统设计更好理解；

⑤界面更少，提高了模块化和信息隐藏程度，符合客观世界的发展趋势。

6.3　矿山安全双控管理信息系统应用

国外早在20世纪70年代就已将计算机技术逐步应用于安全科学的系统开发研究。日本学者提出了用事故实例数据库来分析原子能事故的原因，以提高系统的安全性的方法。美、英等国均已研制出安全信息分析的成套"微计算机信息管理软件系统"。

我国从20世纪80年代末开始进行微机安全信息管理技术的研究开发，随着大数据时代的到来以及"互联网+"等概念的兴起，计算机网络技术迅速辐射到各个行业，信息管理、分析预警技术也越来越多地被应用于各个行业，它涵盖了人们生活和工作的诸多领域，如共享经济、智能工厂、智能交通、智能矿山等，但在应用的深度和广度上还有待发掘和拓展。

安全双控管理信息系统在全国工程企业和行业单位的应用都十分广泛，特别是在一些重特大事故频发的行业，如矿山领域，更是其关键核心技术。

6.3.1　矿山安全双控管理信息系统需求分析

1. 需求可行性分析

随着矿体开采深度的不断增加，矿山面临的安全问题日益严峻，在矿山企业全面建设安全双控管理信息系统刻不容缓。目前，矿山安全问题主要存在危险源辨识不全面、隐患排查工作不及时、管控行为不到位等问题，需要应急管理部门制定相关隐患排查制度，并进行定期隐患排查，以减少因安全问题带来的人员伤亡、经济损失。因此，结合矿山企业安全风险隐患排查的具体业务管理流程，经过详细的需求调研分析与研究开发，构建矿山安全风险分级管控及事故隐患排查治理管理系统是当前智慧矿山安全建设的重点。

2. 技术可行性分析

国家数字化矿山建设要求加快了全国矿山企业的信息化和自动化建设速度，矿山企业的应用软件从早期的C/S开发架构逐步发展成为如今的B/S或B/S与C/S结合的架构方式，其低廉的开发成本、友好的交互性、便捷的操作性、良好的兼容性、简易的维护性促成该架构方式成为系统开发的主流方式，为开发矿山信息化系统提供了更快捷、更高效的技术手段和方法。

3. 安全风险分级管控业务需求

安全风险分级管控是为防范生产安全事故而建立的第一道防线，通过定性定量的方法将风险划分等级，方便企业结合风险的大小、严重程度进行资源调配，对风险进行分层分级管控，并重点针对重大安全风险进行跟踪检查，实时掌握风险现状，及时处理存在问题，将事故消除在起点。矿山的风险分级管控流程如图6-20所示。

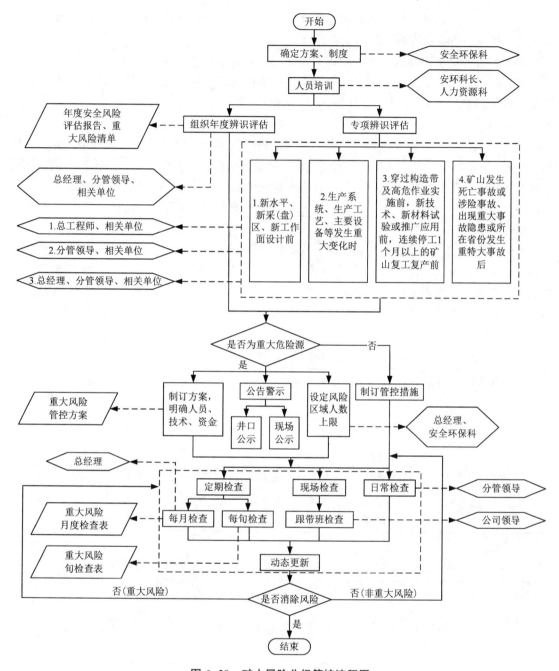

图 6-20　矿山风险分级管控流程图

安全风险分级管控的顺利实施需要有以下五点作为保障。

（1）风险管理工作制度。

建立分层级分责任负责双体系，顶层矿长划分管控区域，指派管理层人员分区域负责。中层分管负责人针对负责区域主要事故隐患建立分管小组进行排查，并定期进行总结，分享该区域内对安全风险进行分级管控的工作方案以提高整体工作效率。底层分管小组对安全行为进行监管排查的一线工作。相关部门具体责任如下：

①安全环保科负责拟订双体系实施方案，考核执行情况，开展相应培训，指导双体系建设工作，并对矿一级管控的风险实施管控检查；

②人力资源科负责开展相关的双体系建设培训和员工技能培训；

③其他部门及驻矿外包工程公司负责本部门责任区内的风险辨识评价，落实本部门责任范围内的风险源管理检查，对本部门人员开展相应的培训。

（2）风险辨识评价。

风险辨识评估的内容具体包括重大危险源、地面选矿厂、机电重点作业环节、运输、通风、开拓、掘进和开采等，由各单位实施风险点排查，即在各自责任区内开展排查工作，并根据生产区域、作业区域和作业步骤等划分风险点识别范围，确保风险点识别全覆盖。

以安全检查表法对生产现场及其他区域的物的不安全状态、作业环境的不安全因素及管理缺陷进行识别。

对辨识出来的风险点进行汇总，并形成单位风险点清单。在单位内部进行公示，向职工提出意见征集，根据职工所提意见进行最后的修改确定。风险定为"红、橙、黄、蓝"四级。根据矿内实际操作经验，使用作业条件危险性评价法对风险点进行分级，并根据矿内的实际情况确定最后的等级，形成风险分级表（见表6-12）。典型风险评价如表6-13所示。

表6-12　矿山风险等级表

风险等级	危险程度	管控部门
五级风险（蓝色）	稍有危险，可以接受	员工
四级风险（黄色）	轻度（一般）危险，可以注意（或可容许的）	员工、车间（科室）
三级风险（橙色）	中度（显著）危险，需要控制整改	员工、车间（科室）
二级风险（红色）	高度危险（重大风险），必须制订措施进行控制管理	员工、车间（科室）、矿部
一级风险（红色）	不可容许的（巨大风险），极其危险，必须立即整改，不能继续作业	员工、车间（科室）、矿部

表6-13　风险分级管控危险源风险评价信息表（高温采场出矿作业）

危险源	风险	危险性评价（LEC）（分值）					控制措施/方法
		L	E	C	D	风险等级	
高压电缆、开关柜	导致员工触电	1	3	15	45	四级	不要触碰电气设备、电缆电线或漏电设施，在巷道行走或进入采场时要特别注意路上是否存在带电体电线
爆破作业（伤害）	导致炸伤、飞石伤害、冲击波伤害、炮烟中毒	1	6	15	90	三级	严禁在爆破时作业，必须撤离爆破警戒区域

续表6-13

危险源	风险	危险性评价（LEC）（分值）					控制措施/方法
		L	E	C	D	风险等级	
采场溜井、通风排水井	导致员工高处坠落	1	6	7	42	四级	在天溜井边作业时必须有专人监护，确认做好各项安全防护后方可作业。有外来人在溜井边停留和观望时要劝离
出、装、卸矿区域粉尘、噪声	导致尘肺病、耳鸣	3	6	7	126	三级	开启通风设施，戴好防尘口罩、隔音耳塞
火烧灰采场高温气体	导致烫伤	3	6	15	270	二级	作业区域温度高于40℃，架空、露煤线口时立即暂停出矿；出矿作业时采用交叉、间歇式出矿方式，保证洒水装置的正常、有效，确保通风和照明良好，采场有两个以上的安全出口
巷道顶边邦松石	导致被松石砸伤	1	6	7	42	四级	在井下巷道行走时，要注意巷道顶、边邦安全情况，不能停留在松石、滑板底下
巷道顶边帮滑板	导致被滑板砸伤	1	6	15	90	三级	班中如有处理不下的滑板、松石，需做好标记、挂牌并汇报

（3）安全风险管控。

按照工程控制措施、安全管理措施、个体防护措施以及应急措施的逻辑顺序对每个风险点制订精准的风险控制措施。责任区分及监控周期要求如表6-14所示。

表 6-14 矿山风险管控责任区分

风险等级	管控要求	责任部门	监控周期
一级风险	立即整改，不能继续作业	矿主管部门、责任单位、作业班组	矿部月检，责任单位周检，作业班组每天检查
二级风险	制订措施进行控制	矿主管部门、责任单位、作业班组	矿部月检，责任单位周检，作业班组每天检查
三级风险	需要控制整改	责任单位、作业班组	责任单位周检，作业班组每天检查
四级风险	可以接受，单位、科室应引起关注	作业班组	作业班组每天检查
五级风险	不需要采取措施，且不必保持记录	作业班组	不需要检查

各单位根据责任分工及检查要求，编制相应的检查表，并按要求开展检查，记录存档。表6-15为某矿山地压活动一级监测区风险管控检查表。

表6-15　地压活动一级监测区风险管控落实检查表(例表)

序号	风险点	风险	风险等级	风险管控措施落实情况 (落实"√"、未落实"×")		备注
1				确认作业现场通风是否良好		
2				作业现场周边温度情况		
3				是否存在松石、滑板等隐患		
4	①五盘区北面:			天溜井防护是否齐全		
5	1. 430 m 水平 T501-502 单元 2. 398 m 水平 T501			采场是否露眉线、架空		
6	3. 405 m 水平 T5-3 空区			照明是否良好		
7	4. 405 m 水平 T5-5 空区	砸伤 冒落 中毒 坠落	二级	是否存在炮烟、有毒有害气体		
8	②深部四、六盘区北面: 1. 355 m 水平 T406 空区			跟踪监测是否有新的应力破坏		
9	2. 325 m 水平 T406 空区			顶板沉降是否有新的变化		
10	3. 315 m 水平 T406 空区 4. 325 m 水平 T601~T602 采场			顶板、底板是否存在裂隙,是否有明显扩张		
11	5. 355 m 水平 T601~T602 采场			是否存在明显地压活动		
12				矿柱、岩体结构是否破坏		
13				顶板是否存在大面积冒落迹象		
14				责任单位是否落实管控措施检查		

其他问题:

检查人:　　　　　　　记录人:　　　　　　检查时间:　　年　月　日

各单位内部完成风险分级,制订管控措施后,要求在单位内部进行公示,告知全体员工。

矿安环部门汇总全矿各单位风险分级清单,把三级以上(含)风险在各工业场所、井口等进行公示。

由各单位根据实际情况提出风险告知卡需求,包括内容、数量等,并提供样式或统一样式,经矿领导审批同意后,再由安全环保科联系统一制作。

(4)风险综合评价。

建立本年度风险统计分析表,为领导做出风险管控的决策提供依据。

(5)保障措施。

健全矿井风险清单数据库,能够对已经录入的风险进行汇总统计并形成知识库,为后续决策分析提供技术保障。

4.事故隐患排查治理业务需求

隐患排查治理是杜绝事故发生的第二道防线,隐患存在于风险管控过程中出现的缺失、漏洞和管控失效等情况,隐患治理不当就会导致事故的发生。

对隐患的治理要做到不放过、不轻视、不罢休。矿山的隐患排查治理工作流程如图6-21所示。

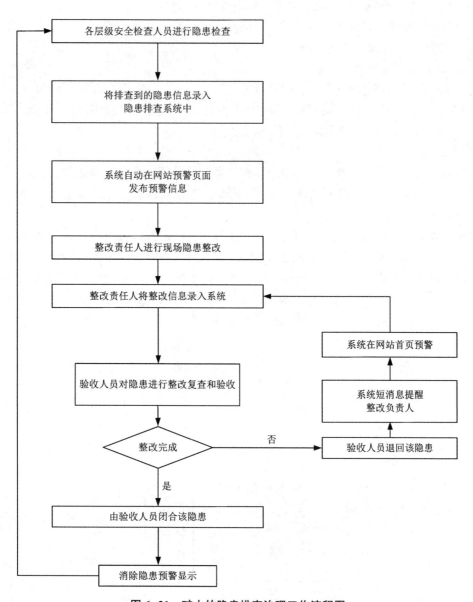

图 6-21　矿山的隐患排查治理工作流程图

（1）隐患排查需求。

事故隐患排查治理主要实现对企业各类事故隐患的闭环管理，提高安全管理水平，隐患由生产企业科室安全管理人员和工区管理人员检查登记，然后分配到各科室，再由各科室指派进行整改，整改完成后申请复核，复核通过后进行销号，在安全风险"一张图"管理系统中显示各地点的未整改隐患数量。

对隐患的排查是周期性的，矿领导每月、每旬定期组织排查，管理人员和安检人员每月、每周排查，岗位作业人员每天排查隐患。排查过程中需要收集的隐患信息有专业、发现地点、发现人、发现时间、关联风险地点、采掘工程平面图隐患位置、隐患相关附件、隐患内容、隐患类型、整改措施、整改人、整改期限和事故预案等。

把发现的隐患通知整改责任人之后，由整改人按要求对隐患实施整改，隐患整改完成之后进行验收销号，实现隐患治理的闭环管理。

（2）事故隐患闭环管理。

根据事故隐患闭环管理体系，进行日常安全巡检时，在发现隐患并进行隐患登记的过程中，要对隐患按照隐患等级、紧急程度和所属专业进行分类处理，并按照隐患排查、公示、上报、验收、考核管理过程在线跟踪形成闭环处理。

（3）短信通知功能。

为提高隐患信息传递效率，方便隐患排查治理系统的用户及时掌握隐患排查情况，接收隐患排查工作任务，借助系统短信通知功能，能使隐患排查治理工作的各个环节都能以手机短信的方式通知到相关人员。

隐患排查治理系统短信通知流程如图 6-22 所示，检查人将隐患登记入系统之后，需要由整改人对隐患进行整改，整改完成之后落实整改人对隐患的整改情况并进行复查验收。对于落实整改已达标的隐患，结束隐患的闭环流程；如果验收未达标，则对隐患进行退回处置，由整改人重新整改。如果隐患整改人未能在整改期限内完成隐患的整改，则对隐患进行退回处置，由整改人重新进行整改，直到隐患完成闭环处置。

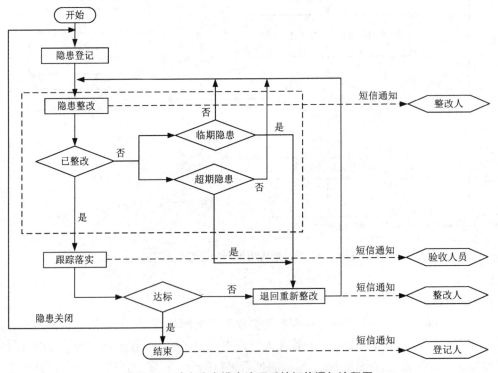

图 6-22　矿山隐患排查治理系统短信通知流程图

5. 安全风险"一张图"监测预警系统业务需求

安全风险"一张图"监测预警系统是采用矿山安全监测与评估 3S 技术，主要是面向集团公司领导、矿井领导层，改变集团领导及管理层以生成数据报表分析结果为主的综合系统。基于矿井空间地理坐标的采掘工程平面图要求将矿井各风险点、地面井下事故隐患动态标注在采掘图实际位置处，实时查看各风险点、隐患地点的动态数据，并且在采掘图上集成水、火、顶板和冲击地压等重大灾害监测、工程结构位移监测和采空区探测数据，为领导层提供科学的决策依据。

主要实现需求包括：

(1) 安全监测监控。

要求实现矿山安全参数的远程监测监控，提供巷道信息及监测点信息导航查询及监测数据报警等功能。

(2) 人员跟踪定位管理。

要求实时显示井下工作人员身份、状态信息，并动态监测工作人员的井下位置及行为轨迹。

(3) 井下水文监测。

要求实现对矿井水文情况进行动态监测，主要监测水仓水位、水文长观孔水位、管道压力、含水层压力、水温、管道流量和明渠流量等，并实现超限报警等。

(4) 矿压监测。

要求实现对矿山采区及回采巷道顶板离层、锚网巷道锚杆和锚索支护应力的在线监测及报警。

(5) 密闭区火灾监测。

要求实现矿井采空区、密闭区和巷道的空气气体组分浓度测定，并根据气体变化趋势监测判断自然发火程度。

(6) 安全风险监测。

要求实现对矿山井下重点危险源、事故隐患位置的动态查询和定位，以及重大危险源和事故隐患的详细信息及跟踪处理情况动态查询。

6.3.2 矿山安全双控管理信息系统总体设计

1. 系统技术总架构

系统总体构架自下而上由四层组成：数据层、组件层、服务器层、客户端层。该架构具体如图 6-23 所示。

(1) 数据层。

系统保证了风险和隐患数据采集的准确性与实时性。硬件主要是 PC 端，软件主要是安全风险分级管控及事故隐患排查治理管理系统。风险辨识评估结果和隐患排查数据可用系统进行登记，在系统中对数据进行管理和处置。

(2) 组件层。

组件层包括基础功能组件和专业功能组件，基础功能组件用来管理风险与隐患的各种业务数据，专业功能组件主要用于服务端提供 GIS 专题图形的在线浏览与管理。

(3) 服务器层。

服务器层主要包括风险分级管控、事故隐患排查治理及其他应用集成三部分，用以完成对安全生产工作过程中采集的数据的整理、分析、评价和决策辅助。

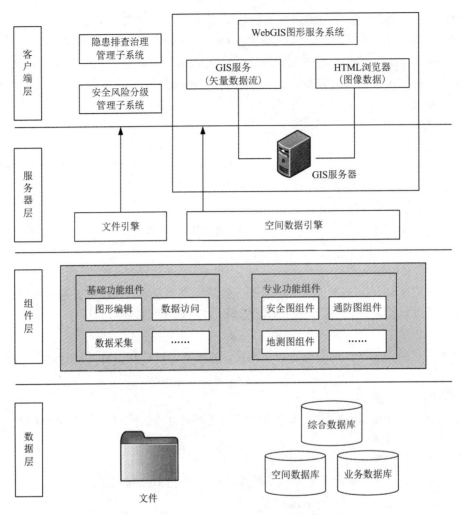

图 6-23　矿山安全双控管理信息系统技术架构图

（4）客户端层。

用户登录的入口和各项信息汇总展示的界面主要通过静态图表、二维 GIS 及动态图表的方式，在 PC 端将经过整理、统计、分析、评估后的结果展示出来。

2. 系统网络架构

矿山安全双控管理系统的网络主要采用企业内部局域网，考虑到业务系统的日常文件瞬时上传、下载、同步及其他带宽需求，该系统设计 20 M 带宽才可保证系统的正常访问，如图 6-24 所示。

3. 系统安装部署架构

（1）系统运行环境配置。

该系统采用 B/S 架构，是基于 ASP. NET 技术开发的矿山专业应用系统。ASP. NET 是基于微软公司的 C#语言的平台，客户端使用主流浏览器就可以访问系统，服务端可采用国产浪潮品牌的主流服务器，操作系统采用微软公司的 Windows Server 企业版，数据库使用 SQL Server 标准版，客户端操作系统应用 Windows XP/Mn7/Mn8/Win10 均可。

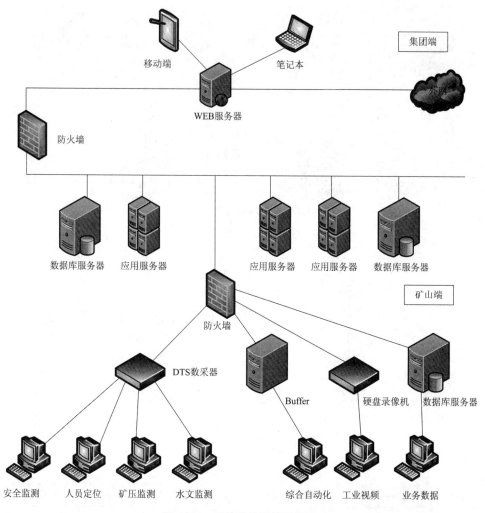

图 6-24　系统整体网络架构图

（2）系统部署架构。

该系统采用集团公司数据中心集中部署方式，硬件及网络全部由集团公司信息中心提供虚拟化服务器，系统具体业务管理由生产部门负责。系统具体安装部署如图6-25所示。

4.安全风险分级管控功能设计

矿山安全风险分级管控采用辨识评价预警模型实现对安全风险的辨识评价与预测预警，功能模块主要有风险管理工作机制、风险辨识评价、安全风险管控、公告警示、风险统计分析、保障措施管理。系统功能结构如图6-26所示。

5.隐患排查治理功能设计

矿山事故隐患排查治理主要按照事故隐患排查、公示、上报、验收、考核的闭环管理模型实现对事故隐患的辨识与跟踪处理，主要包括的功能模块有隐患信息管理、隐患整改情况管理、重大隐患督办执法管理、隐患复查销号管理、隐患治理情况统计管理。系统功能结构如图6-27所示。

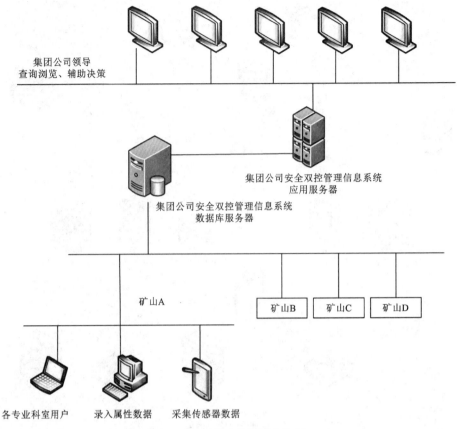

图 6-25　系统安装部署架构图

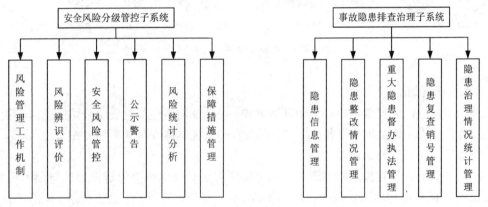

图 6-26　矿山安全风险分级管控子系统结构设计图　　图 6-27　矿山事故隐患排查治理子系统结构设计图

6. 安全风险"一张图"监测预警功能设计

安全风险"一张图"预警系统能够动态监测和显示矿井数据，对人员、设备、系统运行等可能存在事故隐患的井下数据进行实时可视化展示和查询，并将数据及时传输至数据库中，在连接移动端或网络端平台的前提下，将后台数据分析结果以 WebGIS 图形化展示。系统实现了监测数据的可视化显示，包括动态跟踪风速、风压等数字信息，同时以图表化实时发布，并在发现安全问题后及时报警，为网络服务与辅助决策分析处理矿山安全事务提供了可靠的数据依据。系统功能结构如图 6-28 所示。

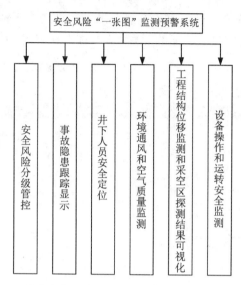

图 6-28　矿山安全风险"一张图"监测预警系统功能结构图

6.3.3　矿山安全双控管理信息系统功能

矿山安全双控管理信息系统以安全风险管控为终极目标，以危险源辨识和风险评估结果为实施依据，以风险预测和隐患及时整改为工作重点，以管控不安全行为为着力点，以矿山日常安全管理为手段，采用矿山安全风险辨识评价模型实现对风险的分级预警，尽可能地规避矿山伤亡事故，以保障矿山生产活动安全有效地进行为目的，在系统层面实现矿山安全双控管理。

1. 安全风险分级管控界面可视化

（1）风险数据库。

将以往的风险数据进行归纳和整理，通过查找任务名称、任务工序、日期等关键字来查询相应的风险信息，经过查询可以看到对应风险的风险类型、风险后果描述、风险值和风险等级等相关指标。同时，经过近期的风险点排查，由相关管理人员进行实时的数据库更新，使风险数据库的内容更加完善。风险数据库具体界面如图 6-29 所示。

图 6-29　风险数据库界面

（2）风险点排查台账。

相关人员对风险点排查结果进行录入，录入信息包括风险点名称、排查人员、排查日期、风险点位置、责任部门、主要责任人、风险因素、风险类型、风险点功能、风险点任务、具体工作步骤以及风险管控措施等。录入方式有逐个录入和批量录入两种，如图6-30所示；同时，录入的结果将实时显示在录入界面的下方，方便查看和修改，如图6-31所示。

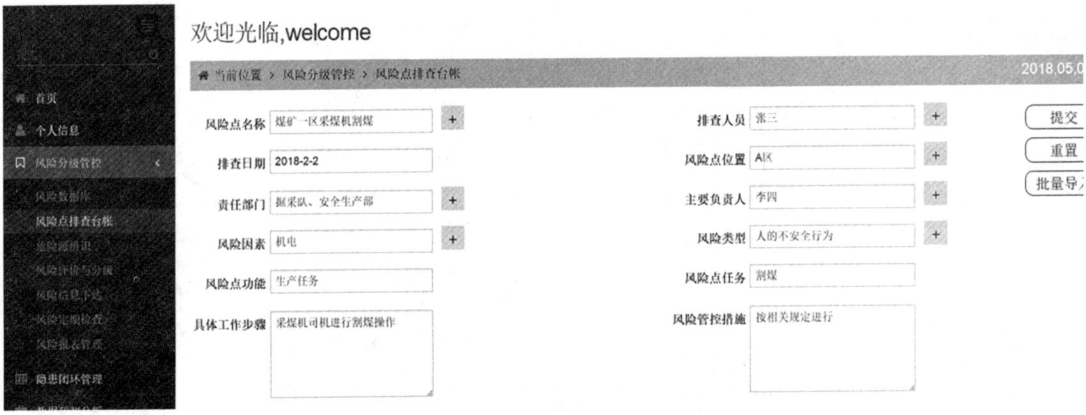

图6-30　风险点排查台账录入界面

图6-31　风险点排查台账记录界面

（3）危险源辨识。

由安全部门相关负责人对危险源辨识的结果进行录入，依次包括风险点名称、风险点编号、任务工序、危险源、辨识日期、风险后果描述、风险类型、事故类型、主要负责人、监管人员和监管部门等相关信息，如图6-32所示。录入之后的结果将显示在危险源辨识数据管理库之中，可根据需求进行检索查看，如图6-33所示。

（4）风险评价与分级。

由安全部门及相关主管部门负责人进行风险评价与分级录入（如图6-34所示），根据危险源辨识结果在操作栏中进行评价与分级工作，录入信息包括危害事件发生的可能性、危害事件发生的严重程度、风险值、风险等级和附件管理等，如图6-35所示。最后通过短信、邮件等方式对相关负责人进行通知。

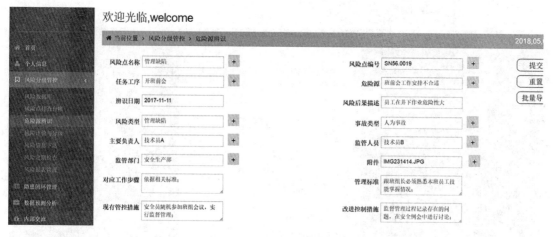

图 6-32　危险源辨识录入界面

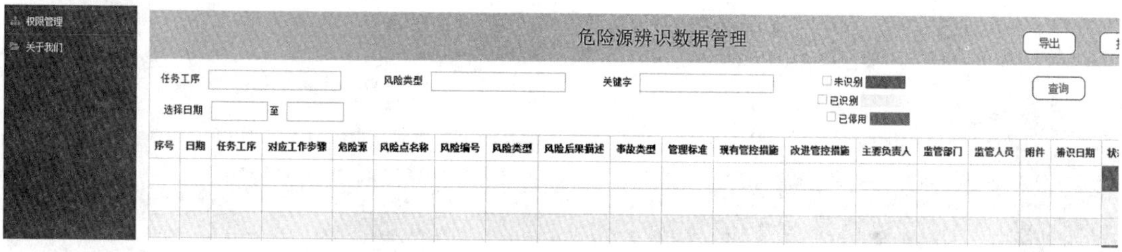

图 6-33　危险源辨识数据管理界面

图 6-34　风险评价与分级统计界面

（5）风险信息下达。

经过危险源辨识和风险评价工作之后，对重大风险进行筛选，提出相对应的管控措施（如图 6-36 所示），由安全部门相关人员协同有关科室负责人进行重大风险信息下达操作，包括风险内容、负责部门、主要负责人、下达时间、控制措施和附件管理等信息（如图 6-37 所示）。同时，对统计出的重大风险信息进行汇总，绘制各科室重大风险统计图（如图 6-38 所示），方便企业决策者和部门管理人员对信息进行收集和下达。

图 6-35　风险评价与分级操作界面

图 6-36　风险信息下达统计界面

图 6-37　风险信息下达操作界面

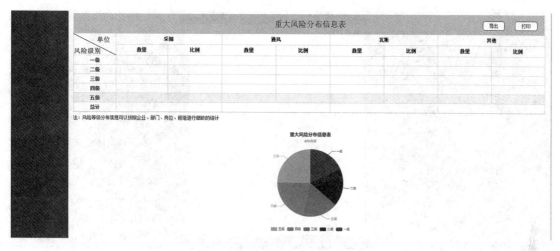

图 6-38　重大风险分布信息界面

（6）风险定期检查。

风险信息的定期更新由安全人员实施录入，参照风险评价与分级的结果（如图 6-39 所示）适度修改和补充，录入信息主要集中于 LSR 值的最新取值，同时应该填写相对应的修改说明，如图 6-40 所示。

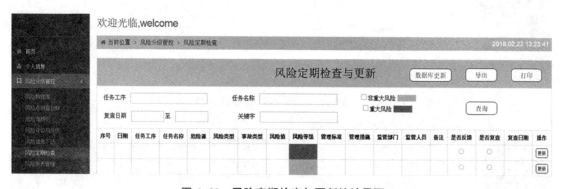

图 6-39　风险定期检查与更新统计界面

（7）风险报表管理。

由系统自动生成企业风险信息汇总报表，针对每一项任务工序均可以查找到相对应的风险信息，同时，可提供导出和打印功能，方便决策者、管理员以及各科室查阅，如图 6-41 所示。

2. 事故隐患排查治理界面可视化

（1）隐患排查知识库。

由管理员协同安全部门相关人员进行隐患排查知识库录入，可根据企业近年来的隐患数据进行填写，主要包括隐患编码、隐患类型、隐患内容、隐患分级、排查依据、排查周期、处置措施以及责任部门等信息。通过隐患标准数据管理库可以为企业隐患排查治理工作的开展提供指导，同时方便企业决策者以及相关负责人对隐患数据进行查阅，如图 6-42 所示。

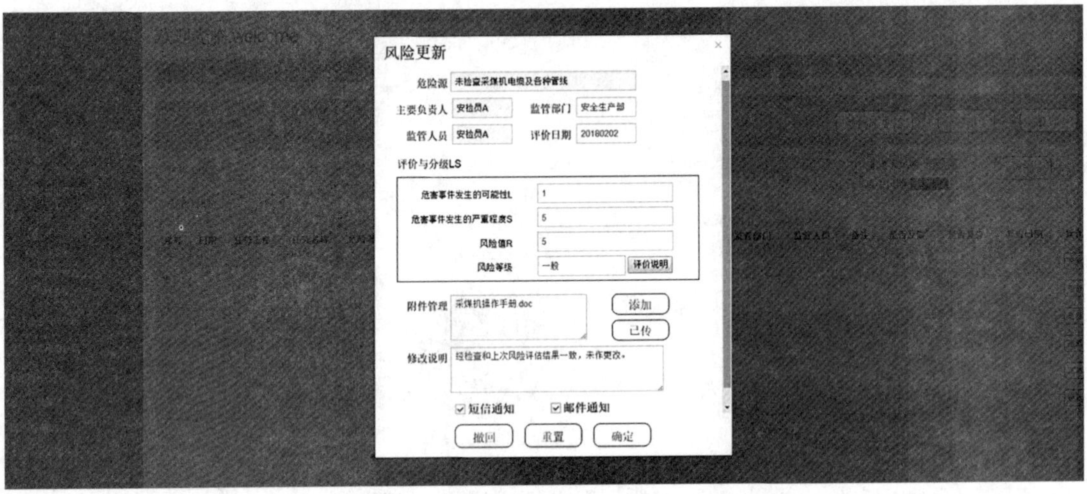

图 6-40　风险定期检查与更新操作界面

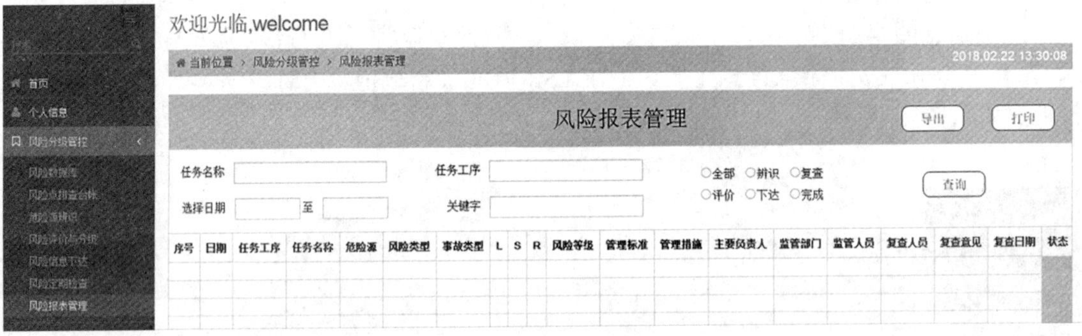

图 6-41　风险报表管理界面

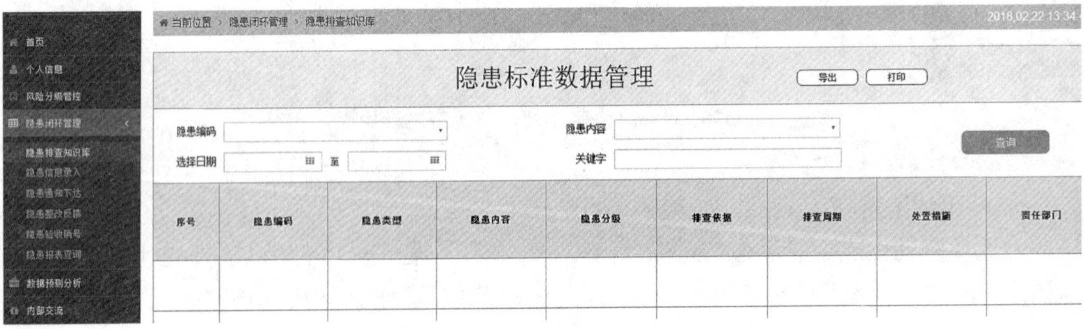

图 6-42　隐患排查知识库界面

(2)隐患信息录入。

由安全部门负责人协同各科室有关人员进行隐患信息录入，主要包括排查区域、隐患内容、隐患分级、排查人员、排查日期、排查周期、责任部门、责任人、排查依据、附件以及整改要求等信息如图 6-43 所示。有四种录入方式，即逐个录入、矿图录入、PDA 录入以及批量录入。录入后的结果将显示在下方的隐患排查治理记录表中, 方便查询。

图 6-43 隐患信息录入界面

(3)隐患通知下达。

根据隐患信息录入的结果, 由安全部门相关人员协同有关科室进行隐患信息下达操作, 在众多数据中可通过排查区域、隐患内容、日期或关键字进行精准定位(如图 6-44 所示)。隐患下达主要包括隐患内容、排查日期、整改期限、整改要求以及附件管理等信息, 如图 6-45 所示, 可采取短信、邮件通知两种方式进行。

图 6-44 隐患通知下达数据统计界面

图 6-45 隐患通知下达操作界面

（4）隐患整改反馈。

收到由系统下发的整改信息后，相关责任人进行隐患整改，然后在整改反馈界面进行填写，如图6-46所示。隐患整改反馈主要包括隐患内容、责任部门、责任人、整改时间以及整改措施等信息，如图6-47所示。隐患统计分析页面根据隐患影响程度进行分类统计，以便直观查看隐患排查治理情况。

图6-46　隐患整改反馈数据统计界面

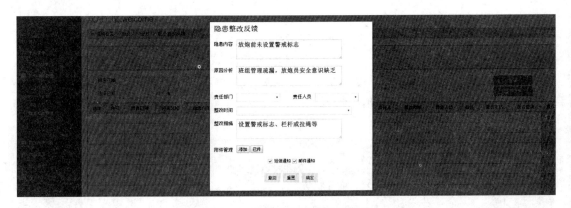

图6-47　隐患整改反馈操作界面

（5）隐患验收销号。

重大事故隐患验收销号统计表中加入了隐患整改反馈意见，如原因分析、整改措施、整改时间以及负责人等信息，如图6-48所示；然后由安全部门相关负责人进行复查验收操作，包括复查意见、复查时间、复查人以及状态选择等信息，如图6-49所示，由此来决定是否对该隐患进行销号处理。若不满足销号条件，应返回重新整改之后再次复查验收。

图6-48　隐患验收销号数据统计界面

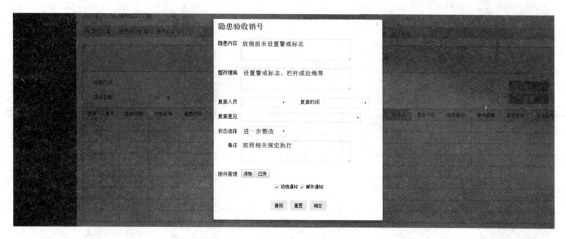

图 6-49 隐患验收销号操作界面

(6)隐患报表查询。

隐患报表查询为企业管理者以及部门相关负责人提供隐患查看依据,可以根据隐患时间、排查区域、隐患内容和隐患分级等相关信息进行分类查看,如图 6-50 所示,同时为事故调查分析和责任认定提供了依据。

图 6-50 隐患报表查询界面

3. 数据预测分析界面可视化

(1)风险可视化分析。

该界面的设定旨在为煤矿企业决策者提供企业内的直观式风险信息,可通过对矿区的选择生成各矿区风险信息的自动化三维图表,如风险数量统计图、风险等级三维模拟分布图和风险区域划分模拟图等,如图 6-51 所示。

(2)隐患数据分析。

该界面的设定主要是为企业决策者提供可视化的隐患对比分析图,分别以年、月、周为单位进行同比分析,可方便直观地查看企业各部门和科室的隐患情况,如图 6-52 所示。

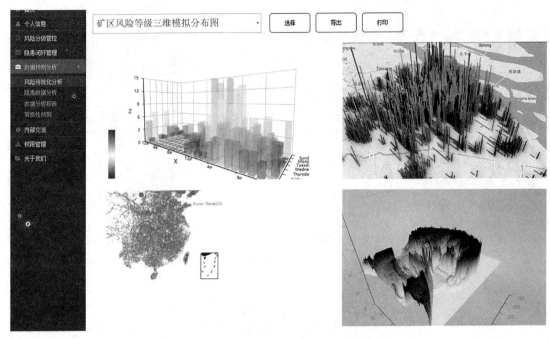

图 6-51　风险可视化分析界面

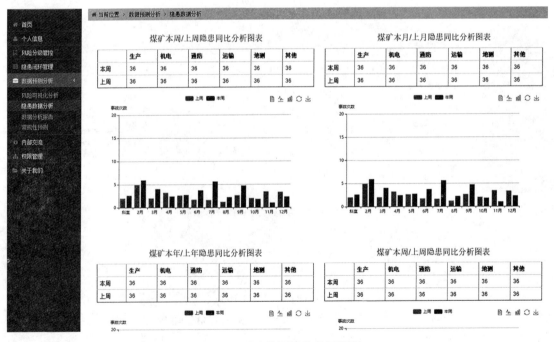

图 6-52　隐患数据同比分析界面

（3）常规性预测。

该界面的设定主要以预测为目的，借助数学的方法对企业内的相关安全指标进行预测，如煤矿瓦斯涌出量、煤矿机电事故死亡人数和百万吨死亡率等，如图 6-53 所示。

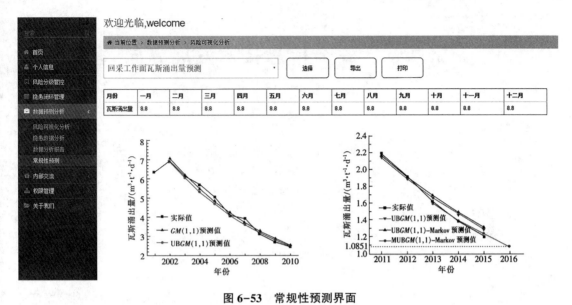

图 6-53　常规性预测界面

思考题

1. 什么是安全双控管理？风险、隐患和事故之间有怎样的关系和区别？
2. 阐明安全风险分级管控与隐患排查治理的工作流程。
3. 概述安全双控管理信息系统的构建步骤。
4. 如何应用作业条件危险性评价法（LEC）？
5. 阐述风险管控措施制订的原则。

第7章 安全信息技术发展方向

学习目标：

了解"互联网+"，云计算、物联网和区块链的基本概念，在掌握各新兴信息技术与安全生产领域相结合的安全信息技术新手段、新方法的基本含义和任务的基础上，理解其发展环境和发展方向。

学习方法：

基于对安全信息技术概念的理解，结合新兴信息技术的变革和发展趋势掌握安全信息技术新方法、新手段及其发展方向。

PPT

经过多年的发展，"互联网+"、云计算、物联网、区块链已经成为目前新兴信息技术产业中最热门的内容，也成为各科研机构、行业引领者讨论的重要主题。新兴信息技术的变革浪潮已经席卷全球。

随着相关信息技术产品产业基地的建立及政府支持政策的纷纷落地，新兴信息技术再也不是"云里雾里"的品类，这种新模式已经逐渐为政府、企业、个人所熟知，并作为一种新型的服务逐渐渗透到人们的生活和生产当中，它们正在改变我们的生活和生产方式。

那么这些新兴信息技术到底是什么？都具有什么样的特点？如今在安全领域各有什么样的发展趋势？本章将带你一一了解。

7.1 "互联网+安全生产"

7.1.1 "互联网+"的基本概念

"互联网+"是指在创新2.0(信息时代、知识社会的创新形态)的推动下由互联网发展而来的新业态，也是在知识社会创新2.0推动下由互联网形态演进、催生的经济社会发展新形态。

"互联网+"简单地说就是"互联网+传统行业"，随着科学技术的发展，利用信息和互联网平台，使得互联网与传统行业进行融合，利用互联网具备的优势特点，创造了新的发展机会。"互联网+"通过其自身的优势，对传统行业进行优化转型升级，使得传统行业能够适应当下的新形势，从而最终推动社会不断地向前发展。

"互联网+"是互联网思维的进一步实践成果，推动经济形态不断发生演变，从而催动社会经济实体的生命力，为改革、创新、发展提供广阔的网络平台。通俗地说，"互联网+"就是"互联网+各个传统行业"，但这并不是简单的两者相加，而是利用信息通信技术以及互联网平台，让互联网与传统行业进行深度融合，创造新的发展生态。它代表一种新的社会形态，即充分发挥互联网在社会资源配置中的优化和集成作用，将互联网的创新成果深度融合于经济、社会各领域之中，提升全社会的创新力和生产力，形成更广泛的以互联网为基础设施和实现工具的经济发展新形态。

李克强总理在 2015 年政府工作报告中首次提出了"互联网+"行动计划；同年 7 月，国务院印发《关于积极推进"互联网+"行动的指导意见》。所谓"互联网+"，就是充分发挥互联网在生产要素配置中的优化和集成作用，将互联网深度融合于经济社会各领域，形成以互联网为基础设施和实现工具的经济发展新形态。"互联网+"不是一种信息技术，而是代表一种新的经济形态，其本质是传统产业的互联网化。

从技术层面看，"互联网+"的巨大潜力源于两个方面。一是"互联网+"基础设施，包括"云""网""端"。"云"是指云计算、大数据基础设施，"网"是指互联网、物联网，"端"是指电脑、移动设备、可穿戴设备、传感器等。二是信息成为"互联网+"时代独立的生产要素。随着经济形态从工业经济转向信息经济，"互联网+"在农业基础设施（土地、水利设施等）和工业基础设施（交通、能源等）方面发挥着越来越重要的作用。

7.1.2　"互联网+安全生产"

1. "互联网+安全生产"的基本含义及任务

安全生产伴随着工业革命而产生，是人类社会发展和工业化进程中必然会遇到的问题。它不是一种产业形态，但是各种生产经营活动都需要安全生产。因此，"互联网+安全生产"涵盖于"互联网+"产业的形态演进过程之中，行业表现为从人们直接面对的零售业，到分销批发、生产制造、装备和原材料。

互联网化是传统产业转型升级的过程，生产经营活动中的安全生产水平得到了提升。比如说，"互联网+制造业"就是提高制造行业的智能化水平，通过实施设备减人、机器换人促进制造业升级换代。当越来越多的智能机器替代人工作业时，就会减少人员伤害，从而提高企业安全生产水平。"互联网+"产业的演进将会创新安全生产管理模式。人的不安全行为、物的不安全状态、环境的不安全条件都可用数据、信息来表示，这些被赋予语义的数据、信息称为安全生产信息。安全生产信息通过"云"进行存储、管理和分析，通过"网"进行传输，通过"端"进行采集或展现。企业安全管理人员通过分析信息，及时发现事故隐患和违法违章行为，实现事故的预警预控和预防；从业人员通过获取信息，及时发现作业场所的危险因素，实现自我防护，避免人身伤害；政府安全监管执法人员通过对安全生产信息的分析，及时发现生产经营单位的非法违法行为，落实依法治安，促进安全发展；社会公众通过获取安全生产信息，及时发现并举报安全生产非法违法行为，加强对安全生产工作的社会监督。"互联网+"的演进将会引领安全发展新时代，推动我国安全生产工作重心的转变，安全生产工作内容将从事故管理、人员伤亡向风险管理、职业健康、安全文化建设转变，安全监管手段将从人盯死守模式向精准化、智能化监管模式转变，安全管理方式将从安全监管向安全服务转变。

2. "互联网+安全生产"的发展环境

"工业互联网+安全生产"主要是通过工业互联网在安全生产中的融合应用，增强工业安全生产的感知、监测、预警、处置和评估能力，加速安全生产从静态分析向动态感知、事后应急向事前预防、单点防控向全局联防的转变，提升工业生产本质安全水平。

2020 年 10 月 10 日，工业和信息化部、应急管理部印发《"工业互联网+安全生产"行动计划（2021—2023 年）》。新"三年计划"提出到 2023 年底，工业互联网与安全生产协同推进发展格局基本形成，工业企业本质安全水平明显增强。一批重点行业工业互联网安全生产监管平台建成运行，"工业互联网+安全生产"快速感知、实时监测、超前预警、联动处置、系统评估等新型能力体系基本形成，数字化管理、网络化协同、智能化管控水平明显提升，形成较为完善的产业支撑和服务体系，实现更高质量、更有效率、更可持续、更为安全的发展模式。

一方面，"工业互联网+安全生产"是落实国家总体安全观的重要体现。安全是发展的保障，发展是安全的目的。实践证明，只有推动经济持续健康发展，筑牢解决风险挑战的基础，才能实现国家繁荣富强、人民幸福安康、社会和谐稳定、国家长治久安的目标。这就要求我们牢牢把握发展这个第一要务，牢固树立和深入贯彻新发展理念，以推动高质量发展为主题，以深化供给侧结构性改革为主线，以创新为根本动力，强化统筹协调发展，努力实现更高质量、更有效率、更加公平、更可持续、更为安全的发展。

另一方面，"工业互联网+安全生产"是协同落实制造强国、网络强国、平安中国等国家战略的有效手段。工业"互联网+"作为新型基础设施，能够实现人、机、物的全面互联和全要素、全产业链、全价值链的有效链接，为企业提质降本增效提供了新手段。安全生产作为重要的工业要素，能加速推进安全生产数据有效汇聚和服务安全生产监管，反向推动制造业的数字化转型；同时，工业互联网打通了设计、生产、管理和服务等环节的数据流，实现了资源的动态调配，增强了工业安全生产的感知、监测、预警、处置和评估能力，为加速安全生产从静态分析向动态感知、事后应急向事前预防、单点防控向全局联防的转变提供了重要支撑，能够显著提高本质安全水平和安全监管效率。

以"工业互联网+安全生产"新"三年计划"为行动指南，要加快信息技术的融合在安全方面的应用，通过推进工业互联网与安全生产同规划、同部署，建设监管平台和监测系统，提升工业互联网服务经济运行监测和工业基础监测的能力；通过聚焦设计安全、生产安全、服务安全和变更安全等关键环节，以海量应用加速信息技术创新产品、生产工艺和测试工具等工业基础能力迭代优化，提升本质安全水平；通过加快制修订关键标准，开展工业互联网与安全生产融合度评估，贯标新技术、新产品、新模式，通过贯标推广新技术、新应用，提升安全生产的规范化水平；通过坚持分业施策，围绕化工、钢铁、有色、石油、石化、矿山、建材、民爆和烟花爆竹等重点行业，开发安全生产模型库、工具集和工业 App，培育行业系统解决方案提供商和服务团队；通过落实企业网络安全主体责任，完善安全监测网络，支持企业工业互联网、工控安全产品和解决方案的开发和应用，提升企业工控安全和网络安全防护能力。

7.1.3 "互联网+安全生产"的发展方向

1.建设"工业互联网+安全生产"新型基础设施

通过建设新型基础设施，支撑安全生产全过程、全要素、全产业链的连接和融合，提升安全生产管理能力。为保障工业互联网与安全生产融合发展的落地推广，需构建新型基础设施作为主要载体，具体包含"两个平台、一个中心"。

"两个平台"是指工业互联网安全生产监管平台和数据支撑平台。中国安全生产科学研究院负责整合已有平台和系统，建设行业级工业互联网安全生产监管平台，负责应用工业互联网技术对安全生产进行安全生产全过程、全要素、全产业链的连接和监管，具备安全感知、监测、预警、处置和评估等功能，可提升跨部门、跨层级的安全生产联动联控能力。中国工业互联网研究院负责汇聚安全生产数据，建设和运行数据支撑平台，建立安全生产信息目录,开发标准化数据交换接口、分析建模和可视化等工具集,为行业级监管平台提供技术支撑。"一个中心"指的是"工业互联网+安全生产"行业分中心,由中国安全生产科学研究院具体负责建设与运维,通过建立安全生产数据目录,加强数据技术攻关,开发标准化数据交换接口、分析建模和可视化等工具集,对接重点行业"工业互联网+安全生产"监管平台,开展数据支撑服务,加速安全生产数据资源的在线汇聚、有序流动和价值挖掘。

2. 打造基于工业互联网的安全生产新型能力

安全生产新型能力是提升工业企业安全生产水平的关键,依托新型基础设施,打造安全生产的快速感知、实时监测、超前预警、应急处置和系统评估五大新型能力,推动实现安全生产全过程中的风险可感知、可分析、可预测、可管控。

快速感知能力主要面向安全生产全要素信息采集,通过分行业制订安全风险感知方案,围绕人员、设备、生产、仓储、物流和环境等方面,开发和部署专业智能传感器、测量仪器及边缘计算设备,打通设备协议和数据格式,制定智能传感、测量仪器和边缘计算设备的功能、性能标准并开展选型测评,推动设备协议和数据格式的进一步统一,构建基于工业"互联网+"的态势感知能力,为企业快速感知能力的提升提供落地保障。

实时监测能力主要面向生产过程,通过制定工业设备、工业视频和业务系统的"上云"实施指南,推动高风险、高能耗、高价值设备和 ERP、MES、SCM 及安全生产相关系统"上云上平台",开发和部署安全生产数据实时分析软件、工具集和语义模型,开展"5G+智能巡检",实现安全生产关键数据的云端汇聚和在线监测,为监测的全面性提供保障。

超前预警能力主要面向风险检测和预警,基于工业互联网平台的泛在连接和海量数据,通过制定风险特征库和失效数据库标准,分析各类采集的数据;通过数据和风险类别、风险程度等指标之间的对应关系,分行业开发安全生产风险模型;通过数据和零部件失效指标之间的对应关系,形成零部件失效特征模型。依托边缘云建设,将上述特征模型分发到边缘云端,通过边缘云和"5G+"边缘计算能力建设,下沉计算能力,加速对安全生产风险等的分析预判,从而实现精准预测、智能预警和超前预警。

应急处置能力主要聚焦事前演练排查和事中快速响应能力,通过制定多层平台联动框架和标准,指导解决方案团队建设安全生产事件案例库、应急演练情景库、应急处置预案库等,并基于行业级、企业级监管平台建设系统风险仿真、应急演练和隐患排查能力,综合降低安全生产损失,减少企业生产和财务风险。建设安全生产事件案例库、应急演练情景库、应急处置预案库、应急处置专家库、应急救援队伍库和应急救援物资库,基于工业互联网平台开展安全生产风险仿真、应急演练和隐患排查,推动应急处置向事前预防转变,提升应急处置的科学性、精准性和快速响应能力。

系统评估能力主要面向事后评估,通过制定基于工业互联网的评估模型和工具集的功能标准并开展选型测评,建立安全生产处置措施全面评估标准,为查找漏洞、解决问题提供保障,对安全生产处置措施的充分性、适宜性和有效性进行全面准确的评估,助推快速追溯和认定安全事故的损失、原因和责任主体等,进一步推动新型能力的迭代优化,实现对企业、区域和行业安全生产的系统评估。

3. 深化工业互联网和安全生产的融合应用

为保障工业互联网向安全生产场景纵深发展,支持工业企业、重点园区在工业"互联网+"建设中,将数字孪生技术应用于安全生产管理。提升工业企业可视化、透明化、网络化和智能化水平，需通过深入实施基于工业互联网的安全生产管理，推动生产、仓储、物流和环境等各环节各方面的管理模式升级，促进跨企业、跨部门、跨层级的生产管理协同联动，提升数字化管理、网络化协同、智能化管控水平，提升企业、园区的安全生产数据管理能力。

企业层面，要在推进工业互联网安全生产监管平台建设中，将数字孪生技术融合到安全生产管理中，对关键生产设备全生命周期、生产工艺全流程进行数字化管理，把一线人员从危险作业现场解放出来，实现少人、无人作业。

园区层面，要建设全要素网络化连接、敏捷化响应和自动化调配，实现不同企业、不同部门与不同层级之间的协同联动，全面开展安全生产风险仿真、应急演练和隐患排查，推动应急处置向事前预防转变。

行业层面，要推动行业安全管理经验知识的软件化沉淀和智能化应用，促进操作空间的集中化、操作岗位的机械化和运维辅助的远程化，提升安全生产管理的可预测、可管控水平。行业主管部门通过组织开展数字孪生、全要素网络化连接和智能化管控解决方案的公开遴选和推荐，培育壮大解决方案提供商和服务团队，扎实推进企业工业互联网与安全生产的深入融合应用。

4. 构建"互联网+安全生产"的支撑体系

为推动工业互联网和安全生产的深度融合，提高推广应用效率，需构建坚持协同部署、聚焦本质安全、完善标准体系、培育解决方案、强化综合保障五位一体的全面支撑体系培育工业互联网和安全生产协同创新模式。

一是以工业互联网和安全生产协同部署为先导，通过建立激励约束机制、加大资金投入力度等多种保障措施，引导行业主管部门、地方政府、企业等建设"工业互联网+安全生产"监管平台，实现行业级平台与企业级平台的跨层联动联控，提升工业"互联网+"服务安全生产、经济运行监测和工业基础监测的能力。

二是以聚焦本质安全、加速相关产品海量应用迭代优化为抓手，通过组织应用试点，促进信创产品、生产工艺和测试工具等在安全生产各重要环节的验证应用、迭代优化和推广，提升企业本质安全水平。

三是以完善标准体系推广新技术、新应用为驱动，鼓励加快制修订国家标准、行业标准和团体标准，规范工业"互联网+"与安全生产标准深度融合形成的新技术、新模式和新业态，同步配合开展自动化贯标工具设计开发和选型测评，支撑标准的推广应用，提升安全生产的规范化水平。

四是以培育行业解决方案，开发模型库、工具集和工业 App 为依托，面向化工、钢铁、有色、石油、石化、矿山、建材、民爆和烟花爆竹等重点行业，组织制定"工业互联网+安全生产"行业实施指南，引导解决方案提供商和服务团队建设基于工业互联网的安全生产监管平台，围绕安全生产开发相关模型、工具集和工业 App 等，提升安全生产服务、产品和解决方案供给水平。

五是以完善工程控制安全监测网络为保障，强化落实企业网络安全主体责任，引导企业开发和应用工业互联网、工控安全产品和解决方案，避免通过工业"互联网+"引入工控安全新风险，提升企业安全防护水平。

7.2 "云计算+安全生产"

7.2.1 云计算的基本概念

1. 云计算的概念及内涵

2007 年以来，云计算成为 IT 行业最引人关注的话题之一，也是当前大型企业、互联网的 IT 建设正在考虑和投入的重要领域。云计算的兴起，催生了新的技术变革和 IT 服务模式。但是对大多数人而言，云计算还是一种不确定的定义。到底什么是云计算？

目前受到广泛认同并具有权威性的云计算定义是由美国国家标准和技术研究院于 2009 年提出的：云计算是一种可以通过网络接入虚拟资源池以获取计算资源(网络、服务器、储存、应用和服务等)的模式，只需要投入较少的管理工作和耗费极少的人为干预就能实现资源的快速获取和释放，并且具有随时随地且按需使用等特点。

综上，云计算的核心是可以自我维护和管理的虚拟计算资源，通常是大型服务器集群，包括计算服务器、存储服务器和宽带服务器。云计算将计算资源集中起来，并通过专门软件实现自动管理，无须人为参与。用户可以动态申请部分资源，支持各种应用程序运转，无须为烦琐的细节而烦恼，能够更加专注于自己的业务，有利于提高效率、降低成本，实现技术创新。云计算的概念模型如图 7-1 所示。

根据这些不同的定义不难发现，无论是专家学者还是云计算运营商或是相关企业，其对云计算的看法基本上还是具有一致性的，只是在某些范围的划定上有一定的区别，这也是由云计算的表现多样性带来的。不同类型的云计算有不同的表现形式，想用一个统一的概念来概括所有"云"的特点是比较困难且不切实际的。只有通过描述云计算中比较典型的商业模式的特殊性才能给出一个较为全面的概念。

2. 云计算的特点

作为一种新颖的计算方式，云计算的可扩展性、有弹性、按需使用等特点得到了业界和学术界的认可。国内云计算方面的专家刘鹏教授在其专著中也提出了云计算的七大特征，该观点也受到了国内业界的普遍认可。

①超大规模。无论是 IBM、Google、亚马逊等跨国大型企业所提供的云计算，还是国内企业私有云，一般都具有上百台甚至上百万台服务器，规模巨大，同时为客户提供了前所未有的计算资源和能力。

②虚拟化。虚拟化是支撑云计算的最基础的技术基石，使得用户可以在任何时间地点使用终端接入云，以获取应用服务。

③高可靠性。相比本地计算机，云计算采用了数据多副本容错等措施，可靠性更高。

④通用性。云计算的构架支持开发各种各样的应用且一个云计算可以允许多个应用同时运行及操作。

⑤高可扩展性。高可扩展性也是云计算的一大重要特征，可实现云计算资源的动态伸缩，以满足客户不同等级和规格的需求。

⑥按需服务。用户可以像购买资源那样从"云"这个庞大的资源池中购买自己所需的应用和资源。

图 7-1 云计算的概念模型

⑦极其廉价。云计算的自动化集中式管理省去了企业开发、管理及维护数据中心的成本和精力，且可以通过动态配置和再配置大幅度提高资源的使用率。

3. 云计算的分类

云计算是一种通过网络向客户提供服务和资源的新型 IT 模式。通过这种方式，软硬件资源和信息可以按需要弹性地提供给客户。目前几乎所有的大型 IT 企业、互联网企业和电信运营商都涉足云计算产业，提供相关的云计算服务。

云计算按照部署的方式分为私有云、公有云、社区云和混合云，如图 7-2 所示。

①公有云。公有云又称为公共云，即传统主流意义上所描述的云计算服务。目前大多数云计算企业主打的计算服务就是公有云服务，一般可以通过接入互联网使用。此类云一般是面向大众、行业组织、学术机构和政府机构等，由第三方机构负责资源调配，例如 Google 的 Google App Engine。公有云的核心属性是共享资源服务。

②私有云。私有云是指仅仅在一个企业或者组织范围内部所使用的云。使用私有云可以有效地控制其安全性和服务质量等。此类云一般由企业或者第三方机构或者双方共同运营及管理，例如支持 SAP 中化云计算的快播私有云就是国内典型的私有云服务。私有云的核心属性是专有资源。

③混合云。混合云就是将单个或者多个自由云与单个或者多个共有云结合为一体的云环境。它既具有公有云的功能，又可以满足客户出于安全和控制的原因对私有云的需求。混合

云内部的各种云之间是相互独立的，但同样也可实现多个云之间的数据和应用间的相互交换。此类云一般由多个内外部的提供商负责管理与运营。混合云的实例有荷兰 iTricity 的云计算中心。

④社区云。社区云是面向具有共同需求(隐私安全政策等方面)的两个或多个组织内部的"云"，隶属于公有云概念的范畴。该类型的云一般由参与组织或者第三方组织负责运营与管理。深圳大学城云计算公共服务平台和阿里旗下的 PHPWind 云就是典型的社区云，其中，前者是国内首家社区云计算服务平台，主要服务深圳大学城园区内各个高校单位教师职工等。

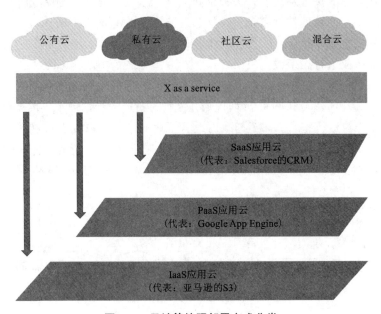

图 7-2 云计算按照部署方式分类

7.2.2 "云计算+安全生产"

1. "云计算+安全生产"的基本含义及任务

安全生产管理是一个企业能否健康发展的命脉，而大数据、信息化管理是构建现代企业管理的基础，两者的结合则是现代企业发展的大趋势。2017年，国家安全生产监督管理总局在《全国安全生产"一张图"地方建设指导意见书》中提出要加快实现全国安全生产信息化"一盘棋""一张网""一张图""一张表"的总体目标，实现业务系统健全完善、应用系统集成整合、数据资源集中管理、数据资源有效共享的建设目标。

目前，大部分企业信息化建设工作早已实现了由简单数据处理向管理信息系统应用的转变，但仍存在以下问题：

①安全管理的统筹度不高、覆盖面不全，存在安全管理盲区，管理体制有待进一步提升。安全管理涉及的相关职能部门及监督企业众多，综合性强、关联度高，但一些管理体制尚未完全被理解。

②实践中由于工作统筹不够，多部门联动难以实现，企业主体责任不落实，安全监管有待完善。高危企业缺乏有效的安全监管手段，未形成安全生产状况的动态掌握机制。

③对重点企业及重大危险源缺少有力的管理和监督，不能实时动态掌握重点企业和重大危险源的相关信息，不能及时发现隐患，对监督信息的了解存在滞后性，容易造成管理者的预判与实际不相等，影响决策统筹。

④数据共享平台不健全，尚未实现纵向与上级部门、横向与安委会及监督企业的数据交换。没有完善的数据共享平台、信息不畅、情况不明等问题严重影响安全管理部门的责任落实。上级不能及时掌握下属的安全生产情况，各部门之间不能及时交换安全管理数据，容易出现信息重复叠加或者"信息孤岛"。

⑤缺乏专业支撑的预警系统，无法提前进行风险预控，增加了遏制重特大事故的难度。来自不同部门及企业的管理数据繁杂，监督部门缺乏专业的预警分析工具，无法直观清晰地掌握各项业务的安全管理状态，以及各项业务之间的连锁反应，潜在的隐患无法预测，极易因处理不及时而造成重特大事故。

通过上述对安全生产管理的需求及现状的分析，结合目前国内外信息技术的发展，同时响应 2015 年国家提出的"互联网+"行动计划，企业的安全生产管理不仅需要建立，还需要与企业的其他业务板块进行整合，甚至与政府或者行业的信息化系统进行对接。要解决这些问题，可以通过云计算技术来整合分散的计算、存储、数据和业务资源，从而解决各部门业务系统分散、基础设施利用率低、重复建设、应用部署灵活性不高、运维困难等问题，进一步降低行政成本。

企业安全生产管理信息化云平台架构如图 7-3 所示。

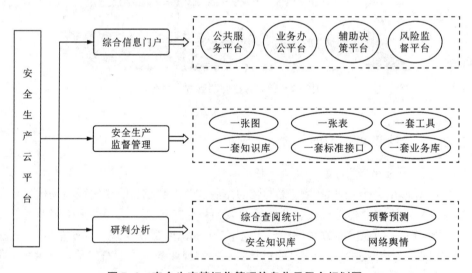

图 7-3　安全生产精细化管理信息化云平台规划图

该系统将目前企业安全生产管理中日常涉及的安全生产文件、工作动态、隐患排查、事故上报、信息台账、档案管理、ES 系统和安全管理等基础信息设置在业务应用系统中。在进行云平台搭建时，通过将底层资源进行云池化，实现资源的灵活调度及按需取用，通过安全建设，实现云内部的安全防护，从而更好地承载安全生产的精细化管理和信息化业务。

2. "云计算+安全生产"的发展环境

随着行业的需求加大，无论是政策上还是大环境上，我国都大力支持并推进云计算强有力地发展。

云计算的大规模发展有赖于底层基础设施的成熟完善，因为云计算的不断增加会对传统的网络架构带来巨大的挑战。在过去的几年间，我国一直在不断加强网络的基础建设。2015年我国网络投资在4000亿元水平，同比增长10%，2016—2017年投资累计超过7000亿元。2017年11月26日，中共中央办公厅、国务院办公厅印发了《推进互联网协议第六版(IPv6)规模部署行动计划》，提出用5~10年的时间，形成下一代互联网自主技术体系和产业生态，建成全球最大规模的IPv6商业应用网络，实现下一代互联网在经济社会各领域的深度融合应用，成为下一代互联网发展的重要主导力量。

2010年，为更好地推动云计算技术的发展，国家发展改革委、工业和信息化部联合发布《关于做好云计算服务创先发展试点示范工作的通知》，认定北京、上海、无锡、杭州和深圳五城市先行开展工作，以加快我国云计算创新服务的快速发展，全面推动云计算产业的落地建设。目前，上海市通过"基地+基金"的方式促使中小企业利用云计算在医疗、教育、交通等领域进行创新创业；无锡建设城市云计算中心，利用云计算开展养殖业的物联网应用；深圳获批建设国家超级计算深圳中心，重点发展科学计算、图形图像领域业务，大力培育生物、医药、海洋、矿产等领域业务，积极拓展工程计算、大数据分析、人工智能等业务。

2017年，工信部发布了《云计算发展三年行动计划(2017—2019年)》，从提升技术的水平、增长产业的能力、推动行业的应用、保障网络安全、营造产业环境等多个方面提出了重点任务。尤其是在行业应用方面，以工业云和政务云为基础，加快信息系统向云平台的迁移，加强与各行业主管部门的协作，大力推动行业云的建设，为传统行业上云提供可靠的云计算解决方案。

结合现有的云计算建设基础和推进云计算发展过程中面临的问题，2018年我国正式启动网络强国建设三年行动，进一步加大网络基础的建设力度。该行动以网络建设为基础，聚焦数字经济发展"硬件"升级，主要围绕城市和农村宽带提速，下一代互联网等领域的部署。随着网络基础设施日益完善，移动通信设置建设步伐的加快，传输网络设施的快速发展，底层设施的日益壮大都将为云计算产业的蓬勃发展铺平道路。

7.2.3 "云计算+安全生产"的发展方向

云计算发展至今，在多个行业中的研究及应用已经全面展开，有着巨大的市场潜力，在业界持续的应用与探索下，云计算的发展进入了一个新的阶段。但是由于安全行业的特殊性，云计算在安全行业的创新性实践目前还比较少。

1. 应急信息资源云

我国从2006年开始实施应急管理信息化建设(金安工程)，它使我国安全生产应急平台体系的建设得到了积极推进，我国安全生产应急管理走上了科学发展的信息化之路。

1)应急信息资源云的定义

随着云计算技术的发展，专家预言云计算将成为第三次信息技术产业革命，传统的信息系统向云计算平台的迁移将成为趋势和必然。因此，应急信息资源云可作为我国安全生产应急云平台下的子云，可建成一个数据集成、业务集成、系统集成和平台集成的一体化应急信息资源管理应用平台，该平台将涵盖我国安全生产应急资源信息的所有要素，为应急需求者提供各种应急资源信息服务。

2）应急信息资源云的组成

随着信息技术的高速发展，应急信息资源的建设显得愈发重要，影响着企业的应急响应能力及应急救援能力，构成了国家灾害应急体系及其能力建设的关键组成部分。结合应急管理理论，本小节将应急云体系结构中的信息资源层对应为应急信息资源云，立足应急管理的预防、预备、响应和恢复四个阶段所需的应急信息资源，提出应急信息资源可分为应急保障类资源、应急模型类资源、应急知识类资源和应急软件类资源，这些资源分别对应着云中的应急保障资源服务、应急模型资源服务、应急知识资源服务和应急软件资源服务，如图7-4所示。

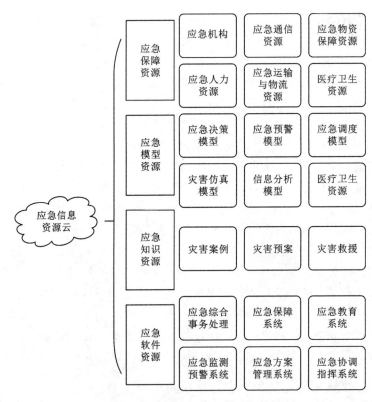

图7-4　应急资源云运行模式

应急保障资源是指应急管理体系为有效开展应急活动、保障体系正常运行所需要的人力、物力、财力、设施、信息、技术等各类资源的总和。可以依据现有的《国家应急平台体系信息资源分类与编码规范》中对于应急保障资源的分类，将应急保障资源分为应急机构、应急人员、应急物资保障资源、应急通信资源、应急运输与物流资源、医疗卫生资源。

应急智能决策系统是煤矿企业制定科学合理的应急决策的关键要素，而模型库则是应急智能决策系统的核心部件，分别存储用于科学决策和分析的各类应急决策模型、预测预警模型、物资调度模型、仿真模型和信息集成分析模型等。

应急知识资源是事故应急救援的决策者做出正确决策的理论依据，本书将《国家应急平台体系信息资源分类与编码规范》中不同信息分类下的应急知识（信息分类代码为50000）、应急预案（信息分类代码为60000）、应急演练信息（信息分类代码为91A00）和应急案例知识

（信息分类代码为92A00）等作为应急知识资源，向不同应急知识资源需求者提供快速、高效、便捷、准确和智能的以文本、图形、图表、语音视频等为表现形式的应急云服务。

应急软件资源指在应急管理事前、事中、事后，承担安全事故预防、预警、响应和恢复四个阶段相应任务的软件系统。根据我国安全生产应急平台软件开发技术规范的要求，应急软件系统主要包含以下应用系统：①应急综合业务管理系统，主要实现应急日常业务管理功能，信息接报是综合业务管理系统的核心功能，主要包括应急值守、数据统计分析和日常业务管理；②应急保障系统，主要包括资源保障、知识管理、案例管理和应急能力评估；③应急模拟演练系统，是一套包含计划方案制订、过程推演跟踪、结果评估总结于一体的桌面推演系统；④应急监测预警系统，主要包括重大危险源管理、风险预测子系统和风险预警子系统；⑤应急方案编制管理系统，主要包括事故信息、预案推荐、综合研判、智能方案和救援总结；⑥应急协调指挥系统，主要包括任务管理、资源调度跟踪、救援情况监控、情况报告、通信和视频系统集成。

3）应急信息资源云服务

云环境下的一个应急资源支持服务是一系列可以被共同以一个整体的形式提供的云服务（公有云形式）。应急信息资源可能是服务输入，也可能是服务输出。服务输入是对提供的云服务的预先需求，服务输出是云服务的结果。应急信息资源云服务输出的结果可能生成新的应急信息资源或者云服务，这个结果可以反映应急服务需求者从一项云服务中获得的知识或者能力。

应急信息资源云服务是指云服务提供商满足服务对象的应急信息资源需求的过程，如图7-4所示。这里的需求涉及对应急信息资源的采集、设计、开发、传输、使用和评价等内容及相应的服务。同时，服务对象不必关注服务内容的IP层的技术实现与支撑环境相关的任何底层细节，而且服务能力具有良好的可扩展能力、快速的可伸缩能力和优良的性价比，表现为工矿企业对应急信息资源服务可以随时获取、按需使用、随时扩展、按使用付费。相比传统的应急信息服务，应急信息资源云服务基于云计算的技术理念，设计并构建了透明服务、"云"+"端"应急信息资源服务的新模式，打破了传统的应急管理信息化的边界，让更多的企业拥有平等的可用的信息化服务。

2. 矿山云

智能矿山是一个复杂的系统工程，当前已有很多关于智能矿山的论述，智能矿山的建设也得到越来越多的关注。目前的智能矿山工程建设形式多样，有的面向矿山自动化，有的面向地质测量、"一通三防"和采掘设计，也有的面向人员定位、光纤环网和井下通信系统，还有的以卡车调度、监测监控和安全检查系统为主。综合现有论述和建设案例，对智能矿山给出如下定义：智能化矿山指将云计算、大数据、5G、物联网等新一代信息技术与矿山生产过程深度融合，实现矿山设计、掘进、开采、运输与提升等环节自规划、自感知、自决策与自运行，从而提高矿山生产率和经济效益，通过对生产过程的动态实时监控，将矿山生产维持在最佳状态和最优水平。

然而，面对上述要求，如果仍然采用常规的数据存储与管理方法来获取对海量数据流的存储和分析，将会面对很严峻的挑战。首先，需要庞大的基础设施投资和维护开销。因为数字矿山是一个复杂、开放的巨系统，其中包含数目众多的数据采集分系统，以及与其相对应的计算机处理与存储系统和高速通信信息网络系统。如果按照常规方法给每个系统都配备一套专有的生产运行环境，将会带来惊人的前期投入。其次，由于各分系统之间的数据独立、相互隔离，"烟囱现象"严重，常规建设方法会给海量异构数据的处理挖掘带来障碍。最后，还会造成信息平台的利用率偏低和存储计算资源使用不均衡的现象，体现为一部分服务器处理能力明显不足需扩容，另一部分服务器的处理能力却被大量闲置。因此，建立数字矿山云计算平台，可以有效整合系统中现有的计算资源，为各种分析计算任务提供强大的计算与存储能力支持。云计算能支持各种异构计算资源，与集中式的超级计算机相比，其可扩展性更强，且可以在现有计算能力不足时方便地升级。此外，与传统的计算模式相比，云计算还具有便于信息集成和分析，便于软件系统开发、维护和使用等优点。总之，建立基于云计算的数字矿山核心计算平台，可以有效解决前已述及的未来数字矿山在计算和信息处理方面所遇到的一些重要挑战。

1）矿山云的定义

矿山云是一个基于矿山实际情况而搭建的矿山信息资源池，是集成矿山基础建设、生产、运营数据的一体化云计算平台。该平台可对数据进行处理和分析，并筛选、开发满足矿山各部门专业需求的业务模型，形成矿山生产运营，数字化、绿色矿山建设，科研创新，基础建设等服务，并通过服务等技术手段构建开放式的数据集成与共享平台。

2）矿山云的组成

矿山是一个复杂的动态时空巨系统，其地理空间要素、资源环境信息和生产经营信息内容广泛、综合复杂、变化迅速。下面分析数字矿山信息平台的应用需求。结合云计算的虚拟化、平台管理、海量分布式存储、数据管理等关键技术可知，矿山云平台的主要组成包括海量数据的分布式存储与管理、海量数据的专业化分析与处理、异构资源的集成与管理，主要对应智能矿山所需求的数据存储服务、数据分析服务、数据整合管理服务。

①海量数据分布式存储与管理。对于一个矿山来说，地质条件的复杂多变，加上长期的地质生产勘探、矿山生产建设，必将积累了浩如烟海的信息资料，并且随着地质工作的深入和矿山生产的不断发展，必将继续产生大量新的数据资料，常规的数据存储与管理方法将无法经济地满足海量数据存储与管理的需求。面对数字矿山在生产过程中产生的海量数据，云计算采用分布式存储的方式来存储，并采用冗余存储与高可靠性软件的方式来保证数据的可靠性。云计算系统中广泛使用的数据存储系统之一是 Google 文件系统（GFS）。GFS 将节点分为三类角色：主服务器、数据块服务器与客户端。客户端首先访问主服务器，获得将要与之进行交互的数据块服务器信息，然后直接访问数据块服务器完成数据的存取。由于客户端与主服务器之间只有控制流，而客户端与数据块服务器之间只有数据流，系统的整体性能得以提高，因此，云计算可以满足数字矿山信息平台对海量数据存储的需要。

②海量数据专业化分析与处理。海量基础数据必须经过处理才能增值利用，所以数字矿山必须支持丰富的数据处理方法库，一般处理方式有数据本身的统计分析、数据挖掘和专业分析处理。专业分析处理需要研究采掘、供电、运输、通风和给排水等各生产子系统的工作运行原理，然后根据生产及市场需求研究建立相关数学模型（比如通风网络解算），制订良好的访问接口，为其他应用系统服务。这些大规模的专业化分析处理计算已远远超出普通计算系统的承受能力。

③异构资源的集成与管理。矿山系统存在大量多源、异质、异构的数据，这些数据很多都以独立的形式存在，即使在同一个矿企内部，不同部门之间的这种现象也普遍存在。这些"信息孤岛"的存在对于矿山企业中数据的统一管理、各部门间的协调配合造成了诸多不便，

同时造成了数据库的重复建设和人力、财力的浪费。云计算可以充分整合矿山的业务数据信息与计算资源，建立业务协同和互操作的信息平台，满足智能矿山对信息与资源的高度集成与共享的需要。与网格计算采用中间件屏蔽异构系统的方法不同，云计算利用服务器虚拟化、网络虚拟化、存储虚拟化、应用虚拟化与桌面虚拟化等多种虚拟化技术，将各种不同类型的资源抽象成服务的形式，针对不同的服务用不同的方法屏蔽基础设施、操作系统与系统软件的差异。

3）矿山云服务

云环境下的一个矿山信息资源服务是将矿山建设及生产过程中产生的一系列数据以一个整体的形式提供的云服务（社区云形式），如图 7-5 所示，可以有效减少矿山在数据存储和数据分析等方面的投入，为矿山节约成本，也可接入井下实时数据，通过大数据分析对井下安全生产健康体检预报，对高危环境、高危设备进行进行判断，并以数据和曲线的形式展示判断结果，提高井下的生产安全效益，提高矿山运营管理部门的整体信息化系统运行效率，从而有效提高安全和生产技术现代化管理水平。有利于加强矿区资料的系统管理。目前矿山资料实现了汇交、库存、借阅等全流程管理，将资料进行系统化的清理和整理，在电子标签中嵌入编目后的资料，以此为基础，实现库存管理、借阅管理等的智能化发展，我们需要实现资料社会化服务的有效推进，以此实现潜在价值的更好发挥，打造科学智能矿山。通过将各类传感器、红外装置等安装在矿山巷道、采掘面、运输车辆等部位，来采集一些关键的信息，并对信息进行及时的反馈。矿山管理中心在得到这部分信息后，可以为后期的一系列工作提供有效的参考。充分地利用正在从海量走向大数据的地质领域数据，结合矿产资源评价、预测、勘探和开采等需求，采用云计算等数据挖掘方法进行分析，找出有价值的知识与规律，为矿山开展的找矿突破工作提供有效的信息支撑。

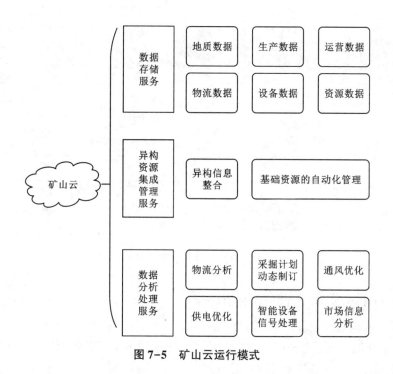

图 7-5 矿山云运行模式

7.3 "物联网+安全生产"

7.3.1 物联网与"万物互联"的基本概念

物联网概念最早是1999年由美国 Auto-ID 首次提出。2008年初，IBM 抛出了"智慧地球"概念，使得物联网成为热门话题。

物联网是继计算机、互联网与移动通信网之后的又一次信息产业浪潮，目前国际上还没有形成一个关于"物联网"的明确通用的官方定义。现阶段广泛认为物联网是指把所有物品通过射频识别、红外感应器、遥感技术、全球卫星定位系统和三维激光探测等信息传感设备与互联网连接起来，实现智能化识别和可管理的网络。物联网具有三个特点，即全面感知、可靠传递以及智能处理。

物联网可分为三层，即感知层、网络层和应用层，具体组成如图7-6所示。感知层是物联网结构体系的基础，物联网对物体的感知依赖的是感知技术，通过装置在各类物体上的射频识别、传感器、二维码等，经过接口与无线网络相连，从而实现对物体的感知。感知层所涉及的主要技术有射频识别（RFID）技术、3S监测系统、短距离无线通信技术（Wi-Fi、蓝牙、ZigBee 等），其中应用比较广泛的两类感知技术是射频识别（RFID）技术和无线传感网（WSN）技术。RFID 技术主要用于绑定对象的识别和定位，通过对应的阅读设备对 RFID 标签 Tag 进行阅读和识别；WSN 技术则是利用部署在目标区域内的大量节点，协作感知、采集各种环境或监测对象的信息，获得详尽而准确的信息，并对这些数据进行深层次的多元参数融合、协同处理，抽象环境或物体对象的状态。

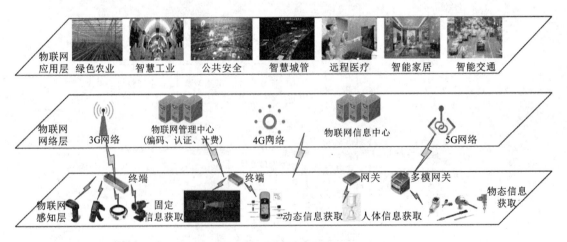

图7-6 物联网服务模式

网络层也叫传输层，它是整个物联网的神经中枢，建立在现有的移动通信网和互联网上，包括各种接入设备、通信以及与互联网的融合，从而实现"物与物""人与物"以及"人与人"之间的信息交流。目前，使用非常广泛的信息传输技术主要包括2G、3G、4G、5G通信网络，以及互联网、广电网络和无线网络等方式。

应用层主要负责物联网在这个行业的拓展应用，由多样化的行业应用系统构成，其主要组成部分是应用层协议，不同的应用系统有不同的应用层协议。感知数据的管理和处理是物联网应用层的核心功能，包括海量数据存储、云计算、知识发现、智能决策等。物联网利用后台数据库技术、数据挖掘技术、云计算与海量计算等技术进行数据处理，为用户提供丰富的特定服务。云计算是一种计算模式，它采用计算机集群构成数据中心，将存储资源、软件与应用作为服务，通过网络的形式交付给用户，是物联网支撑技术的重要组成部分。应用服务子层的关键是行业软件开发、应用条件下的智能控制等开发技术，是各类信息技术的综合使用，其目的是为用户提供丰富多彩的物联网应用。

7.3.2 "物联网+安全生产"

1. "物联网+安全生产"的基本含义及任务

物联网是一种借助 GNSS 技术、RS 技术、射频识别技术、红外感应和三维激光探测技术等采集物体信息，借助互联网实现物与物、物与人的普遍连接的技术模式。安全是生产管理的第一要义，企业若想创造安全生产环境，就应该引进大数据技术、物联网技术，构建安全生产监控管理大数据平台，实时采集生产要素信息，进行科学管理，切实保障生产安全。

但是随着生产工作的开展，面对越来越多的数据信息会出现，如何有效利用这些信息，把控当前安全生产水准，优化安全生产管理机制，是这项工作中的重点内容。构建大数据平台，能够有效解决这一问题。大数据平台中集成了数据采集技术、数据存取技术、数据处理技术、统计分析技术、数据挖掘技术等多项核心技术，数据容量大、数据处理效率高，能够提高数据信息利用率，归纳总结出生产事故的季节性、周期性发生规律，明确事故特征，追踪事故根源，采取有效的预防性措施；同时，预测警示生产事故的发生，以提前做好应对，有效降低事故发生率，减少事故造成的人员伤亡及财产提失。

不过，在当前大数据平台建设过程中，由于标准规范不完善，安全生产监控管理数据的有效性、可靠性偏低，会影响到后续的数据分析、挖掘，且目前所构建的大数据平台只适用于煤矿与危化品的安全生产监控管理，应用领域有待拓宽。物联网技术的应用有效解决了上述问题，高效采集数据信息可为数据处理、分析和挖掘提供基础。安全生产监控管理大数据平台由感知层、网络层、设备层、数据层、支撑层、应用层和用户层组成，物联网技术在上述层级中均发挥着重要作用。在工作过程中，企业可安装信息传感器、射频识别技术系统、激光探测器等物联网基础设施，结合其他渠道，广泛采集安全生产、重大事故、风险控制、自查自报和应急救援等数据，借助网络层传输到数据层中，由支撑层为应用层提供技术支持，提供数据调取、推动和访问权限配置等服务。

具体来说，在安全生产监控管理大数据平台中，应用物联网技术具有以下优势：①随着社会的进步，危化品生产储存、特殊设备生产、建筑行业等风险系数高的行业持续发展，不少企业忽略了生产安全这一要点，对于安全生产监控管理力度不够，管理手段落后，而应用物联网技术，能够高效采集生产要素具体信息，并传输到大数据平台，有效保障生产数据的准确性、即时性、全面性，为安全生产监控管理提供数据基础；②应用物联网技术，能够采集大量生产要素信息，其中包括事故发生之前一段时间的数据，管理人员可以分析上述数据，发掘事故发生规律，分析事故发生的原因，从而提出针对性的防控措施，提升生产事故根源控制水平，降低事故发生率。

2．"物联网+安全生产"的发展环境

我国物联网起步较发达国家稍晚，政府自 2008 年充分认识到物联网产业对于经济发展的拉动力后，对我国物联网产业的建设发展给予了高度关注和重视。

从 2010 年开始，物联网政策文本数量呈现出快速增长的态势，发展物联网成为国家层面的战略。2010 年 3 月，全国两会政府工作报告中明确指出，利用物联网技术推动经济发展方式的转变。《国务院关于加快培育和发展战略性新兴产业的决定》中提出，促进物联网的研发和示范应用，培育和发展新一代信息技术产业。

2011 年后，政府进一步明确了推动物联网产业发展的具体规划和路径，并开展了建立创新示范区的先行探索和制定了财政支持等相关保障机制。2011 年 11 月 28 日，工业和信息化部印发《物联网"十二五"发展规划》，对"十二五"期间物联网的技术研发、产业发展和应用示范等进行了系统部署。各省市也积极采取措施推进物联网产业发展，提出"十二五"期间的发展目标。2012 年，工业和信息化部发布《无锡国家传感网创新示范区发展规划纲要（2012—2020 年)》，提出建设无锡国家传感网创新示范区，先行先试，探索经验，发挥示范带动作用，促进中国物联网的持续发展。工业和信息化部、国家财政部还设立了物联网发展专项资金。2013 年后，国家对物联网产业的发展做出了系统和全方位的布局。

2013 年 2 月，国务院发布《关于推进物联网有序健康发展的指导意见》，提出了推动我国物联网有序健康发展的总体思路，即"以市场为导向，以企业为主体，以突破关键技术为核心，以推动需求应用为抓手，以培育产业为重点，以保障安全为前提，营造发展环境，创新服务模式，强化标准规范，合理规划布局，加强资源共享，深化军民融合，打造具有国际竞争力的物联网产业体系"。2013 年 10 月，《物联网发展专项行动计划》发布，分别从顶层设计专项行动计划、标准制定专项行动计划、技术研发专项行动计划、应用推广专项行动计划、产业支撑专项行动计划、商业模式专项行动计划、安全保障专项行动计划、政府扶持措施专项行动计划、法律法规保障专项行动计划以及人才培养专项行动计划这 10 个方面全面详细地对我国物联网产业的发展提供了指导思路和行动方向。

7.3.3 "物联网+安全生产"的发展方向

我国正处于工业化、城镇化的快速发展时期，各种传统和非传统的、自然和社会的风险及矛盾并存，安全生产工作面临严峻形势，亟待构建物联网来感知各行业的安全隐患。

1．物联网在建筑施工安全管理中的应用

1）建设意义

作为工程项目五大管理目标之一的建筑工程安全管理，是工程项目管理中最重要、最核心的环节，无论是在国内还是国外的建筑业，都有举足轻重的地位，而施工人员安全管理既是建筑工程安全管理的重要对象，也是重要组成部分。因此，建筑施工人员安全管理向来都是国内外建筑业研究和关注的热点。

调查显示，我国现行的传统建筑施工人员安全管理只针对安全管理人员，而不是施工作业现场的操作人员，但从安全事故的受害者来看，极少数是施工现场的管理人员，绝大多数则是施工现场的操作人员，因此，基于物联网技术建立的建筑施工人员安全管理系统具有至关重要的作用。

2）系统组成

结合建筑施工人员安全管理特点，系统可以运用可穿戴设备（智能手环和智能安全帽）和 RFID、WSN 等物联网技术，构建基于物联网技术的建筑施工人员安全管理系统解决方案。此方案主要包括施工人员生命体征监测系统、施工人员安全事故报警系统。

基于物联网技术的施工人员生命体征监测系统如图 7-7 所示。结合建筑工程施工人员现场作业的特点，基于物联网技术的施工人员生命体征监测系统是利用可穿戴设备对现场施工人员的脉搏、体温和呼吸频率等生命体征进行实时监测，保证现场的每个施工人员身体及工作状态良好，如果人员感到身体不适或者发生意外，可及时通过智能手环发出预警或进行报警的智能监测系统。该系统使现场的管理人员能够及时有效地掌握施工现场人员的身体状况及工作状态，排除个人不安全因素。如遇突发情况，例如小的工伤、中暑或者一些突发的疾病等，致使施工人员无法继续工作，施工人员只需按下智能手环上的自助报警按钮，就能及时得到安全管理人员以及医护人员的救助，进一步保障了施工人员的生命安全。通过该系统，一旦事故发生，可便于驻场管理人员快速掌握安全事故的基本情况，及时做出处理和决策，提高救援效率，减少人员安全事故的发生。

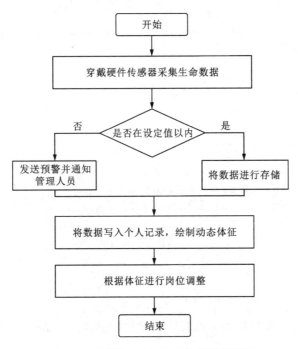

图 7-7　建筑施工人员生命体征监测系统

系统硬件终端将采集的信息传输至安全管理平台进行存储和判断，系统平台及时做出反馈，保证施工人员身体状况良好且能够进行正常的施工作业。此外，系统还将采集到的人员生命体征信息进行存储和分析，并绘制动态体征图，便于企业合理地安排施工人员进行体检、就医或培训，确保所有施工人员身体状况良好，有一个好的工作状态，这样不仅提高了工作效率，而且从根本上减少了人员伤亡事故的发生。

基于物联网技术的施工人员安全事故报警系统如图 7-8 所示。运用 RFID 和 WSN 技术，结合建筑工程施工人员现场作业的特点，构建的基于物联网技术的施工人员安全预警系统是通过施工人员佩戴的智能劳保用品，例如安全帽，利用 RFID 对施工作业现场的每一位施工人员进行标记，实时定位施工人员，运用 WSN 技术捕捉、获取施工作业现场内的所有危险源的动态，然后收集、过滤、监控、管理、分享施工作业人员、机械以及工作环境的动态信息并反馈到管理者的读写器上，方便管理人员实时控制复杂施工作业环境，保障每一位施工人员的安全状态的智能监测系统。如果被监控对象进入潜在危险环境，RFID 系统的报警装置就会发出预警，警告被监控对象并通知管理人员。此外，系统还将所获得的施工人员的所有动态信息进行存储和分析，输入项目信息库，形成一套完整的系统，为将来管理人员进行施工人员安全管理，提高人员安全管理水平打下基础。基于 RFID-WSN 的建筑施工人员安全事故预警系统是具有安全预警、考勤、定位、报警、查询统计以及信息联网等功能的智能化人员安全监测系统。

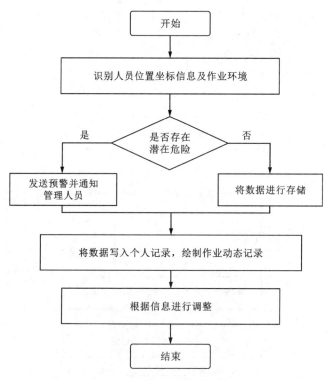

图 7-8　建筑施工人员事故报警物联网识别系统

2. 物联网在矿井安全生产监控中的应用

1) 建设意义

针对国家安全监管总局、国家煤矿安监局的《煤矿井下安全避险"六大系统"建设完善基本规范（试行）》和矿井电力、通风、排水系统的要求，基于物联网技术构建集矿山井下人员定位、通信联络、压风自救、供水施救、紧急避险、电力供电、通风、排水系统为一体的矿井安全生产智能监控系统，提高矿井的安全生产水平和事故预防与灾害预警的能力，能够对井下环境状况进行全面的监测监控，以有效保障井下工作环境和生产条件的安全可靠性，能够对井下人员位置和运动轨迹进行实时跟踪管控，以更好地保障井下人员的人身安全，能够对井下设备运行状态进行统一自动化监控管理，以有效保障井下生产设备的安全性和可利用率。通过研发制造符合煤矿井下要求的设备，集数据、语音、图像、跟踪定位、环境监测、视频监控等功能为一体，构建基于物联网的矿井安全生产智能监控系统具有十分重要的意义。

2) 系统组成

为容易地实现矿井安全生产智能监控系统的设计、组建，系统主要采用功能模块化设计，监控系统组成如图 7-9 所示。不同需求的矿井只需添加功能模块即可获得相应的功能，为系统功能的扩展与选择提供了灵活的解决方案。基于系统需实现的功能，设计系统主要包含的物联网子系统包括的监测监控子系统、通信联络子系统、人员定位子系统、井下应急救援子系统、电力监测监控子系统。系统组成架构如图 7-9 所示。

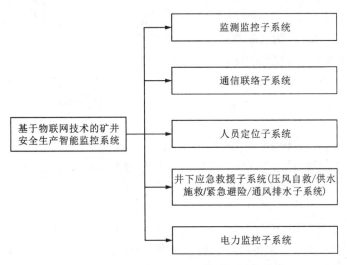

图 7-9 矿井安全物联网智能监控系统

矿井安全监测监控子系统可以通过瓦斯、CO、SO_2、温度、湿度、烟雾、风速、压力、水位等矿用防爆传感器对井下现场环境状况进行显示与预警，并通过物联网对矿井多区域环境状况进行固定点和移动点的井上集中实时监测与预警；采用矿井防爆网络 IP 摄像机，可以通过复用型物联网实现对重要区域和关键设备固定点的井上集中视频监控和音频监听；采用矿井防爆 Wi-Fi 手机，可以对关注区域和设备进行随时随地的动态视频监控和音频监听，并通过复用型物联网和无线与有线网络连接将音/视频信息上传至井上集中监控主机；采用自动、手动和现场测控方式，可以通过物联网对矿井风机、水泵、电力等设备进行监测监控和管理。

①通信联络子系统：可以采用 IP 矿用防爆广播设备，通过物联网对井下生产作业人员进行广播、指挥、警报和疏散，井下人员还可使用该设备与井上集中监控主机呼叫联络；采用矿井防爆 ZigBee 移动对讲机，持有 ZigBee 移动对讲机的井下人员可以相互联络，并通过物联网的无线与有线间的无缝连接，与井上集中监控主机直接进行双向通话联络；采用矿井防爆 Wi-Fi 手机，持有矿井防爆 Wi-Fi 手机的井下人员可以相互通话联络，并通过物联网的无线与有线间的无缝连接，与井上集中监控主机直接进行双向通话联络。

②人员定位子系统：可以采用矿井防爆 ZigBee 定位卡，通过复用型物联网的 ZigBee 自组

网对井下人员和车辆进行实时跟踪，获取实时位置，计算并存储每个人员和车辆的运动轨迹；采用矿井防爆 ZigBee 定位卡获取人员的身份信息，通过物联网的 ZigBee 自组网对井下人员进行考勤和动态监控管理；采用矿井防爆 ZigBee 定位卡一键呼救按钮，通过物联网的 ZigBee 自组网供井下人员在紧急状态下发起呼救警报并上传至集中控制主机进行声光报警提示。

③井下应急救援子系统：可以采用矿井防爆含氧量、水浑浊度等传感器，通过物联网对压风自救、供水施救装置进行实时监测与预警；用自动、手动和现场测控方式，通过物联网对压风自救、供水施救装置以及避难硐室内的设备进行监测监控和管理；采用矿井防爆网络摄像机，通过复用型物联网进行井上集中视频监控和音频监听。

④矿井电力供电子系统：可以采用电压、电流、有功功率、无功功率、温度等传感器，通过复用型物联网对井下变电站、高低压开关柜等用电设备进行实时监测与预警；采用自动、手动和现场测控方式，通过复用型物联网对井下变电站、高低压开关柜等用电设备进行监测、监控和管理；采用矿井防爆网络摄像机，对井下变电站、高低压开关柜等用电设备进行视频监控和音频监听，并通过物联网将音/视频信息上传至井上集中监控主机；用矿井防爆 Wi-Fi 手机，对井下变电站、高低压开关柜等用电设备进行随时随地的动态视频监控和音频监听，并通过物联网和无线与有线网络之间的无缝连接将音/视频信息上传至井上集中监控主机。

⑤矿井安全生产综合管理和辅助决策信息平台：可以实时显示、分析、存储与计算通过物联网采集的各种参数，对恶性变化与超限参数进行报警，并通过大屏幕实时显示采集的图像和视频信息；集中控制主机通过复用型物联网可对井下进行广播，与井下人员进行双向语音通话联络；实时显示通过复用型物联网采集的井下人员实时位置和历史运动轨迹，通过一键呼救对位置异常、运动轨迹异常和驻留时间过长等异常移动进行声光报警；集中控制主机通过复用型物联网可对井下设备进行远程手动控制和参数整定；同时，可通过辅助决策功能，指明危险地带、逃生路线并通过复用型物联网进行事故现场的远程广播、指挥、定位和救助。

7.4 "区块链+安全生产"

7.4.1 区块链的基本概念

区块链是一个信息技术领域的术语。从本质上讲，它是一个共享数据库，存储于其中的数据或信息具有不可伪造、全程留痕、可以追溯、公开透明和集体维护等特征。基于这些特征，区块链技术奠定了坚实的"信任"基础，创造了可靠的"合作"机制，具有广阔的运用前景。

区块链的概念被提出之后，成为比特币这种电子货币的核心，它使得比特币成为第一个能够解决重复消费问题的电子货币，并得到工业界和学术界的关注。2014 年诞生的"区块链2.0"作为一个可编程区块链，以去中心化区块链数据库为中心，可用于编写精密和智能的协议。2016 年，中国人民银行数字货币研讨会继 2013 年发布关于防范比特币风险的通知后，首次对数字货币表示明确的态度，直到如今，比特币在数字货币界仍然占领一席之地，并以此衍生出各类应用，区块链技术也被广泛研究和应用。

区块链技术主要分为公有区块链、联合区块链和私有区块链三大类。公有区块链，顾名思义，就是能够被所有个体或团体使用并进行交易的一类区块链，是最早也是现在使用最广泛的一类区块链。联合区块链又称行业区块链，是由团体内部指定预选节点作为记账人，其他节点可以参加交易过程但无法过问记账。私有区块链是指仅某个个体或团体使用区块链的总账技术进行记账，只有该个体或团体具有该区块链的写入权限。

如图 7-10 所示，区块链具有去中心化、可靠数据库、开源可编程、集体维护、安全性、匿名性等特性。其中，去中心化作为区块链的本质特征，是基于分布式的区块链系统结构实现的，整个系统只有区块链本身，不依赖额外的设备，不需要进行中心管制，所有节点具有平等的地位。可靠数据库也指开放性，表示区块链中任何节点都拥有相同的完整的数据账本，除了私有数据被加密，其他数据均对外开放，公开透明。当系统中的节点需修改数据时，需要经过所有节点中一半以上节点的同意，否则数据无法被修改。开源可编程是指区块链系统的代码通常是向所有人开放的，并且还提供灵活的脚本代码以支持用户创建相关的应用。集体维护与去中心化特性是相互呼应的，即系统中的数据由具有记账功能的所有节点共同维护，而不是仅由一个节点进行维护，这样可以保障系统数据不会因为某个节点而丢失或者损坏。安全性是指区块链中采用非对称加密技术、哈希算法以及共识算法等形成强大的算法以抵御外来的攻击，保障数据不被篡改和伪造，安全性能高。匿名性是指区块链抛弃传统的第三方认证中心，使用公开地址作为用户的标识，而不需要公开用户的身份，在交易时具有匿名性。

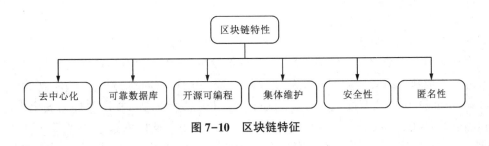

图 7-10　区块链特征

7.4.2 "区块链+安全生产"

1. "区块链+安全生产"的基本含义及任务

我国于 2018 年 4 月正式成立了应急管理部。安全生产作为应急管理事业里十分关键的组成部分，近年来备受国家和社会的关注。在通信技术以及信息化程度不断发展和提高的过程中，全球数据量开始呈现出井喷式增加的态势。人们日益发现海量、复杂的数据，是人类发展的重要经济资产，有效的数据分析与挖掘将推动企业、社会乃至整个国家的高效、可持续发展。对于企业安全而言，安全监督、安全管理人员及其检查专家组对现场情况及管理资料巡回检查发现的违章和隐患进行记录产生的数据，各类带有处理功能的传感器，通过对生产作业场所的运转进行监控，源源不断地产生新数据。这种数据内容的不断丰富，数据量的不断增加，造成数据库容量的不断减小，同时现阶段主流数据库在技术构架方面具有中心化且私密性特点，以此构架为基础所导致的互信以及价值转移问题迄今为止没有很好的解决办法。

社会在发展过程中经历了工业革命以及信息革命等浪潮，现今全球新科技的关注中心集中在区块链技术方面。相比互联网本身具备的大数据成本低廉且价值密度低的特点，企业安全生产大数据往往涉及较高的价值密度。针对企业而言，此技术可以将数据传播以及数据所有权等诸多信息分布于数据块里，且能保证信息本身的完整性。这项有着全新的底层协议、运作原理以及上层应用的新兴技术，已经被众多国家的政府部门、生产企业和金融机构认同，并将为企业安全管理提供一种独特的创新思路与技术升级选项。

过往人们针对区块链技术方面的研究，大多集中于金融、保险等领域，其重要性日益突显。从金融领域来看，包含美国银行等在内的多个世界级金融机构组成的 R3 联盟，同时将发展区块链作为核心内容。例如平台 Linq 的开发是证券市场去中心化发展过程中具有代表性的事件。从科技领域来看，IBM、联通、Linux 基金会共同组建了以区域链开源为目的的超级项目，现阶段此项目已经跨入实质开发环节。从能源领域来看，诸多发达国家针对能源区块链开展了相关研究，其中具有代表性意义的便是纽约新创事业同西门子公司合作在微电网电力交易过程中引入区块链技术。从食品产业领域来看，德萨大学的一项研究工作报告提到，假如在事物供应链领域嵌入区块链技术，可以让食品相关的诸多数据更加透明，并且可以进一步解决资源分配不均匀以及资源浪费等问题，此种方法也能够为解决全球性食品浪费问题提供有效解决方案。从医疗领域来看，Herion 同飞利浦等医疗机构曾经开展过紧密合作，其主要目的在于借助区块链技术认证病历资料，同时为病人隐私提供有效保护。从教育领域来看，认为区块链技术在未来教育领域具有十分强劲的发展潜力，同时对于提升教育系统公信力以及开放度有着重要意义。纵观现有研究可知，将区块链技术应用于安全生产，在保护安全信息价值及私密特性方面有巨大的应用价值。

2. "区块链+安全生产"的发展环境

作为一项提升我国安全生产水平的重要工作内容，促进安全生产信息化水平进一步提升具有重要价值和现实意义。2003 年 12 月，工信部发布的《国家安全生产发展规划纲要》明确指出，进一步加快我国安全生产信息化建设的进程，并且构建反应迅速、响应高效的机制，旨在及时、准时、全面地掌握生产信息，这对于提升信息化管理水平以及加大安全生产监督力度有着积极作用，同时为政府各部门制定决策任务提供了支撑依据。《"十三五"国家信息化规划》《中共中央国务院关于推进安全生产领域改革发展的意见》以及《安全生产"十三五"规划》等文件相继出台，这也在很大程度上体现了我国在安全生产信息化建设道路上迎来了新的时刻。作为推进企业安全生产发展的源动力，安全生产信息化建设是新时期提升企业安全管理水平以及安全生产技术水平的必然趋势和重要途径，具体体现在如下几个方面：其一，促进企业安全管理朝着扁平化方向深入推进；其二，促进安全生产决策有效性以及科学性的提升；其三，促进安全生产相关数据掌握的及时性以及准确性的提升；其四，有利于安全生产管理实现高效化。这就在很大程度上要求和安全生产相关的工作摒弃传统方法，取而代之的是以信息化技术以及创新科技手段来完成安全生产相关的管理和监督工作。

我国现阶段在安全生产信息化建设进程中遇到的主要问题体现为投入结构不合理、应用水平低、规范不统一、整体规划尚且缺乏。除此之外，还面临三方面的难题：其一，信息自身的安全性问题，对商业秘密泄露以及国家机密泄露等问题较为担忧；其二，存在非法窜改数据的担忧，给监管带来了困难，这些方面的问题都限制了企业安全生产信息化建设的推进；其三，各级安全监管监察机构对信息资源的使用仍然停留在简单统计和查询层面，缺乏深层次挖掘，安全生产数据资源利用不足，向社会开放共享程度低。

2016年10月，工信部针对当时区块链技术基本情况以及未来发展趋势的相关白皮书公布，在该白皮书里面重点指出了区块链所具备的可追溯性优势，并且能够加以应用，数据传递涉及的各个环节能够被准确地记录到区块链中，故而被存储到其中的数据在质量以及安全性方面有了保障。这就表明区块链技术在一定程度上适合安全生产信息化建设，能最大限度地实现资源共享，为企业监督、政府部门监管提供便利条件，各企业之间也可以就安全问题进行交流沟通。同时，在区块链上记录安全生产信息也能够在很大程度上有利于安全评价服务机构针对各企业安全生产存在的问题提供更有针对性的服务，进而达到提高服务质量及服务效率的目的。

进一步地，2018年5月，工信部发布了区块链产业发展的相关白皮书，其中对大数据交易进行了诠释，同时提到，所谓的大数据，指的是信息量大、多变且高速的数据信息，这些数据必须借助计算机和非常规软件进行分析和统计。大数据包含传统意义上的数据表单以及视频、声音图片和文档等。从数据形态层面来看，可以将其划分成动态数据和静态数据两种。其中，静态数据指的是相对稳定的数据；反之，在时间推移的过程中，动态数据有着明显波动变化的特点。在安全生产信息化建设中，静态数据包括企业安全生产基础资料，动态数据包括各传感器获取的视频、图片、温湿度信息等，借助安全生产信息化平台可以整合并分析这些数据，进而能够针对安全生产状态实现有效监督及管控。

7.4.3　安全与区块链结合的探索及应用思路

安全生产是关系人民群众生命财产安全的大事，是经济社会协调健康发展的标志，是党和政府对人民利益高度负责的要求。应用新技术改善安全生产能力是当前安全工作的重中之重。区块链是分布式数据存储、点对点运输、共识机制、加密算法等计算机技术的新型应用模式。基于区块链技术可以构建一个高效可靠的价值传递系统，推动互联网成为构建社会信任的网络基础设施，实现价值的有效传递。区块链技术不是一个单项技术，而是一个集成了多方面研究成果的综合性技术系统。该技术具备泛中心化、开放互信、不可篡改、高可靠等特性。"区块链+安全生产"昭示着新技术和安全生产的新方向。

1. 区块链在危化品运输方面的应用

1）建设意义

我国危化品监管面临以下问题：面广量大、涉及行业众多，易发生重特大事件，风险高；监管部门多，没有实现从生产到废弃的全流程监管，不可控因素多、管控难度大；监管体系复杂，部门间信息交流不畅，数据共享程度低。

打破同区域内的信息壁垒，有利于监管部门查摆危化品流转过程中的安全漏洞，实现对企业安全生产状况的监督管理；同时各监督部门监管信息上链，能有效实现纵向智能部门、横向部门间的政务信息共享，互相协作；当发生生产安全事故时，能够向上追溯、快速查找危化品流转和监管过程中存在的问题，便于事故查处、界定追踪责任。建设基于区块链的危化品追溯管理系统，能实现危险化学品相关信息整合，有效串联起各部门的监管职能和信息资源，推进管理部门之间的业务衔接和协调配合，提高危险化学品管理效率；运用电子标签，能构建"一物一码"的危险化学品唯一标识的追溯码，面向全市危险化学品生产、经营、储存、使用等相关监管链条单位进行数据对接和采集，结合交管局的电子运单系统数据、市监局的气瓶监管系统、环保局的废弃处置企业管理系统等,搭建危险化学品全生命周期管理体系,打造从审批、资质管理到行政处罚等监管的"全链条",使事后应急转向事前预防,事后处置转向监管防范,简单粗暴转向精耕细作,单纯被动监管转向监管、服务和主动申报,实现危险化学品全环节、全过程的动态监管和全流程追溯,维护城市稳定安全。

2)系统组成

利用区块链不可篡改、开放互信等特性,对危化品涉及的生产、储存、经营、使用、废弃等各环节的企业、委办局数据进行上链,实现危化品全环节、全流程信息上链和监管,打通危化品监管相关委办局的数据,能够建立各部门间的信任和共识,夯实各协作部门的信任基础,在确保数据安全的同时促进各部门数据的授权共享与业务协同。将所有的数据流转使用记录留存于链上,当发生问题时,能定位问题发生的环节和责任方,同时参与方也可以通过溯源数据自证清白。

根据危化品全流程监管涉及环节数据,系统采取联盟链的方式,可实现危化品全过程的信息跟踪,图7-11为危化品上链的示意图。危化品通过"一物一码"标识,将生产、储存、经营、运输、使用到废弃全流程环节信息写入区块链,区块链上信息不可篡改。基于区块链的危化品追溯管理平台由各个委办局及相关企业(生产、经营、运输、销售、废弃处置)和使用单位环节的节点群共同维护,基于区块链技术的分布式、去中心化等特征,监管方、企业方和使用方即可获取危化品来源、去向等追溯数据,更便捷地获取所购危化品安全和产品追溯信息。

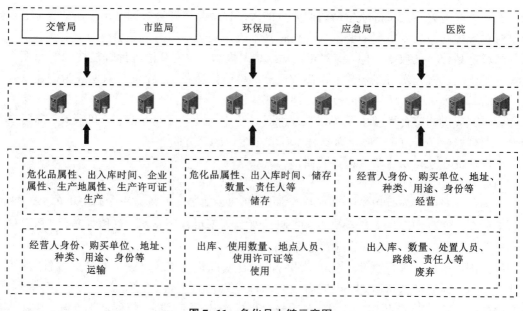

图7-11 危化品上链示意图

2. 区块链在矿山施工安全信息管理方面的应用

1)建设意义

矿工安全信息是矿山安全管理的关键性问题,现实安全管理中,矿山花费大量人力物力来获取矿工安全信息，比如安全规章制度考试、心理测试和违规操作记录等。由于目前矿山管理环节多，采用的是人工介入管理的主观性方式，加上矿山人事档案管理和安全管理职能条块分割，很容易造成信息疏漏以及信息真实性失真等问题。而应用区块链技术构建矿山职工安全信息管理框架，用区块链技术保存矿工安全信息相关数据，在数据记录上链后，任何修改数据的行为都会被记录在区块链上，这样一种区块链称之为安全区块链。在此基础上，研究一种新的矿工安全信息管理模式，能保证信息的透明度，保证信息的及时更新，其有望解决矿山行业中矿工安全信息记录不完全、信息不对称等问题，实现人员合理调配，促进矿山安全管理更好地发展。

2）系统组成

安全区块链将存储职工的安全信息，利用区块链技术的分布式账本、不能篡改等特性，将区块链作为安全素质信息的数据存储系统，各个节点定期将数据不断录入区块链内。每个环节产生的安全素质信息被打包成一个个区块，变为无法修改的证据。安全区块链上保存了该职工所有的安全信息，这些安全信息进入数据处理区并被分析评价，根据评价结果判断该员工的安全素质等级。由此，职工可以清晰地认识到自己的安全素质，实现安全素质信息可视化，企业也可以根据安全素质等级判断该职工的风险抵抗能力与煤矿某场所的危险程度是否匹配，从而实现对员工的最优调配。矿山职工安全信息区块链基本组成如图 7-12 所示。

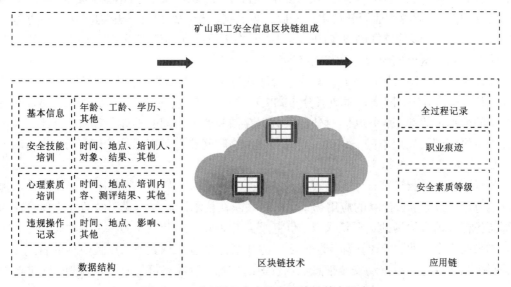

图 7-12 矿山职工安全信息区块链基本组成

数据结构部分，为保证全方位评价矿山职工的安全素质，将职工职业生涯内有关矿山的所有安全信息记录到区块链内，安全区块链预计设置的节点有人力资源部门、技术培训部门、心理培训部门、安全管理部门以及外围相关与职工安全信息关联部门等。其中，职工为轻节点，职工对安全区块链中的数据只有查询信息的权限，不参与区块链记账和共识服务，职工可以通过手机 App 或者其他方式查看自己的安全素质信息；除矿工以外，其他部门均为固定节点，参与区块链的记账与交易。

安全信息区块链的职工安全素质等级部分，是利用上述建立的安全区块链信息对职工进行考核管理的核心。区块链可以存储矿山职工自入矿时的所有重要的安全信息，由于区块链的特性，可以保证这些信息是原始的、未经过篡改的。通过确定各个环节的权重，采用合适的安全素质评价方法，能将安全信息资源运用大数据、云计算、人工智能等技术进行数据整理和数据分析，从而判断矿山职工的安全素质等级，并将该等级和安全素质信息发布至区块链中。将整合成的安全素质等级录入人员定位系统中，辅助人们进行矿山安全预警。对于安全素质等级高的职工，可以给予安全年终奖励和荣誉奖励；对于安全素质等级低的职工，如存在不参加安全培训、违规操作的情况，则可根据实际情况的严重程度，采取惩罚措施，并将上述行为记录在区块链上。

7.5 安全信息技术混合发展趋势

7.5.1 云计算与物联网的深度融合

如果说互联网的第一个时代被定义为PC互联网的时代，第二个时代被称为移动互联网的时代，那么第三个时代则将成为万物互联的时代（IOT时代）。随着工业4.0的兴起，工业互联网等新概念的出现，物联网技术依靠各类传感器、执行器等采集大量的工业数据，并通过实时或者在线分析，实现了对工业企业的运行监控、预测维护、制造协同等，逐渐成为制造、交通、医疗、能源行业等新技术的发展趋势。据分析，2020年全球物联网设备将上升至200亿台。随着更多的物联网设备的部署，如何快速地储存和处理设备运行时产生的数据成为关注的焦点。这也成为云计算与物联网结合的最大动力。

云计算是物联网发展的基石。首先，云计算为物联网采集的海量数据提供了很好的储存空间，借助集群应用、网络技术或者分布式文件系统等工具，云储存可以将不同物联网设备所采集的数据汇集起来，并共同对外提供数据存储和业务访问的功能。其次，云计算为物联网提供了更广阔的发展空间。借助云计算技术，物联网获得了更强的工作能力，使用率大幅度提高，使用范围越来越广。

物联网设备是云计算技术的最大客户，促进了云计算的发展。物联网为云计算技术提供了落地应用，丰富了云计算的应用场景。与物联网在技术及业务模式上的结合不仅将成为云计算向各行业垂直渗透的重要切入点，也将成为未来10~20年ICT技术的重要热点。

未来在安全行业，云计算和物联网之间的联系也将越来越紧密，在大数据的背景下，两者的有机结合将进一步推动安全信息数据价值的挖掘，使数据价值进一步显现，促进产业的提升。

7.5.2 云计算与区块链的紧密结合

区块链技术的应用和发展同样离不开云计算、大数据、物联网等新一代信息技术的支持；反之，区块链技术的应用发展对推动新一代信息技术产业发展具有重要的促进作用。由此可见，区块链与云计算的紧密结合是必然的趋势。

首先，云计算与区块链技术的结合，将加速区块链技术的发展，推动区块链从金融业向更多的领域发展。同时，云计算服务具有高可靠性、高可扩展性、低成本、按需配置等特质，能够实现区块链在中小企业低成本快速的开发部署的目标。其次，云计算与区块链技术的结合，能充分应用区块链技术的去中心化(分布式)存储及计算，通过共享知识的方式建立公共信息账本，形成对网络状态的共识，将有效解决云计算造成的数据被篡改与破坏的问题，实现云计算向可信、可靠、可控制方向的发展。最后，通过云计算与区块链技术的结合，可以在 IaaS、PaaS、SaaS 的基础上创造出区块链即时服务(BaaS)，即云计算商将区块链直接作为服务提供给用户，形成将区块链技术直接嵌入云计算平台的结合发展趋势。BaaS 将有效地降低企业应用区块链的部署成本，降低行业应用的成本。

未来，云计算服务企业会越来越多地将区块链技术整合至云计算的生态环境中。

思考题

1. 什么是"互联网+"？
2. 简述什么是云计算、物联网、区块链技术。
3. 安全信息技术中最关键的因素是什么？
4. 新的信息技术发展会给安全生产工作带来哪些改变？
5. 作为一名安全从业人员或者安全工程专业学生，你身边有哪些信息技术服务于安全生产的例子？它们还有哪些可以改进的地方？

参考文献

[1] 国务院. 国务院关于印发"十四五"国家应急体系规划的通知[EB/OL]. (2021-12-30). http://www. gov. cn/zhengce/content/2022-02/14/content_5673424. htm.

[2] 国家安全生产监督管理总局. 国家安全监管总局关于印发安全生产信息化总体建设方案及相关技术文件的通知[EB/OL]. (2017-01-13). https://www. mem. gov. cn/gk/gwgg/agwzlfl/tz_01/201701/t20170113_235133. shtml.

[3] 国务院安委会办公室印发《标本兼治遏制重特大事故工作指南》[J]. 中国应急管理, 2016(4): 50-51.

[4] 国务院安委会办公室印发《实施遏制重特大事故工作指南构建双重预防机制的意见》[J]. 中国应急管理, 2016(10): 33-35.

[5] 国务院关于积极推进"互联网+"行动的指导意见[J]. 实验室科学, 2015, 18(4): 9.

[6] 王明贤, 汪班桥, 刘辉. 安全生产信息化技术[M]. 北京: 机械工业出版社, 2015.

[7] 吕淑然, 车广杰. 安全生产事故调查与案例分析[M]. 2版. 北京: 化学工业出版社, 2020.

[8] 金龙哲, 杨继星. 安全学原理[M]. 北京: 冶金工业出版社, 2010.

[9] 陈国华. 安全管理信息系统[M]. 北京: 国防工业出版社, 2007.

[10] 伍爱友, 李润求. 安全工程学[M]. 徐州: 中国矿业大学出版社, 2012.

[11] 王秉, 吴超. 基于安全大数据的安全科学创新发展探讨[J]. 科技管理研究, 2017, 37(1): 37-43.

[12] 王秉, 吴超. 循证安全管理学: 信息时代势在必建的安全管理学新分支[J]. 情报杂志, 2018, 37(3): 106-115.

[13] 王秉, 吴超. 安全信息视阈下的系统安全学研究论纲[J]. 情报杂志, 2017, 36(10): 48-55+35.

[14] 童立强, 祁生文, 安国英, 等. 喜马拉雅山地区重大地质灾害遥感调查研究[M]. 北京: 科学出版社, 2013.

[15] 周丽静. 基于北斗卫星系统的露天矿边坡位移监测系统研究[D]. 西安: 西安建筑科技大学, 2015.

[16] 李征航, 黄劲松. GPS测量与数据处理[M]. 武汉: 武汉大学出版社, 2016.

[17] 韦娟. 地理信息系统及3S空间信息技术[M]. 西安: 西安电子科技大学出版社, 2010.

[18] 秦亚光, 罗周全, 汪伟, 等. 采空区三维激光扫描点云数据处理技术[J]. 东北大学学报(自然科学版), 2016, 37(11): 1635-1639.

[19] 胡建华, 张行成, 周科平, 等. 基于D-S证据理论的空区稳定性识别与工程应用[J]. 重庆大学学报, 2013, 36(9): 35-42.

[20] 贾东. 基于RFID的井下人员定位系统的应用研究[D]. 西安: 西安科技大学, 2014.

[21] 罗周全, 左红艳, 汪伟, 等. 小时滞影响下地下金属矿山人机安全系统动态演化机理辨析[J]. 中国有色金属学报, 2016, 26(8): 1711-1720.

[22] 吴聪. 探究虚拟现实技术在煤矿安全培训中的应用[J]. 科技创新与应用, 2021, 11(21): 182-184..

[23] 杨雪健. 基于双重预防机制的煤矿安全管理信息系统设计与实现[D]. 西安: 西安科技大学, 2018.

[24] 胡建华, 黄超然, 习智琴, 等. 基于系统思考的深圳"12·20"滑坡事故分析及应对措施[J]. 灾害学, 2017, 32(1): 142-148.

[25] 潘家旭, 罗先伟, 胡建华, 等. 铜坑矿安全监控及保障信息系统融合构建与应用[J]. 现代矿业, 2015, 31(12): 198-201.

[26]杨奎.基于物联网和云计算中心的北斗卫星人员安全定位系统[J].西部探矿工程,2015,27(12):167-170.

[27]李树刚,马莉,杨守国.互联网+煤矿安全信息化关键技术及应用构架[J].煤炭科学技术,2016,44(7):34-40.

[28]潘惠敏,张立新,秦兴中."双防"机制建设信息化管理平台的开发与应用[J].煤炭加工与综合利用,2019(6):126-128.

[29]孟凡龙.隐患排查治理信息化平台在建设与应用中遇到问题的对策分析[J].市政技术,2019,37(1):248-251.

[30]梁玉霞,陈友良,覃璇,等.非煤矿山双重预防信息流转系统开发与应用[J].矿业安全与环保,2020,47(3):121-126.

[31]吴强,刘志钢,钟晓,等.上海地铁运营安全双重预防机制建设的思考[J].中国安全生产科学技术,2020,16(S1):54-59.

图书在版编目(CIP)数据

安全信息技术 / 胡建华主编. —长沙：中南大学
出版社，2022.8

普通高等教育新工科人才培养安全科学与工程专业
"十四五"规划教材

ISBN 978-7-5487-4932-5

Ⅰ．①安… Ⅱ．①胡… Ⅲ．①安全信息－高等学校－
教材 Ⅳ．①X913.2

中国版本图书馆 CIP 数据核字(2022)第 095037 号

安全信息技术

胡建华　主编

□出 版 人	吴湘华	
□责任编辑	伍华进	
□责任印制	唐　曦	
□出版发行	中南大学出版社	
	社址：长沙市麓山南路	邮编：410083
	发行科电话：0731-88876770	传真：0731-88710482
□印　　装	湖南省汇昌印务有限公司	

□开　　本	787 mm×1092 mm 1/16　□印张 15.75　□字数 417 千字	
□互联网+图书	二维码内容　图片 514 张	
□版　　次	2022 年 8 月第 1 版　□印次 2022 年 8 月第 1 次印刷	
□书　　号	ISBN 978-7-5487-4932-5	
□定　　价	58.00 元	